高等院校计算机规划教材 多媒体系列

Illustrator CC
2015中文版应用教程
（第三版）

张 凡等◆编著

中国铁道出版社有限公司
CHINA RAILWAY PUBLISHING HOUSE CO., LTD.

内 容 简 介

本书属于实例教程类图书，在编写形式上完全按照教学规律编写。主要内容包括：Illustrator CC 2015 概述，绘图与着色，画笔和符号，文本和图表，渐变、网格和混合，透明度、外观属性、图形样式、滤镜与效果，图层与蒙版以及综合实例。

本书定位准确，教学内容新颖、深度适当，并融入了大量的实际教学经验，具有很强的实用性。

本书适合作为高等院校相关专业平面设计及多媒体课程的教材，也可作为平面设计爱好者的自学或参考用书。

图书在版编目（CIP）数据

Illustrator CC2015中文版应用教程/张凡等编著. —3版. —
北京：中国铁道出版社，2018.4（2019.12重印）
高等院校计算机规划教材. 多媒体系列
ISBN 978-7-113-23943-5

Ⅰ.①I… Ⅱ.①张… Ⅲ.①图形软件-高等学校-教材 Ⅳ.①TP391.412

中国版本图书馆CIP数据核字(2017)第264083号

书　　名：Illustrator CC 2015 中文版应用教程（第三版）
作　　者：张　凡　等编著

策　　划：汪　敏　　　　　　　　　　　　读者热线：(010) 63550836
责任编辑：秦绪好　彭立辉
封面设计：崔　欣
责任校对：张玉华
责任印制：郭向伟

出版发行：中国铁道出版社有限公司（100054，北京市西城区右安门西街8号）
网　　址：http://www.tdpress.com/51eds/
印　　刷：三河市兴达印务有限公司
版　　次：2009年12月第1版　2016年2月第2版　2018年4月第3版　2019年12月第2次印刷
开　　本：880 mm×1230 mm　1/16　印张：20.75　字数：590 千
书　　号：ISBN 978-7-113-23943-5
定　　价：68.00 元

PREFACE 前言（第三版）

Illustrator 是由 Adobe 公司开发的矢量图绘制软件，在平面广告等领域得到了广泛应用。

本书属于实例教程类图书，全书分为 8 章，每章都有"本章重点"和"课后练习"，以便读者掌握本章要点，并在学习该章后自己进行相应的操作。本书每个实例都包括制作要点和操作步骤两部分。

第 1 章 Illustrator CC 2015 概述，详细讲解了图像类型、色彩模式、分辨率及 Illustrator CC 2015 基本界面构成方面的知识。

第 2 章绘图与着色，详细讲解了 Illustrator CC 2015 各种基本工具的使用方法。

第 3 章画笔和符号，介绍了画笔和符号工具的使用，详细讲解了自定义画笔的使用方法。

第 4 章文本和图表，介绍了文本的使用技巧，详细讲解了特效字的制作方法，以及无缝贴图和自定义图表图案的制作方法。

第 5 章渐变、渐变网格和混合，详细讲解了渐变、渐变网格和混合的使用方法。

第 6 章透明度、外观属性、图形样式、滤镜与效果，介绍了透明度、外观、样式、滤镜与效果面板的使用，详细讲解了常用滤镜和效果的使用方法。

第 7 章图层与蒙版，详细讲解了蒙版和图层的使用技巧。

第 8 章综合实例，从实战角度出发，通过 5 个综合实例，对本书前 7 章讲解的内容进行总结，旨在拓展读者思路和综合运用 Illustrator CC 2015 各方面知识的能力。

与第二版相比，本书不但对版本进行了升级，还添加了制作卡通形象、折页与小册子设计、制作柠檬饮料包装等多个实用性更强的实例，更便于读者将所学知识应用到实际工作中。

本书是"设计软件教师协会"推出的系列教材之一，具有实例内容丰富、结构清晰、实例典型、讲解详尽、富有启发性等特点。全部实例都是由多所院校（中央美术学院、北京师范大学、清华大学美术学院、北京电影学院、中国传媒大学、天津美术学院、天津师范大学艺术学院、首都师范大学、山东理工大学艺术学院、河北职业艺术学院）具有丰富教学经验的教师和一线优秀设计人员从长期教学和实际工作中总结出来的。

参与本书编写的人员有张凡、李岭、郭开鹤、王岸秋、吴昊、芮舒然、左恩媛、尹棣楠、马虹、章建、李欣、封昕涛、周杰、卢惠、马莎、薛昊、谢菁、崔梦男、康清、张智敏、王上、谭奇、程大鹏、宋兆锦、于元青、韩立凡、曲付、李羿丹、田富源、刘翔、何小雨。

本书适合作为高等院校相关专业平面设计及多媒体课程的教材，也可作为平面设计爱好者的自学或参考用书。书中涉及的素材可到中国铁道出版社网站 www.tdpress.com/51eds/ 下载。

由于时间仓促，编者水平有限，书中难免存在疏漏与不妥之处，敬请读者批评指正。

编　者
2017 年 8 月

CONTENTS 目 录

Illustrator CC 2015 概述 第1章

Illustrator CC 2015 是一款功能强大的矢量图形设计软件，它集图形设计、文字编辑和高品质输出于一体，广泛应用于各类广告设计和产品包装等领域。通过本章学习，应掌握图像类型、色彩模式、分辨率及 Illustrator CC 2015 基本界面构成方面的知识。

1.1 点阵图与矢量图

图像文件的类型有两种：矢量图和位图。了解这两种图像的区别，对于作品创作与有效地编辑图形至关重要。

1.1.1 点阵图

点阵图像是由无数的彩色网格组成的，每个网格称为一个像素，每个像素都具有特定的位置和颜色值。

由于一般位图图像的像素都非常多而且小，因此图像看起来比较细腻。但是，如果将位图图像放大到一定比例，无论图像的具体内容是什么，看起来都将是像马赛克一样的一个个像素，如图 1-1 所示。

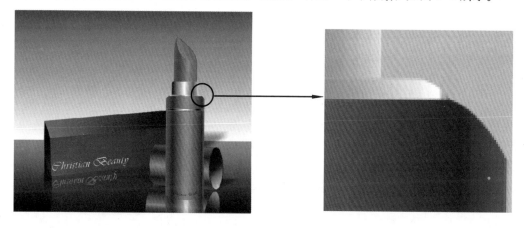

图1-1　位图放大效果

1.1.2 矢量图

矢量图形是由数学公式所定义的直线和曲线所组成的。数学公式根据图像的几何特性来描绘图像。例如，可以用半径这样一个数学参数来准确定义一个圆，或者用长宽值来准确定义一个矩形。

相对于位图图像而言，矢量图形的优势在于不会因为显示比例等因素的改变而降低图形的品质。如图1-2所示，左图是正常比例显示的一幅矢量图，右图为放大后的效果，可以清楚地看到放大后的图片依然很精细，并没有因为显示比例的改变而变得粗糙。

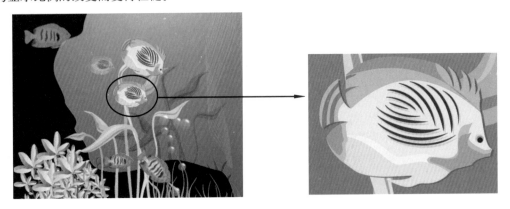

图1-2　矢量图放大效果

1.2　分　辨　率

常用的分辨率有图像分辨率、显示器分辨率、输出分辨率和位分辨率4种。

1. 图像分辨率

图像分辨率是指图像中每单位长度所包含的像素（即点）的数目，常以像素/英寸（ppi）（pixel percent inch）为单位。

> **提示**
>
> 　图像分辨率越高，图像越清晰。但过高的分辨率会使图像文件过大，对设备要求也越高，因此在设置分辨率时，应考虑所制作图像的用途。Illustrator默认图像分辨率是72 ppi，这是满足普通显示器的分辨率。下面是几种常用的图像分辨率：
> - 发布于网页上的图像分辨率是72 ppi或96 ppi。
> - 报纸图像通常设置为120 ppi或150 ppi。
> - 打印的图形分辨率为150 ppi。
> - 彩版印刷图像分辨率通常设置为300 ppi。
> - 大型灯箱图形一般不低于30 ppi。
> - 只有一些特大的墙面广告等有时可设置在30 ppi以下。

2. 显示器分辨率（屏幕分辨率）

显示器分辨率是指显示器中每单位长度显示的像素（即点）的数目。通常以点/英寸（dpi）表示。常用的显示器分辨率有：1 024×768（长度上分布了1 024个像素，宽度上分布了768个像素）、800×600、640×480。

PC显示器的典型分辨率为96 dpi，Mac显示器的典型分辨率为72 dpi。

> **提示**
>
> 　正确理解了显示器分辨率的概念有助于帮助我们理解屏幕上图像的显示大小经常与其打印尺寸不同的原因。在Illustrator中图像像素直接转换为显示器像素，当图像分辨率高于显示器分辨率时，图像在屏幕上的显示比实际尺寸大。例如，当一幅分辨率为72 ppi的图像在72 dpi的显示器上显示时，其显示范围是1×1英寸；而当图像分辨率为216 ppi时，图像在72 dpi的显示器上其显示范围为3×3英寸。因为屏幕只能显示72像素/英寸，它需要3英寸才能显示216像素的图像。

3．输出分辨率

输出分辨率是指照排机或激光打印机等输出设备在输出图像时每英寸所产生的油墨点数。通常使用的单位也是 dpi。

> **提示**
>
> 为了获得最佳效果，应使用与照排机或激光打印机输出分辨率成正比（但不相同）的图像分辨率。大多数激光打印机的输出分辨率为300～600 dpi，当图像分辨率为72 ppi时，其打印效果较好；高档照排机能够以1 200 dpi或更高精度打印，对150～350 dpi的图像产生效果较佳。

4．位分辨率

位分辨率又称位深，是用来衡量每个像素所保存的颜色信息的位元数。例如，一个 24 位的 RGB 图像，表示其各原色 R、G、B 均使用 8 位，三元之和为 24 位。在 RGB 图像中，每一个像素均记录 R、G、B 三原色值，因此每一个像素所保存的位元数为 24 位。

1.3　色　彩　模　式

Illustrator CC 2015 支持多种色彩模式，其中常用的模式有 RGB、CMYK、HSB、灰度等，这几种模式之间可以进行互换。

1.3.1　RGB 模式

RGB 模式主要用于视频等发光设备：显示器、投影设备、电视、舞台灯等。这种模式包括三原色——红（R）、绿（G）、蓝（B），每种色彩都有 256 种颜色，每种色彩的取值范围是 0～255，这 3 种颜色混合可产生 16 777 216 种颜色。RGB 模式是一种加色模式（理论上），因为当红、绿、蓝都为 255 时，为白色；均为 0 时，为黑色；均为相等数值时为灰色。换句话说，可把 R、G、B 理解成三盏灯光，当这三盏灯光都打开，且为最大数值 255 时，即可产生白色。当这三盏灯光全部关闭，即为黑色。在该模式下所有的滤镜均可用。

1.3.2　CMYK 模式

CMYK 模式是一种印刷模式。这种模式包括四原色——青（C）、洋红（M）、黄（Y）、黑（K），每种颜色的取值范围 0%～100%。CMYK 是一种减色模式（理论上），人们的眼睛理论上是根据减色的色彩模式来辨别色彩的。太阳光包括地球上所有的可见光，当太阳光照射到物体上时，物体吸收（减去）一些光，并把剩余的光反射回去。人们看到的就是这些反射的色彩。例如，高原上太阳紫外线很强，花为了避免烧伤，浅色和白色的花居多，如果是白色花则是花没有吸收任何颜色；再如，自然界中黑色花很少，因为花是黑色意味着它要吸收所有的光，而这对花来说可能被烧伤。在 CMYK 模式下有些滤镜不可用，而在位图模式和索引模式下所有滤镜均不可用。

在 RGB 和 CMYK 模式下大多数颜色是重合的，但有一部分颜色不重合，这部分颜色就是溢色。

1.3.3　HSB 模式

HSB 模式是基于人眼对色彩的感觉。H 代表色相，取值范围 0～360；S 代表饱和度（纯度），取值范围 0～100%；B 代表亮度（色彩的明暗程度），取值范围为 0%～100%；当全亮度和全饱和度相结合时，会产生任何最鲜艳的色彩。在该模式下有些滤镜不可用．而在位图模式和索引模式下所有滤镜均不可用。

1.3.4 灰度模式

灰度模式下的图像是由具有256级灰度的黑白颜色构成。一幅灰度图像在转变成CMYK模式后可以添加彩色，如果将CMYK模式的彩色图像转变为灰度模式的图像，其颜色不能再恢复。

1.4 Illustrator CC 2015 的工作界面

图1-3为使用Illustrator CC 2015打开一幅图像的窗口。从图中可以看到，Illustrator CC 2015的工作界面包括标题栏、菜单栏、选项栏、工具箱、面板、状态栏等组成部分。下面重点介绍一下工具箱和面板。

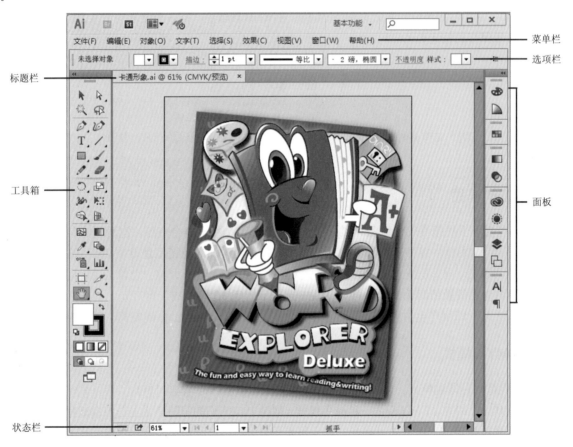

图1-3　工作界面

1.4.1 工具箱

工具箱是Illustrator CC 2015中一个重要的组成部分，几乎所有作品的完成都离不开工具箱的使用。通过执行菜单中的"窗口|工具"命令，可以控制工具箱的显示和隐藏。

工具箱默认状态下位于屏幕的左侧，可以根据需要将它移动到任意位置。工具箱中的工具用形象的小图标来表示，为了节省空间，Illustrator CC 2015将许多工具隐藏起来，有些工具图标右下方有一个小三角形，表示包含隐藏工具的工具组，当按住该图标不放时就会弹出隐藏工具，如图1-4所示。单击工具箱顶端的小图标可将工具箱变成长单条或短双条结构。

图1-4　显示隐藏工具

工具箱中常用工具的功能和用途如下：

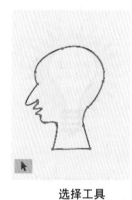

选择工具

用来选择整个图形对象。如果是成组后的图形，将选中一组对象。

直接选择工具

用于选择单个或几个节点，经常用于路径形状的调整。

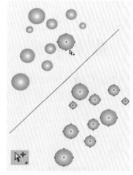

编组选择工具

用来选择编组中的子对象。单击编组中的一个对象，可以将其选中。双击该对象，可以选中对象所在的编组。

魔棒工具

用来选择具有相似填充、边线或透明属性的对象。

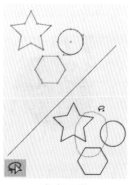

套索工具

利用该工具可以选择鼠标所选区域内的所有锚点，这些锚点可以位于一个对象，也可以位于多个对象。

钢笔工具

绘制路径的基本工具，与添加锚点、删除锚点、转换锚点工具组合使用，可以生成复杂的路径。

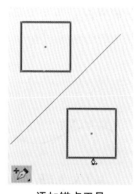

添加锚点工具

用于在已有路径上添加锚点。

删除锚点工具

用来删除已有路径上的锚点。

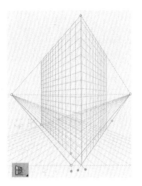

透视网格工具

利用该工具可以使图形根据透视网格产生相应的透视效果。

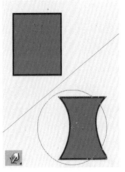

变形工具

利用该工具可以使图形随着变形工具的笔刷拖动而变形。

宽度工具

使用该工具，可以使绘制的路径描边变宽，并调整为各种多变的形状效果。

斑点画笔工具

使用该工具，可以绘制带有外轮廓的路径。

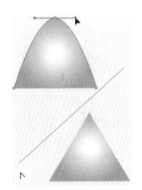

转换锚点工具

可用来将角点转换为平滑点，或将平滑点转换为角点。主要用于调整路径形状。

文字工具

用来书写排列整齐的点文字或段落文字。

直排文字工具

与文字工具相似，但文字排列方向为纵向，和古代文字写法一致。

区域文字工具

可以将文字约束在一定范围内，从而使版面更加生动。

直排区域文字工具

与区域文字工具类似，但文字排列方向为纵向。

路径文字工具

可以沿路径水平方向排列文字。

直排路径文字工具

可以沿路径垂直方向排列文字。

光晕工具

用来绘制光晕对象。

画笔工具

可用来描绘具有画笔外观的路径。Illustrator 中共提供了 4 种画笔：书法、散点、艺术与图案。

铅笔工具

可用来绘制与编辑路径，在绘制路径时，节点随鼠标运动的轨迹自动生成。

路径橡皮擦工具

用来擦除路径的一部分或全部。

镜像工具

可沿一条轴线翻转图形对象。

旋转工具

可沿自定义的轴心点对图形及填充图案进行旋转。

比例缩放工具

可以改变图形对象及其填充图案的大小。

倾斜工具

可以倾斜图形对象。

渐变工具

用来调节渐变起始和结束的位置及方向。

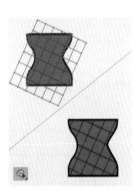

形状生成器工具

可以将绘制的多个简单图形合并为一个复杂的图形，还可以分离、删除重叠的形状，快速生成新的图形。

混合工具

可以在多个图形对象之间生成一系列的过渡对象，以产生颜色与形状上的逐渐变化。

剪刀工具

用来剪断路径。

刻刀工具

可以任意裁切图形对象。

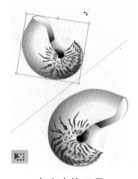

自由变换工具

可以对图形对象进行缩放、旋转或倾斜变换。

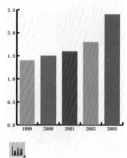

柱形图工具

9 种图表工具中的一种，用垂直的柱形图来显示或比较数据。

符号喷枪工具

用来在画面上施加符号对象。它与复制图形相比，可节省大量的内存，提高设备的运算速度。

符号旋转器工具

可用来旋转符号。

符号着色器工具

可用自定义的颜色对符号进行着色。

符号滤色器工具

可用来改变符号的透明度。

符号样式器工具

可用来对符号施加样式。

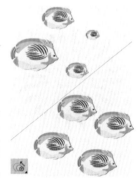

符号缩放器工具

可用来放大或缩小符号，从而使符号具有层次感。

符号移位器工具

用来移动符号。

符号紧缩器工具

可用来收拢或扩散符号。

扇贝工具

可在图形对象轮廓上添加一些类似扇贝壳表面的凹凸纹理。

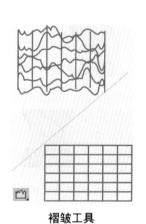

褶皱工具

可在图形对象轮廓上添加一些褶皱。

旋转扭曲工具

可使图形对象卷曲变形。

膨胀工具

可使图形对象膨胀变形。

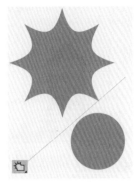

晶格化工具

可在图形对象轮廓上添加一些尖锥状的突起。

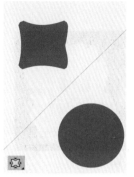

缩拢工具

可使图形对象收缩变形。

缩放工具

在窗口中放大或缩小视野，以便查看图像局部细节或整体概貌，并不改变图形对象的大小。

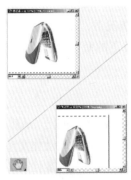

抓手工具

用来移动画板在窗口中的显示位置，并不改变图形对象在画板中的位置。

整形工具

使用该工具，可使路径如同卷曲的钢丝一样变形。

平滑工具

用于对路径进行平滑处理。

实时上色选择工具

用于选择实时上色后的线条或填充，以便进行修改。

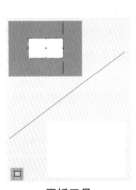

画板工具

可利用自定义特征或预定义特征绘制多个裁剪区域。可以快速创建完全裁剪到选区的单页 PDF，使其能够存储供客户和同事查看的图稿变化。

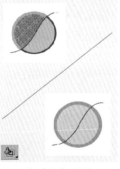

实时上色工具

使用不同颜色为每个路径段描边，并使用不同的颜色、图案或渐变填充每个封闭路径。

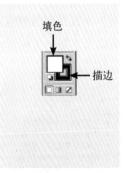

填色与描边

其中 ▣ 显示当前填充的状态，▣ 可为选定对象应用渐变填充，▨ 可使对象无填充色或线条色。

 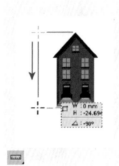  

网格工具	度量工具	切片工具	切片选择工具
用于手动创建网格。	用于测量两点之间的距离。	用于将一幅图像分割成多幅图像。	用于选择和移动切片的位置。

1.4.2　面板

Illustrator CC 2015 将面板缩小为图标，在这种情况下，单击相应的图标，会显示出相关的面板。并不是所有的面板都会出现在屏幕上，可以通过"窗口"菜单下的命令调出或关闭相关的面板。

下面简单介绍一下各个面板的功能：

1. "动作"面板

"动作"面板在面板缩略图中显示为 ▶ 图标，单击该图标即可调出"动作"面板，如图 1-5 所示。使用"动作"面板可以记录、播放、编辑和删除动作，还可以用来存储和载入动作文件。

动作用来记录固定的工作流程（使用命令和工具的过程）。对于重复性的工作而言，将操作过程保存为动作，并在自动任务中加以调用，可以大大提高工作效率。

2. "对齐"面板

"对齐"面板在面板缩略图中显示为 ■ 图标，单击该图标即可调出"对齐"面板，如图 1-6 所示。利用"对齐"面板可以将多个对象按指定方式对齐或分布。

3. "外观"面板

"外观"面板在面板缩略图中显示为 ◉ 图标，单击该图标即可调出"外观"面板，如图 1-7 所示。"外观"面板中以层级方式显示了被选择对象的所有外观属性，包括描边、填充、样式、效果等。可以很方便地选择外观属性进行修改。

图1-5　"动作"面板　　　　　图1-6　"对齐"面板　　　　　图1-7　"外观"面板

4．"属性"面板

"属性"面板在面板缩略图中显示为 图标，单击该图标即可调出"属性"面板，如图 1-8 所示。"属性"面板的主要功能是设置选定对象的一些显示属性。使用该面板中的选项，可以选择显示或者隐藏选定对象的中心点，可以选中"叠印填充"选项来决定是否显示或者打印叠印，还可以为多个 URL 链接建立图像映射。

5．"画笔"面板

"画笔"面板在面板缩略图中显示为 图标，单击该图标即可调出"画笔"面板，如图 1-9 所示。画笔是用来装饰路径的，可以使用画笔面板来管理文件中的画笔，可以对画笔进行添加、修改、删除和应用等操作。

6．"颜色"面板

"颜色"面板在面板缩略图中显示为 图标，单击该图标即可调出"颜色"面板，如图 1-10 所示。可以在"颜色"面板中基于某种颜色模式来定义或调整填充色与描边色，也可以通过滑块的拖动或数字输入来调整颜色，还可以直接选取色样。具体可参考第 2 章的"2.8 颜色和色板面板"。

图1-8　"属性"面板

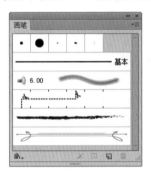

图1-9　"画笔"面板

图1-10　颜色面板

7．"文档信息"面板

"文档信息"面板在面板缩略图中显示为 图标，单击该图标即可调出"文档信息"面板，如图 1-11 所示。可以在"文档信息"面板中查看文件的多种信息，包括文件存储在磁盘上的位置、颜色模式等。

8．"渐变"面板

"渐变"面板在面板缩略图中显示为 图标，单击该图标即可调出"渐变"面板，如图 1-12 所示。"渐变"面板用来定义或修改渐变填充色。它有"线性"和"径向"两种渐变类型可供选择。

9．"信息"面板

"信息"面板在面板缩略图中显示为 图标，单击该图标即可调出信息面板，如图 1-13 所示。信息面板用来查看所选择对象的位置、大小、描边色、填充色以及某些测量信息。

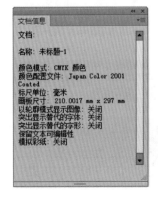

图1-11　"文档信息"面板

图1-12　"渐变"面板

图1-13　"信息"面板

10. "图层"面板

"图层"面板在面板缩略图中显示为 图标，单击该图标即可调出"图层"面板，如图1-14所示。"图层"面板是用来管理层及图形对象的，它显示了文件中的所有层及层上的所有对象，包括这些对象的状态（如隐藏与锁定）、对象之间的相互关系等。为了便于区分，Illustrator CC 2015用不同的颜色标明了不同的父图层。而对于父图层下面的子图层则显示与父图层相同的颜色。

11. "链接"面板

"链接"面板在面板缩略图中显示为 图标，单击该图标即可调出"链接"面板，如图1-15所示。"链接"面板显示了文档中所有链接与嵌入的图像。如果链接图像被更新或丢失，也会给出相应的提示。

12. "魔棒"面板

"魔棒"面板在面板缩略图中显示为 图标，单击该图标即可调出"魔棒"面板，如图1-16所示。"魔棒"面板相当于 （魔棒）工具的选项设置窗口，从中可以设置属性相似对象的相关条件。

图1-14 "图层"面板　　　　图1-15 "链接"面板　　　　图1-16 "魔棒"面板

13. "导航器"面板

"导航器"面板在面板缩略图中显示为 图标，单击该图标即可调出"导航器"面板，如图1-17所示。使用"导航器"面板可以方便地控制屏幕中画面的显示比例及显示位置。

14. "路径查找器"面板

"路径查找器"面板在面板缩略图中显示为 图标，单击该图标即可调出"路径查找器"面板，如图1-18所示。利用"路径查找器"面板可以将多个路径以多种方式组合成新的形状。它包括"形状模式"和"路径查找器"两大类。具体可参考第2章的"2.6路径寻找器"。

15. "颜色参考"面板

"颜色参考"面板在面板缩略图中显示为 图标，单击该图标即可调出"颜色参考"面板，如图1-19所示。"颜色参考"面板会基于工具面板中的当前颜色来建议协调颜色。可以使用这些颜色对图稿着色，也可以将这些颜色存储为色板。

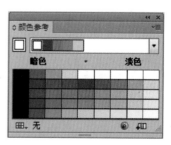

图1-17 "导航器"面板　　　　图1-18 "路径查找器"面板　　　　图1-19 "颜色参考"面板

16．"描边"面板

　　"描边"面板在面板缩略图中显示为 ≡ 图标，单击该图标即可调出"描边"面板，如图 1-20 所示。"描边"面板用来指定线条是实线还是虚线、虚线类型（如果是虚线）、描边粗细、描边对齐方式、斜接限制、箭头、宽度配置文件和线条连接的样式及线条端点。

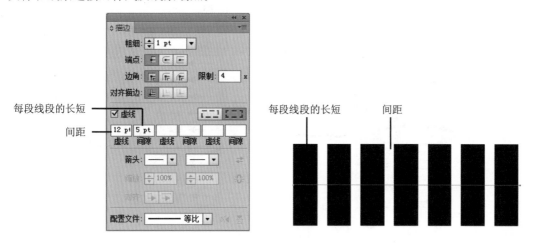

图1-20　"描边"面板

　　"描边"面板中的端点有 平头端点、 圆头端点和 方头端点 3 种类型。图 1-21 所示为各种端点类型的效果比较。

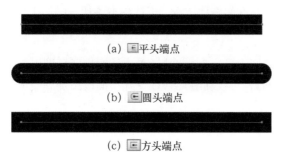

(a) 平头端点

(b) 圆头端点

(c) 方头端点

图1-21　各种端点类型的效果比较

　　"描边"面板中的连接有 斜接连接、 圆角连接和 斜角连接 3 种类型。如图 1-22 所示为各种连接类型的效果比较。

(a) 斜接连接　　　　(b) 圆角连接　　　　(c) 斜角连接

图1-22　各种连接类型的效果比较

　　"描边"面板中有多种开始和结束箭头可供选择。如图 1-23 所示为可在线段开始和结束位置添加的各类箭头。

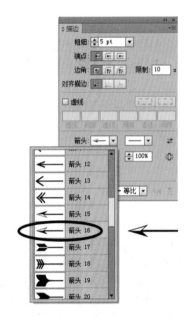
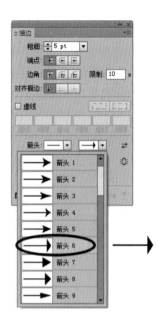

图1-23　可在线段开始和结束位置添加的各类箭头

17．"图形样式"面板

"图形样式"面板在面板缩略图中显示为 ▣ 图标，单击该图标即可调出"图形样式"面板，如图1-24所示。"图形样式"面板可以将对象的各种外观属性作为一个样式来保存，以便于快速应用到对象上。

18．"SVG 交互"面板

"SVG 交互"面板在面板缩略图中显示为 ▨ 图标，单击该图标即可调出"SVG 交互"面板，如图1-25所示。当输出用于网页浏览的 SVG 图像时，可以利用"SVG 交互"面板添加一些用于交互的 JavaScript 代码（如鼠标响应事件）。

19．"变量"面板

"变量"面板在面板缩略图中显示为 ⚙ 图标，单击该图标即可调出"变量"面板，如图1-26所示。文档中每个变量的类型和名称均列在变量面板中，可以使用变量面板来处理变量和数据组。如果变量绑定到一个对象，则"对象"列将显示绑定对象在"变量"面板中显示的名称。

图1-24　"图形样式"面板　　　　图1-25　"SVG 交互"面板　　　　图1-26　"变量"面板

20．"色板"面板

"色板"面板在面板缩略图中显示为 ▦ 图标，单击该图标即可调出"色板"面板，如图1-27所示。"色板"面板可以将调制好的纯色、渐变色和图案作为一种色样保存，以便于快速应用到对象上。具体可参考第2章的"2.8 颜色和色板面板"。

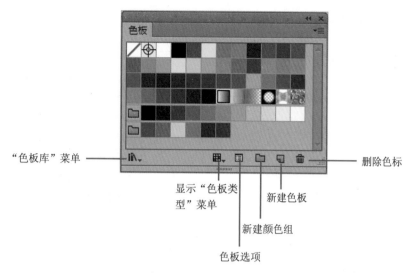

图1-27　"色板"面板

21.　"符号"面板

"符号"面板在面板缩略图中显示为♣图标，单击该图标即可调出"符号"面板，如图 1-28 所示。符号可用来表现具有相似特征的群体，可以将 Illustrator CC 2015 中绘制的各种图形对象作为符号来保存。

22.　"变换"面板

"变换"面板在面板缩略图中显示为图标，单击该图标即可调出"变换"面板，如图 1-29 所示。"变换"面板提供了被选择对象的位置、尺寸和方向信息，利用变换面板可以精确地控制变换操作。

23.　"透明度"面板

"透明度"面板在面板缩略图中显示为图标，单击该图标即可调出"透明度"面板，如图 1-30 所示。"透明度"面板可用来控制被选择对象的透明度与混合模式，还可以用来创建不透明度蒙版。

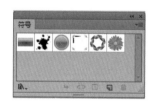

图1-28　"符号"面板

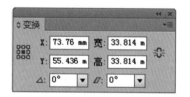

图1-29　"变换"面板

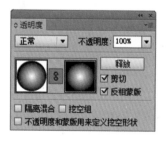

图1-30　"透明度"面板

24.　"字符"面板

"字符"面板在面板缩略图中显示为图标，单击该图标即可调出"字符"面板，如图 1-31 所示。字符面板提供了格式化字符的各种选项（如字体、字号、行间距、字间距、字距微调、字体拉伸和基线移动等）。

25.　"段落"面板

"段落"面板在面板缩略图中显示为¶图标，单击该图标即可调出"段落"面板，如图 1-32 所示。使用"段落"面板可为文字对象中的段落文字设置格式化选项。

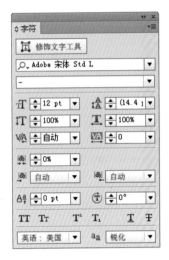

图1-31 "字符"面板

图1-32 "段落"面板

课 后 练 习

1. 简述点阵图和矢量图的区别。
2. 简述 RGB 和 CMYK 两种色彩模式的特点。
3. 简述描边面板的使用。

绘图与着色 第2章

本章重点

在 Illustrator CC 2015 中可以绘制各种图形，并对线条和填充赋予不同的颜色，同时也可以对其进行再次编辑。此外，还可通过"路径寻找器"对图形和图形之间进行各种组合处理。通过本章学习，应掌握 Illustrator CC 2015 绘图与着色方面的相关知识。

2.1 绘制线形

线形是平面设计中经常会用到的一种基本图形，在 Illustrator CC 2015 的工具箱中也提供了多种绘制线形的工具，可以利用它们绘制直线、弧线和螺旋线。

2.1.1 绘制直线

直线应该说是平面设计中最简单、最基本的图形对象，绘制直线使用的是工具箱中的▨（直线段工具），如图 2-1 所示。绘制直线的具体操作步骤如下：

1）选择工具箱中的▨（直线段工具），此时光标将变成十字形。然后，按照两点确定一条直线的原则，在画布上任意一点单击并按住鼠标左键，作为直线的起始点。再拖动鼠标，当到达直线的终止点后释放鼠标左键，即可完成任意长度、任意倾角的直线绘制，如图 2-2 所示。

2）在拖动鼠标绘制直线的过程中，结合〈Shift〉、〈Alt〉、〈~〉等功能键可以得到一些具有特殊效果的直线。例如，在拖动鼠标绘制直线的过程中按下〈Shift〉键，可以得到方向水平、垂直或者倾角为 45°的直线，如图 2-3 所示；按下〈Alt〉键，可以得到以单击点为中心的直线。

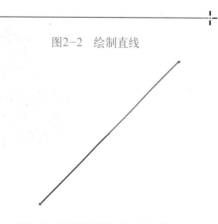

图2-2 绘制直线

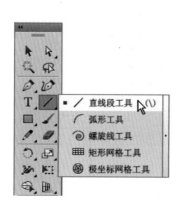

图2-1 选择"直线段工具"

图2-3 绘制倾角为45°的直线

3）用拖动鼠标的方法只能粗略地绘制直线，当需要精确指定直线的长度和方向时，可以选择■（直线段工具），单击画布的任意位置，此时会弹出图 2-4 所示的对话框。

4）在该对话框中，"长度"文本框用于设置直线的长度，"角度"文本框用于设置直线的角度，设置完毕后，单击"确定"按钮，即可精确地绘制所需的直线。

图2-4 "直线段工具选项"对话框

2.1.2 绘制弧形

弧线也是一种重要的基本图形，直线可以看作是弧线的一种特殊情况，所以弧线有着更为广泛的用途。Illustrator CC 2015 提供的绘制弧线的方法很丰富，利用这些方法，可以绘制出各种长短不一、形状各异的弧线。绘制弧线的具体操作步骤如下：

1）选择工具箱中的■（弧形工具）（见图 2-5），然后在画布上拖动鼠标，从而形成弧线的两个端点。在两个端点之间，将会自然形成一段光滑的弧线。图 2-6 所示为使用■（弧形工具）绘制的弧线。

2）在拖动鼠标的过程中，按下键盘上的〈Shift〉、〈Alt〉、〈~〉等功能键，以及〈C〉、〈F〉键等，可以得到一些具有特殊效果的弧线。例如，在拖动鼠标绘制弧线时，按下〈Shift〉键，将得到在水平和垂直方向长度相等的弧线，如图 2-7 所示；按下〈Alt〉键，可以得到以单击点为中心的直线；按下〈C〉键，可以通过增加两条水平和垂直的直线从而得到封闭的弧线，如图 2-8 所示；按下〈~〉键，可以同时绘制得到多条弧线，从而可以制作出特殊的效果，如图 2-9 所示；按下〈F〉键，则可以改变弧线的凹凸方向；按下〈↑〉、〈↓〉方向键，则可以增加和减少弧度。

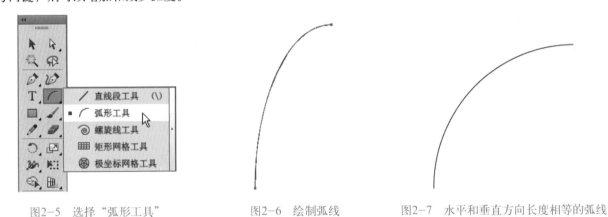

图2-5 选择"弧形工具"　　　　图2-6 绘制弧线　　　　图2-7 水平和垂直方向长度相等的弧线

3）用拖动鼠标的方法只能粗略地绘制弧线，当需要精确指定弧线的长度和方向时，可以在选择■（弧形工具）的情况下，单击画布的任意位置，此时会弹出图 2-10 所示的对话框。

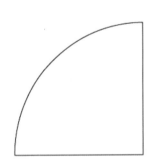
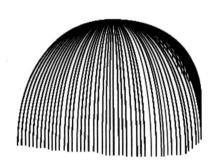
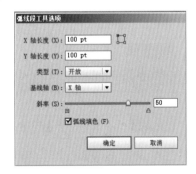

图2-8 绘制封闭弧线　　　　图2-9 同时绘制多条弧线　　　　图2-10 "弧线段工具选项"对话框

4）在该对话框中，可以精确设置弧线各轴向的长度、凹凸方向和弯曲程度。

2.1.3　绘制螺旋线

相对于直线和弧线而言，螺旋线是一种并不常用的线形。但在某些场合下，它也是必不可少的一种线形。绘制螺旋线的具体操作步骤如下：

1）选择工具箱中的 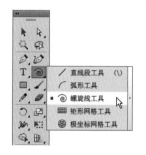（螺旋线）工具（见图 2-11），然后在将要绘制的螺旋线中心处按住鼠标左键在画布上拖动，接着释放鼠标即可绘制出螺旋线，如图 2-12 所示。

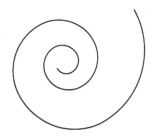

图2-11　选择"螺旋线工具"　　　　　　　　图2-12　绘制螺旋线

2）在绘制螺旋线的过程中，通过配合键盘上不同的键，可以实现某些特殊效果。例如，按〈↑〉、〈↓〉方向键，可以增加或减少螺旋线的圈数；按下〈~〉键，将会同时绘制出多条螺旋线；在绘制螺旋线的过程中，按下空格键，就会"冻结"正在绘制的螺旋线，此时可以在屏幕上任意移动，当松开空格键后可以继续绘制螺旋线；按下〈Shift〉键，可以使螺旋线以 45°的增量旋转；按下〈Ctrl〉键，可以调整螺旋线的紧密程度。

3）用拖动鼠标的方法只能粗略地绘制螺旋线，当需要精确指定螺旋线时，可以在选中 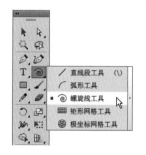（螺旋线）工具的情况下，单击画布的任意位置。此时，会弹出图 2-13 所示的对话框，在该对话框中可以通过其中的参数进行详细设置，精确绘制所需的螺旋线。

4）在该对话框中，"半径"文本框用于设置螺旋线的半径值，即螺旋线中心点到螺旋线终止点之间的直线距离，如图 2-14 所示；"衰减"文本框用于为螺旋线指定一个所需的衰减度；"段数"文本框用于设置螺旋线的段数；"样式"用于设置螺旋线旋转方向，有顺时针和逆时针两个选项可供选择。

图2-13　设置螺旋线参数

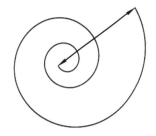

图2-14　半径的范围

2.2　绘 制 图 形

本节所指的"图形"是一个狭义的概念，是指使用绘图工具绘制的、封闭的、可直接设置填充和线形的基本图形，包括矩形、圆、椭圆、多边形和星形等。通过这些基本的图形，可以组合出丰富多彩的复杂图形。

2.2.1　绘制矩形和圆角矩形

1. 绘制矩形

绘制矩形有两种方法：第一种方法是在屏幕上拖动鼠标绘制出矩形或圆角矩形；第二种方法是使用数值方

法绘制矩形或圆角矩形。当只需粗略地确定矩形大小时，用前一种方法更为快捷；当需要精确地指定矩形的长和宽时，用后一种方法更为精确。

绘制矩形的具体操作步骤如下：

1）选择工具箱中的 （矩形工具）（见图2-15），此时光标将变成一个十字形，然后在画布上的某一点处按住鼠标左键，往任意方向拖动，此时将会出现蓝色的矩形框，如图2-16所示。

图2-15　选择"矩形工具"

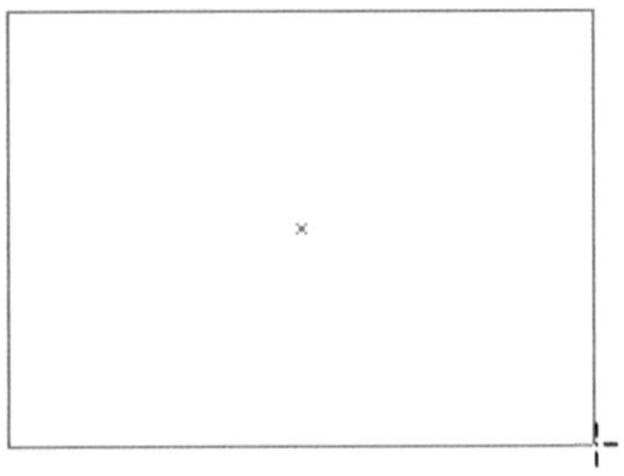

图2-16　蓝色的矩形框

2）当最终确定矩形的大小后，在矩形起始点的对角点处释放鼠标左键，即可完成矩形的绘制，如图2-17所示。

提示

在拖动鼠标的同时，按住〈Shift〉键，就可以绘制出正方形，如图2-18所示；按住〈Alt〉键，将从中心开始绘制矩形；按住空格键，就会暂时"冻结"正在绘制的矩形，此时可以在屏幕上任意移动预览框的位置，松开空格键后可以继续绘制矩形。

图2-17　绘制矩形

图2-18　绘制正方形

3）如果需要精确地绘制矩形，即精确地指定矩形的长和宽，可以选择工具箱中的 （矩形工具），在屏幕上任一位置单击，此时，将会弹出图2-19所示的对话框。

4）在该对话框中，"宽度"文本框用于设置矩形的宽度值，"高度"文本框用于设置矩形的高度。设置完成后，单击"确定"按钮即可。

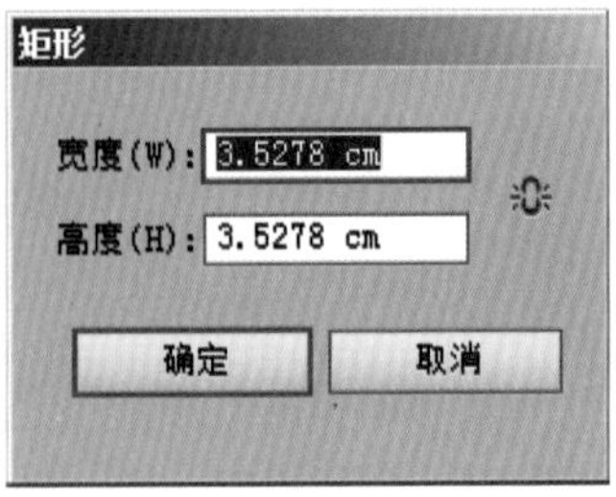

2．绘制圆角矩形

绘制圆角矩形的基本操作方法与绘制矩形基本一致，具体操作步骤如下：

1）选择工具箱中的 □（圆角矩形工具）（见图2-20），然后在画面上拖动，当松开鼠标后即可绘制出一个圆角矩形，如图2-21所示。

2）如果需要精确地绘制圆角矩形，即精确地指定圆角矩形的长、宽以及圆角半径的值，可以选择工具箱中的 □（圆角矩形工具），在屏幕上任意位置单击，此时会弹出图2-22所示的对话框。

图2-19　"矩形"对话框

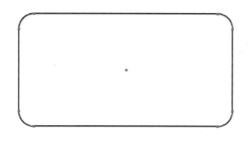

图2-20 选择"圆角矩形 工具"　　　　图2-21 绘制圆角矩形　　　　图2-22 "圆角矩形"对话框

3）在该对话框中，"宽度"文本框用于设置圆角矩形的宽度值，"高度"文本框用于设置圆角矩形的高度，"圆角半径"文本框用于指定圆角矩形的半径。设置完成后，单击"确定"按钮即可。

2.2.2 绘制圆和椭圆

和绘制矩形和圆角矩形一样，绘制圆和椭圆也有两种方法可供选取：第 1 种方法是在屏幕上拖动鼠标绘制出圆和椭圆；第 2 种方法是使用数值方法绘制圆和椭圆。当只需粗略地确定圆和椭圆的大小时，用前一种方法更为快捷；当需要精确地指定椭圆的长和宽的数值时，用后一种方法更为精确。

1）选择工具箱上的 （椭圆工具）（见图 2-23），然后按住鼠标左键，在画布上拖动，当达到所需的大小后释放鼠标，即可完成椭圆的绘制，如图 2-24 所示。

> **提示**
> 在拖动鼠标时按住〈Shift〉键，就会绘制出一个标准的圆；按住〈Alt〉键，将不是从左上角开始绘制椭圆，而是从中心开始；按住空格键，就会"冻结"正在绘制的椭圆，可以在屏幕上任意移动预览图形的位置，松开空格键后可以继续绘制椭圆。

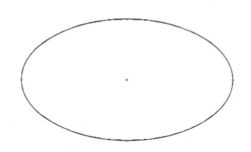

图2-23 选择椭圆工具　　　　　　　　图2-24 绘制椭圆

2）如果需要精确地绘制圆或椭圆（即精确地指定圆的半径或椭圆的长短轴），可以选择工具箱中的 （椭圆工具），在屏幕的任意位置单击，此时将会弹出图 2-25 所示的对话框。

3）在该对话框中，不是通过直接指定圆的半径或椭圆的长短轴来确定圆或椭圆的大小，而是通过指定圆或椭圆的外接矩形的长和宽来确定圆或椭圆的大小。其中"宽度"文本框用于设置外接矩形的宽度值，"高度"文本框用于设置外接矩形的高度值。设置完毕后，单击"确定"按钮即可。

图2-25 "椭圆"对话框

2.2.3 绘制星形

星形也是常用的图形之一，所以 Illustrator CC 2015 中也提供了专门绘制星形的工具。绘制星形的具体操作步骤如下：

1）选择工具箱中的 ☆（星形工具），（见图 2-26），然后在画布的任意位置进行拖动，最后释放鼠标即可绘制出星形，如图 2-27 所示。

提示

在绘制星形的过程中，可以按向上或向下的箭头键增加和减少星形的边数；按住〈Ctrl〉键，可以在不改变内径大小的情况下改变外径的大小。

2）如果要精确绘制星形，可以选择工具箱上的 ☆（星形工具），然后在画布的任意位置单击，将会弹出图 2-28 所示的对话框。

图2-26　选择"星形工具"　　　　图2-27　绘制星形　　　　图2-28　"星形"对话框

3）在"星形"对话框中，可以通过"角点数"文本框选取或输入所需要绘制的星形的外凸点数。例如，绘制五角星，则此处设置为5。图 2-29 所示为使用 ☆（星形工具）绘制的不同角点数的星形。

4）在"星形"对话框中，"半径1"文本框用于输入星形的外凸半径，即外凸点到中心点的距离；"半径2"文本框用于输入星形的内凹半径，即内凹点到中心点的距离，如图 2-30 所示。

图2-29　绘制的不同角点数的星形　　　　图2-30　"半径1"和"半径2"的范围

5）和绘制正多边形时类似，在拖动鼠标的过程中按住键盘上的〈~〉键，可以同时绘制出多个多边形，从而可以形成一些特殊的效果。

2.2.4 绘制多边形

在 Illustrator CC 2015 中，可以绘制任意边数的正多边形。与绘制矩形和椭圆的方法类似，也可以分为拖动鼠标绘制的方法和精确绘制的方法。绘制多边形的具体操作步骤如下：

1）选择工具箱中的 （多边形工具）（见图 2-31），然后按住鼠标左键在画布上拖动，最后释放鼠标即可绘制出多边形，如图 2-32 所示。

图2-31 选择"多边形工具"

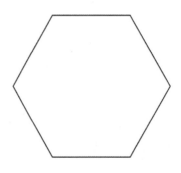

图2-32 绘制多边形

2）如果要精确绘制多边形，可以选择工具箱中的 （多边形工具），在画布的任意位置单击，此时会弹出图 2-33 所示的对话框。

3）在"多边形"对话框中，可以通过"边数"文本框选取或者输入所需要绘制的正多边形的边数；在"半径"文本框中，可以输入正多边形外接圆的半径。设置完毕后，单击"确定"按钮即可。

4）在绘制过程中，左右移动鼠标可以转动多边形，从而形成并非规则放置的多边形，如图 2-34 所示。在拖动鼠标的过程中，按住键盘上的〈~〉键，可以同时绘制出多个多边形，从而可以形成一些特殊的效果，如图 2-35 所示。

图2-33 "多边形"对话框

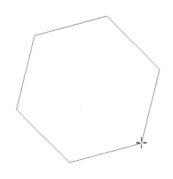

图2-34 绘制非规则放置的多边形

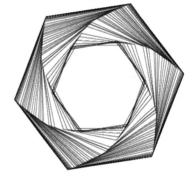

图2-35 同时绘制多个多边形

2.2.5 绘制光晕

利用光晕工具可以绘制光晕图形，它不是简单的基本图形，而是一种具有闪耀效果的复杂形体，如图 2-36 所示。

绘制光晕图形的具体操作步骤如下：

1）选择工具箱中的 （光晕工具），如图 2-37 所示。此时，光标将变成一个实十字和虚十字相间的形状，然后按住鼠标左键在画布上拖动，即可进行光晕图形的绘制，如图 2-38 所示。

2）在拖动鼠标绘制的过程中，可以以图形的中心转动图形。如果不想旋转闪耀图形，可按下键盘上的〈Shift〉键；如果在拖动鼠标的过程中按下空格键，就会暂停绘制操作，并可在页面上任意移动

图2-36 光晕效果

未绘制完成的闪耀图形；按下〈↓〉键，则可以减少闪耀图形的射线数目；如果当前的闪耀图形满足要求，即可释放鼠标左键，结果如图 2-39 所示。

3）此时并没有完成闪耀图形的绘制，要完成最终的闪耀图形，必须双击所绘制的闪耀图形的框架图，然后在弹出的图 2-40 所示的对话框中进行设置，设置完成后单击"确定"按钮即可。

图2-37　选择"光晕工具"

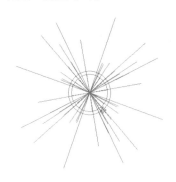

图2-38　绘制光晕图形的过程

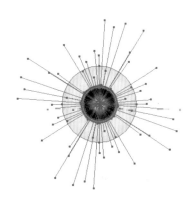

图2-39　绘制完成效果

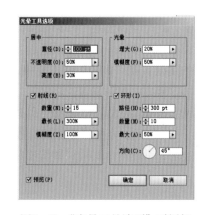

图2-40　"光晕工具选项"对话框

2.3　绘制网格

在平面设计中，网格是经常会用到的，而矩形网格和极坐标网格又是最常用的两种网格。使用 ▦（矩形网格工具）和 ◉（极坐标网格工具），能够快速地绘制出矩形网格和极坐标网格。

2.3.1　绘制矩形网格

绘制矩形网格的具体操作步骤如下：

1）选择工具箱中的 ▦（矩形网格工具）（见图 2-41），然后在画布上拖动鼠标，通过确定的两个对角点来确定矩形网格的位置和大小，所绘制的矩形网格如图 2-42 所示。

图2-41　选择"矩形网格工具"

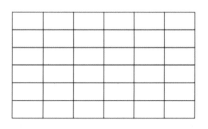

图2-42　绘制矩形网格

2）在拖动鼠标绘制矩形网格的过程中，如果按下〈Shift〉键可以得到正方形网格，如图 2-43 所示；如果按下键盘上的〈↑〉键可以增加矩形网格的行数，按下键盘上的〈↓〉键可以减少矩形网格的列数。

3）如果要精确绘制矩形网格，可以选择工具箱中的 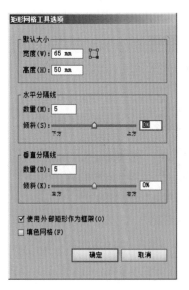（矩形网格工具），然后在画布的任意位置单击，此时会弹出图 2-44 所示的对话框。

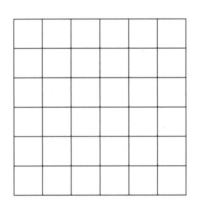

图2-43　正方形网格

图2-44　"矩形网格工具选项"对话框

4）在该对话框中，"默认大小"选项组用于设置矩形网格的宽度和高度；在"水平分隔线"选项组中的"数量"文本框用于设置水平分隔线的数目，"倾斜"文本框用于指定水平分割线与网格的水平边缘的距离；"垂直分隔线"选项组中的"数量"文本框用于设置垂直分隔线的数目，而"倾斜"用于设置垂直分隔线与网格垂直边缘的距离。如果将水平"倾斜"值设为 60%，将会得到图 2-45 所示的矩形网格；将垂直"倾斜"值设为60%，将会得到图 2-46 所示的矩形网格。

提示

在绘制矩形网格的过程中，利用键盘上的〈↑〉、〈↓〉键同样可以得到图2-46和图2-47所示的效果。

5）如果在该对话框中选中了"使用外部矩形作为框架"复选框，则将矩形网格最外层的矩形作为整个网格的边框；如果选中了"填充网格"复选框，则将填充网格。图 2-47 为填充了的矩形网格。

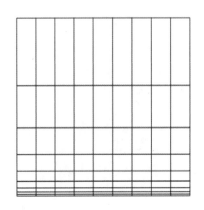

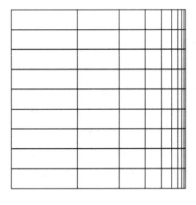

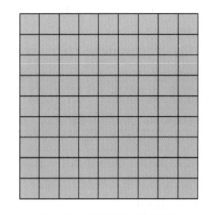

图2-45　水平"倾斜（S）"
　　　值为60%的矩形网格

图2-46　垂直"倾斜（K）"
　　　值为60%的矩形网格

图2-47　填充了的矩形网格

2.3.2 绘制极坐标网格

绘制极坐标网格的具体操作步骤如下：

1）选择工具箱中的 （极坐标网格工具），（见图 2-48），然后在画布上拖动鼠标，通过确定外轮廓圆的外接矩形的两个对角点来确定极坐标网格的位置和大小，所绘制的极坐标网格如图 2-49 所示。

图2-48 选择"极坐标网格工具"   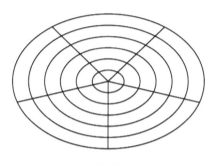图2-49 绘制极坐标网格

2）在拖动鼠标绘制极坐标网格的过程中，如果按下键盘上的〈Shift〉键，可以得到外轮廓为正圆的极坐标网格，如图 2-50 所示；如果按下键盘上的〈↑〉、〈↓〉键，可以增加极坐标网格同心圆的数目，如图 2-51 所示，按下键盘上的〈→〉键，可以增加极坐标网格射线的数目，如图 2-52 所示。

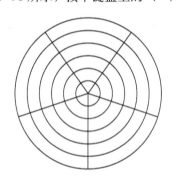   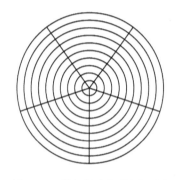   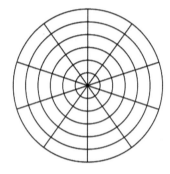

图2-50 外轮廓为正圆的极坐标网格   图2-51 增加极坐标的同心圆   图 2-52 增加极坐标的网格射线

3）如果要绘制精确的极坐标网格，可选择工具箱中的 （极坐标网格工具），然后在画布的任意位置单击，将会弹出图 2-53 所示的对话框。

4）在该对话框中"默认大小"选项组用于设置极坐标网格外接矩形的宽度和高度；在"同心圆分隔线"选项组中的"数量"文本框用于指定分隔线的数目，而"倾斜"文本框用于指定分隔线与网格轴向边缘的距离；在"径向分隔线"选项组中的"数量"文本框用于指定径向分隔线的数目，而"倾斜"文本框用于指定径向分隔线与网格径向起点的距离。如果将水平"倾斜"值设为 60%，将会得到图 2-54 所示的极坐标网格；将垂直"倾斜"值设为 60%，将会得到图 2-55 所示的极坐标网格。

图2-53 "极坐标网格工具选项"对话框

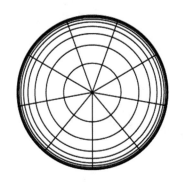

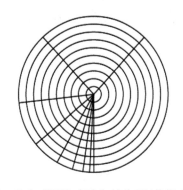

图2-54　水平"倾斜（S）"值为60%的极坐标网格　　　　图2-55　垂直"倾斜（K）"值为60%的极坐标网格

2.4　徒手绘图与修饰

在平面设计中，并非所有的线条都是类似直线、椭圆的规则图形，更多的时候需要用灵巧的双手和铅笔等作图工具来绘制一些不规则的图形。本节将讲解 （钢笔工具）、（铅笔工具）、（平滑工具）和 （路径橡皮擦工具）的使用。

2.4.1　钢笔工具

（钢笔工具）是一个非常重要的工具，也是用户平时绘图工作中使用最频繁的一种工具，它可以用来绘制直线和平滑曲线，并可对绘制的路径进行精确的控制，具体应用可参考"2.9.1'钢笔工具'的使用"。单击工具箱中的 （钢笔工具），在弹出的工具组中将显示出 （添加锚点工具）、（删除锚点工具）和 （锚点工具），如图 2-56 所示。下面主要讲解一下这 3 种工具的使用方法。

图2-56　钢笔工具组

1. 添加锚点

在路径中适当地添加锚点可以更好地控制曲线。添加锚点的具体操作步骤如下：选择工具箱中的 （添加锚点）工具，然后在要添加锚点的路径上单击，即可添加一个锚点。

> **提示**
>
> 如果是直线路径，添加的锚点是角点；如果是曲线路径，添加的锚点就是平滑点；如果要在路径上均匀地添加锚点，可以执行菜单中的"对象|路径|添加锚点"命令，此时会在该路经两个锚点之间添加一个新锚点。

2. 删除锚点

适当的添加锚点可以更好地控制曲线，但多余的锚点会使路径的复杂度增大，而且会延长输出的时间，此时可以删除多余的锚点。删除锚点的具体操作步骤如下：选择工具箱中的 （删除锚点）工具在需要删除的锚点上单击，即可删除该锚点。锚点被删除后，系统会自动调整曲线的形状。

3. 转换锚点工具

使用工具箱中的 （锚点工具），在曲线锚点上单击即可将平滑点转换为角点。如果在角点上单击并拖动鼠标，则可将角点转换为平滑点。锚点改变性质后，曲线的形状也会发生相应的变化。

2.4.2　铅笔工具

使用 （铅笔）工具可以随意绘制出自由不规则的曲线路径。在绘制过程中，Illustrator CC 2015 会自动依据鼠标的轨迹来设置节点而生成路径。铅笔工具既可以绘制闭合路径，又可以绘制开放路径。同时铅笔工具还可以将已存在的曲线的节点作为起点，延伸绘制出新的曲线，从而达到修改曲线的目的。图 2-57 所示为使用![](铅笔工具）绘制的 4 帧人物原画。

图2-57　4帧人物原画

铅笔工具的具体使用方法如下：

1）选择工具箱中的![](铅笔工具）（见图 2-58），此时光标将变为"![]"，然后在合适的位置按下左键后拖动鼠标绘制路径，接着释放鼠标即可完成曲线绘制，如图 2-59 所示。

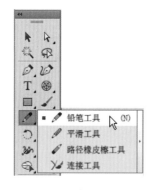

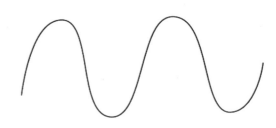

图2-58　选择"铅笔工具"　　　　　　　　　　　　图2-59　绘制曲线

2）如果需要得到封闭的曲线，可以在拖动鼠标时按下〈Alt〉键，此时光标将变为一个带有圆圈的铅笔形状，其中圆圈表示可以绘制封闭曲线。在这种状态下，系统将会自动将曲线的起点和终点用一条直线连接起来，从而形成封闭的线，如图 2-60 所示。

3）使用![](铅笔工具）在封闭图形上的两个节点之间拖动，可以修改图形的形状。图 2-61 所示为经过铅笔适当修改后的形状。

提示

必须选中需要更改的图形才可以改变图形的形状。

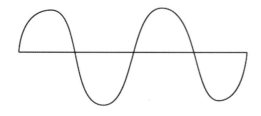

图2-60　封闭的曲线　　　　　　　　　　　　图2-61　经过铅笔适当修改后的形状

4) 在使用 （铅笔工具）时，还可以对铅笔工具进行参数预置。方法：双击工具箱中的 （铅笔工具），此时会弹出图 2-62 所示的对话框。

5) 在该对话框中有"保真度"和"选项"两个选项组。"保真度"选项组用来设置铅笔工具绘制得到的曲线上的点的精确度，单位为像素，取值范围为 0.5~20，值越小，所绘制的曲线将越粗糙。图 2-63 所示为不同"保真度"的比较效果。

保真度为 0.5　　　　　　　　保真度为 20

图2-62　"铅笔工具选项"对话框　　　　　图2-63　不同"保真度"的比较效果

在"选项"选项组中，选中"保持选定"复选框，可以保证曲线绘制完毕后会自动处于被选取状态；选中"编辑所选路径"复选框，表示可对选中的图形进行再次编辑。

2.4.3　平滑工具

使用鼠标徒手绘制图形时，往往不能够像现实中使用铅笔或钢笔那样得心应手，此时可以使用 （平滑工具），使曲线变得更平滑。

平滑工具的具体使用方法如下：

1) 选择工具箱上的 （平滑工具），（见图 2-64），此时光标将变为带有螺纹图案的铅笔形状，然后按住鼠标左键，在画布上拖动时会显示光标的拖动轨迹，如图 2-65 所示。

提示

在使用 （铅笔工具）时，按下〈Alt〉键不放，则铅笔工具将变成 （平滑工具）；而释放〈Alt〉键后将恢复为铅笔工具。

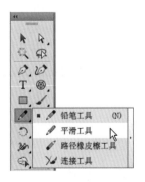

图2-64　选择"平滑工具"　　　　　　图2-65　在画布上拖动时显示出的拖动轨迹

2) 要对目标路径实施平滑操作时，需要首先选择 （平滑工具），然后将光标移至需要进行平滑操作的路径旁，按下鼠标左键并拖动。当完成平滑操作后，释放鼠标左键，此时目标路径更为平滑。图 2-66 所示为实施了平滑操作前后的比较效果。

3）双击工具箱中的 ✏️（平滑工具），将会弹出图 2-67 所示的对话框。该对话框用于调整使用平滑工具处理曲线时的"保真度"，参数值越大，处理曲线时对原图形的改变也就越大，曲线变得越平滑；参数值越小，处理曲线时对图形原形的改变也就越小。

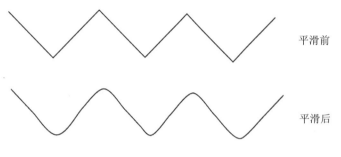

平滑前

平滑后

图2-66 平滑操作前后的比较效果　　　　　　　　　　图2-67 "平滑工具选项"对话框

2.4.4　路径橡皮擦工具

同 ✏️（平滑工具）一样，✏️（路径橡皮擦工具）也是一种徒手修饰工具，它能够清除已有路径的全部。路径橡皮擦工具的具体使用方法如下：

1）选中需要擦除的路径，然后选择工具箱中的 ✏️（路径橡皮擦工具），在需要擦除的地方拖动鼠标，即可完成擦除工作。

2）擦除工具可以将目标路径的端部清除，也可以将目标路径的中间某一段清除，从而形成多条路径。

2.5　路　径　编　辑

在创建了路径之后，还可以对路径进行平均锚点、简化锚点、断开锚点、延伸锚点、连接锚点、分割锚点、偏移路径的操作。

2.5.1　平均锚点

使用平均锚点命令，可以将选中路径上的锚点位置重新排列，从而得到所需的效果。平均锚点的具体操作步骤如下：

1）选中需要平均锚点的路径。

2）执行菜单中的"对象|路径|平均"命令，弹出图 2-68 所示的对话框。选中"水平"单选按钮，表示所选锚点将按水平轴分布；选中"垂直"单选按钮，表示所选锚点将按垂直轴分布；选中"两者兼有"单选按钮，表示所选锚点将同时按水平和垂直轴分布。图 2-69 所示为选择不同选项的平均锚点效果。

图2-68 "平均"对话框

（a）框选锚点　　　　　（b）水平　　　　　（c）垂直　　　　　（d）两者兼有

图2-69 选择不同选项的平均锚点效果

2.5.2 简化锚点

使用简化锚点命令，可以简化路径上多余的锚点，且不改变原路径图形的基本形状。简化锚点的具体操作步骤如下：

1）选中需要简化锚点的路径。

2）执行菜单中的"对象 | 路径 | 简化"命令，弹出图 2-70 所示的对话框。

- 曲线精度：用于指定路径的弯曲度，参数值越小，路径越平滑，锚点越多。
- 角度阈值：用于指定路径的角度临界值，值越大，路径上每个角越平滑。
- 直线：选中该复选框，所有曲线都会变成直线。
- 显示原路径：选中该选项，系统将在调整的过程中显示原图的描边线。

单击"确定"按钮后即可简化锚点。图 2-71 所示为简化锚点前后效果比较。

图2-70 "简化"对话框

（a）简化前　　　　　　　　　　　（b）简化后

图2-71 简化锚点前后的效果比较

2.5.3 连接锚点

连接锚点的具体操作步骤如下：

1）选中需要连接锚点的路径。

2）执行菜单中的"对象 | 路径 | 连接"命令，即可连接锚点。图 2-72 所示为连接锚点前后的效果比较。

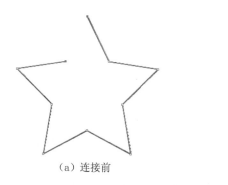

（a）连接前　　　　　　　　　　　（b）连接后

图2-72 连接锚点前后的效果比较

2.5.4 分割路径

分割路径的具体操作步骤如下：

1）选中要进行分割路径的位于上方的对象。

2）执行菜单中的"对象 | 路径 | 分割下方对象"命令，此时位于上层的路径会对位于下层的路径进行分割。

图2-73所示为分割路径前后的效果比较。

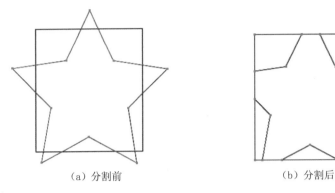

（a）分割前　　　　　　　　　　　　　（b）分割后

图2-73　分割路径前后的效果比较

2.5.5　偏移路径

偏移路径的具体操作步骤如下：

1）选中要进行偏移的路径。

2）执行菜单中的"对象|路径|偏移路径"命令，在弹出的图2-74所示的对话框中设置偏移路径的位移量、连接及斜接限制后，单击"确定"按钮，即可完成路径偏移。图2-75所示为偏移路径前后的效果比较。

图2-74　"位移路径"对话框

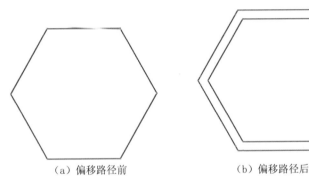

（a）偏移路径前　　　　　　　（b）偏移路径后

图2-75　偏移路径前后的效果比较

2.6　路径寻找器

在Illustrator CC 2015中编辑图形时，路径查找器面板是最常用的工具之一，它包含一组功能强大的路径编辑命令，通过它可以将一些简单的图形进行组合，从而生成复合图形或者新的图形。

2.6.1　路径寻找器面板

执行菜单中的"窗口|路径查找器"命令，弹出"路径查找器"面板，如图2-76所示。

"路径查找器"面板中的按钮分为"形状模式"和"路径查找器"两组。

1. 形状模式

形状模式按钮组中一共有5个按钮命令，从左到右分别是：

· ⬚：联集。

图2-76　"路径查找器"面板

- ▢：减去顶层。
- ▢：交集。
- ▢：差集。
- ▢扩展▢：扩展。

执行前 4 个按钮命令均可以通过不同的组合方式在多个图形间制作出对应的复合图形；而▢扩展▢按钮则能够将复合图形扩展为复合路径。

 提示

"扩展"按钮只有在执行前4个按钮命令时才可用。

2．路径查找器

路径查找器按钮组的主要作用是将对象分解成各个独立的部分，或者删除对象中不需要的部分。这组命令一共有 6 个按钮，从左到右分别是：

- ▢：分割。
- ▢：修边。
- ▢：合并。
- ▢：裁剪。
- ▢：轮廓。
- ▢：减去后方对象。

2.6.2　联集、差集、交集和减去顶层

- ▢（联集）：可以将选定图形中的重叠部分联合在一起，从而生成新的图形。新图形的填充和边线属性与位于顶部图形的填充和边线属性相同。图 2-77 所示为联集前后的效果对比。

（a）联集前效果　　　　　　　　　　（b）联集后效果

图2-77　联集前后的比较图

- ▢（减去顶层）：可以用前面的图形减去后面的图形，计算后前面图形的非重叠区域被保留，后面的图形消失，最终图形和原来位于前面的图形保持相同的填充和边线属性。图 2-78 所示为减去顶层前后的效果对比。

（a）减去顶层前效果　　　　　　　　（b）减去顶层后效果

图2-78　减去顶层前后的效果对比

- ▢（交集）：用于保留图形中的重叠部分，最终图形和原来位于最前面的图形具有相同的填充和边线属性。

图 2-79 所示为交集前后的效果对比。

（a）交集前效果　　　　　　　　　　　　　　　（b）交集后效果

图2-79　交集前后的比较图

- ⬚（差集）：用于删除多个图形间的重叠部分，而只保留非重叠的部分。所生成的新图形将具有原来位于顶部图形的填充和边线等属性。图 2-80 所示为差集前后的效果对比。

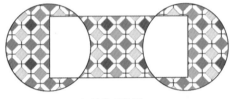

（a）差集前效果　　　　　　　　　　　　　　　（b）差集后效果

图2-80　差集前后的比较图

2.6.3　拆分、修剪、合并和裁剪

- ⬚（分割）用于将多个有重叠区域的图形的重叠部分和非重叠部分进行分离，从而得到多个独立的图形。拆分后生成的新图形的填充和边线属性和原来图形保持一致。图 2-81 所示为拆分前后的比较图。

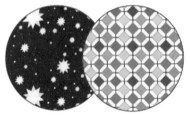

（a）分割前效果　　　　　　　　　　　　　　　（b）分割后效果

图2-81　分割前后的比较图

- ⬚（修边）用于将后面图形被覆盖的部分剪掉。修剪后的图形保留原来的填充属性，但描边色将变为无色。图 2-82 所示为修边前后的比较图。

（a）修边前效果　　　　　　　　　　　　　　　（b）修边后效果

图2-82　修边前后的比较图

- ⬚（合并）：比较特殊，它根据所选中图形的填充和边线属性的不同而有所不同。如果图形的填充和边线属性都相同，则类似于并集，此时可将所有图形组成一个整体，合并成一个对象，但对象的描边色

将变为无色，应用效果如图 2-83 所示；如果图形的填充和边线属性不相同，则相当于 ![] （修边）操作，应用效果如图 2-84 所示。

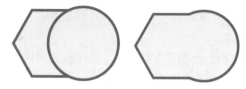

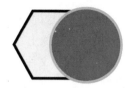

图2-83　属性相同的图形应用"合并"操作　　　　　图2-84　属性不相同的图形应用"合并"操作

- ![]（裁剪）：其工作原理与蒙版十分相似，对于两个或多个有重叠区域的图形，裁剪操作可以将所有落在最上面图形之外的部分裁剪掉，同时裁剪器本身消失。图 2-85 所示为裁剪前后的效果对比。

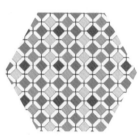

（a）裁剪前效果　　　　　　　　　（b）裁剪后效果

图2-85　裁剪前后的比较图

2.6.4　轮廓和减去后方对象

- ![]（轮廓）：用于将所有的填充图形转换为轮廓线，计算后结果为轮廓线的颜色和原来图形的填充色相同，且描边色变为 1 pt。图 2-86 所示为轮廓前后的效果对比。

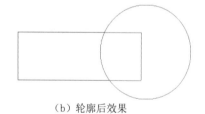

（a）轮廓前效果　　　　　　　　　（b）轮廓后效果

图2-86　轮廓前后的比较图

- ![]（减去后方对象）：指用前面的图形减去后面的图形，计算后结果为前面图形的非重叠区域被保留，后面的图形消失，最终图形和原来位于前面的图形保持相同的描边色和填充色。图 2-87 所示为减去后方对象前后的效果对比。

（a）减去后方对象前　　　　　　　（b）减去后方对象后

图2-87　减去后方对象前后的比较图

2.7 描摹图稿

在 Illustrator CC 2015 中可以轻松地描摹此图稿。例如，通过将图形引入 Illustrator 并描摹它，可以基于纸上或另一图形程序中存储的栅格图像上绘制的铅笔素描创建图形。

描摹图稿最简单的方式是打开或将文件置入 Illustrator 中，然后使用"实时描摹"命令描摹图稿。此时还控制细节级别和填色描摹的方式。当对描摹结果满意时，可将描摹转换为矢量路径或"实时上色"对象。图 2-88 所示为导入的一幅图像，单击"实时描摹"按钮，即可对其进行描摩。图 2-89 所示为描摹图稿的效果，图 2-90 所示为单击"扩展"按钮后将其转换为矢量路径的效果。

图2-88　导入图像

图2-89　描摹图稿的效果

图2-90　扩展后效果

2.8　颜色和色板面板

颜色是提升作品表现力最强有力的手段之一。对于绝大多数的绘图作品来说，色彩是一件必不可少的利器。通过不同色彩的合理搭配，可以在简单而无色的基本图形的基础上创造出各种美轮美奂的效果。

1.　"颜色"面板

执行菜单中的"窗口|颜色"命令，即可调出"颜色"面板，如图 2-91 所示。它是 Illustrator CC 2015 中对图形进行填充操作最重要的手段。利用"颜色"面板可以很方便地设置图形的填充色和描边色。

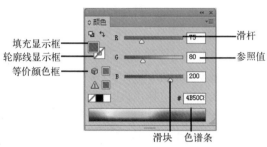

图2-91　"颜色"面板

- 滑块：拖动滑块可调节色彩模式中所选颜色所占的比例。
- 色谱条：显示某种色谱内所有的颜色。
- 参数值：显示所选颜色色样中各颜色之间的比例。
- 滑杆：结合滑块一起使用，用于改变色彩模式中各颜色之间的比例。
- 填充显示框：用于显示当前的填充颜色。
- 轮廓线显示框：显示当前轮廓线的填充颜色。
- 等价颜色框：该框中的颜色，显示为最接近当前选定的色彩模式的等价颜色。

单击"颜色"面板右上角的小三角按钮，在弹出的快捷菜单中有"灰度""RGB""HSB""CMYK"和"Web 安全 RGB" 5 种颜色模式供用户选择，如图 2-92 所示。

图2-92　5种颜色模式

2.　"色板"面板

使用"色板"面板可以给图形应用填充色和描边色，也可以进行填充色和描边色的设置。在该面板中存储了多种色样样本、渐变样本和图案样本，而且存储在其中的图案样本不仅可以用于图形的颜色填充，还可以用于描边色填充。执行菜单中的"窗口|色板"命令，即可调出"色板"面板，如图 2-93 所示。

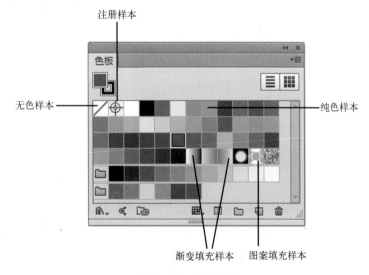

图2-93　色板面板

- 无色样本：可以将所选图形的内部和边线填充为无色。
- 注册样本：应用注册样本，将会启用程序中默认的颜色，即灰度颜色。同时，"颜色"面板也会发生相应的变化。
- 纯色样本：可对选定图形进行不同的颜色填充和边线填充。
- 渐变填充样本：可对选定的图形进行渐变填充，但不能对边线进行填充。
- 图案填充样本：可对选定的图形进行图案填充，而且能对边线进行填充。

在"色板"面板下方有 6 个按钮，下面分别进行介绍：

- （"色板库"菜单）：单击该按钮，将弹出如图 2-94 所示的快捷菜单，从中可以选择其他的色板进行调入。

- （"显示色板类型"菜单）：单击该按钮，将弹出如图 2-95 所示的快捷菜单，从中可以选择色板以何种方式进行显示。

- （色板选项）：在色板中选择一种颜色，然后单击该按钮，将弹出如图 2-96 所示的"色板选项"对话框，从中可查看该颜色的相关参数，并可对其进行修改。

图2-94 "色板库"菜单

- （新建颜色组）：单击该按钮，将弹出如图 2-97 所示的"新建颜色组"对话框，选择相应参数后单击"确定"按钮，即可新建一个颜色组。

图2-95 "显示色板类型"菜单　　图2-96 "色板选项"对话框　　图2-97 "新建颜色组"对话框

- （新建色板）：选中一个图形后单击该按钮，可将其定义为新的样本并添加到面板中。
- （删除色板）：单击该按钮，可删除选定的样本。

2.9 实例讲解

本节将通过 9 个实例来对绘图与着色的相关知识进行具体应用，旨在帮助读者能够举一反三，快速掌握绘图与着色在实际中的应用。

2.9.1 "钢笔工具"的使用

要点

"钢笔工具"的使用不好掌握，但其规律其实是十分简单的。本例将从易到难，分5个步骤绘制一组图形，如图 2-98 所示。通过本例的学习，相信大家一定能够学会利用 （钢笔工具）熟练地绘制贝塞尔曲线，并通过 （添加锚点工具）、 （删除锚点工具）和 （锚点工具）对贝塞尔曲线进行修改。

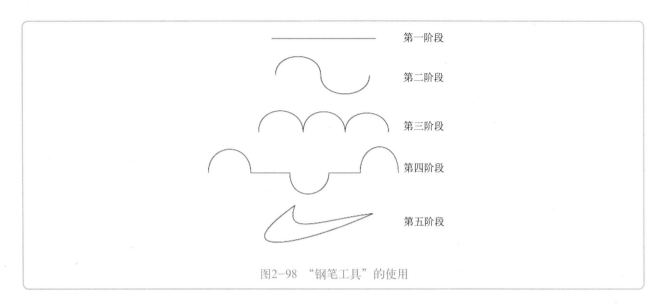

　　第一阶段

　　第二阶段

　　第三阶段

　　第四阶段

　　第五阶段

图2-98　"钢笔工具"的使用

 操作步骤

　　1．绘制直线

　　1）执行菜单中的"文件 | 新建"命令，在弹出的对话框中设置参数，如图 2-99 所示，然后单击"确定"按钮，新建一个文件。

　　2）选择工具箱中的 （钢笔工具），鼠标指针会变成 * 形状。然后在需要绘制直线的地方单击，接着配合〈Shift〉键在页面合适的位置单击，这时会创建线段的另一个节点，而且在两个节点之间会自动生成一条直线段，起始点和终止点分别为该直线段的两个端点，如图 2-100 所示。

　　提示

　　在绘制直线时，配合〈Shift〉键是为了保证成45°的倍数绘制直线。

图2-99　设置"新建文档"参数　　　　　　　　图2-100　两个节点连成一条直线

　　2．绘制不同方向的曲线

　　1）选择工具箱中的 （钢笔工具），在需要绘制曲线的地方单击，则页面上会出现第一个节点。然后按住鼠标不放（配合〈Shift〉键）向上拖动，这时该节点两侧会出现两个控制柄，如图 2-101 所示。用户可以通过拖动控制柄来调整曲线的曲率，控制柄的方向和形状决定了曲线的方向和形状。接着在页面上另外一点单击鼠标并向下拖动（配合〈Shift〉键），效果如图 2-102 所示。

　　2）同理，在另外一点单击并向上拖动，效果如图 2-103 所示。

图2-101　节点两侧会出现两个控制柄　　图2-102　单击鼠标左键并向下拖动　　图2-103　单击鼠标左键并向上拖动

3．绘制同一方向的曲线

1）绘制曲线，如图 2-102 所示。

2）由于控制柄的方向决定了曲线的方向，此时要产生同方向的曲线，就意味着要将下方的控制柄移到上方。其方法为：按住工具箱中的 （钢笔工具），在弹出的隐藏工具中选择 （锚点工具），或者按〈Alt〉键切换到该工具上。然后选择下方的控制柄向上拖动（配合〈Shift〉键），使两条控制柄重合，效果如图 2-104 所示。

3）同理，绘制其余的曲线，效果如图 2-105 所示。

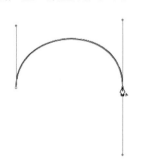

图2-104　使两条控制柄重合

图2-105　绘制同一方向的曲线

4．绘制曲线和直线相结合的线段

1）绘制曲线，如图 2-102 所示。

2）将 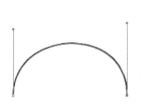（钢笔工具）定位在第 2 个节点处，此时会出现节点转换标志，如图 2-106 所示。然后单击该点，则下方的控制柄消失，如图 2-107 所示，这意味着平滑点转换成了角点。接着配合〈Shift〉键在下一个节点处单击，从而产生一条直线，如图 2-108 所示。

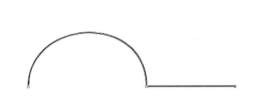

图2-106　出现节点转换标志　　　图2-107　下方控制柄消失　　　图2-108　曲线接直线

3）如果要继续绘制曲线，可在第 3 个节点处单击，如图 2-109 所示。然后向下拖动鼠标产生一个控制柄，如图 2-110 所示。

 提示

该控制柄的方向将决定曲线的方向。

图2-109　在第3个节点处单击

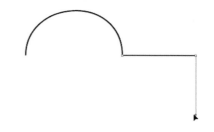

图2-110　产生一个控制柄

4）在页面相应位置单击并向上拖动，效果如图 2-111 所示。

5）同理，继续绘制曲线，效果如图 2-112 所示。

图2-111　单击鼠标并向上拖动

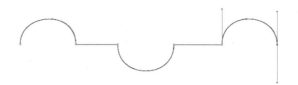

图2-112　继续绘制曲线

5．利用两个节点绘制图标

1）利用 （钢笔工具）绘制两个节点（在绘制第 1 个节点时向下拖动鼠标，在绘制第 2 个节点时向上拖动鼠标），然后将鼠标放到第 1 个节点上，此时会出现如图 2-113 所示的标记，这意味着单击该节点将封闭路径。此时单击该节点封闭路径，效果如图 2-114 所示。

图2-113　将鼠标放到第1个节点上

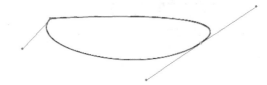

图2-114　封闭路径

2）通过调整控制柄的方向和形状，改变曲线的方向和形状，效果如图 2-115 所示。

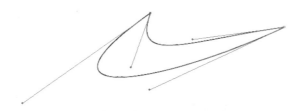

图2-115　改变曲线的方向和形状

2.9.2　旋转的圆圈

要点

　　本例将制作旋转的圆圈效果，如图 2-116 所示。通过本例的学习，应掌握填充、线条和 　（旋转工具）的应用。

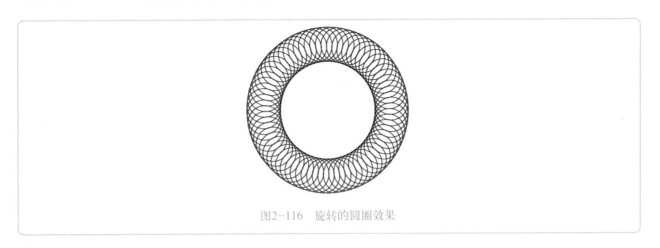

图2-116　旋转的圆圈效果

![操作步骤图标] **操作步骤**

1）执行菜单中的"文件|新建"命令，在弹出的对话框中设置参数，如图 2-117 所示，然后单击"确定"按钮，新建一个文件。

2）选择工具箱中的 ◯（椭圆工具），设置线条色为黑色，填充色为无色，然后按住〈Shift〉键在绘图区中拖动，从而创建一个正圆，如图 2-118 所示。

图2-117　"新建文档" 对话框

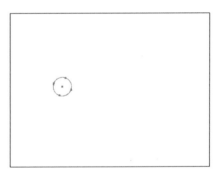

图2-118　创建一个正圆

3）选择绘制的圆形，然后选择工具箱中的 ◯（旋转工具），按住〈Alt〉键在绘图区的中央单击，从而确定旋转的轴心点，如图 2-119 所示。接着在弹出的对话框中设置"角度"为 5°，如图 2-120 所示。再单击"复制"按钮，复制出一个圆形并将其旋转 5°，效果如图 2-121 所示。

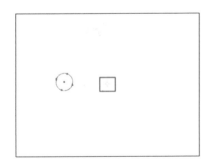

图2-119　确定旋转的轴心点

图2-120　设置旋转角度

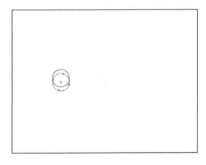

图2-121　旋转复制效果

4）多次按快捷键〈Ctrl+D〉，重复旋转操作，最终效果如图 2-122 所示。

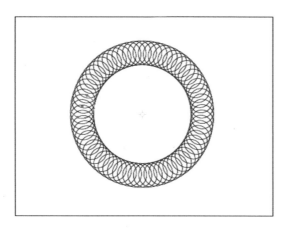

图2-122 最终效果

2.9.3 阴阳文字

 要点

本例将制作阴阳文字效果，如图2-123所示。通过本例的学习，应掌握"路径查找器"面板的使用。

图2-123 阴阳文字效果

操作步骤

1）执行菜单中的"文件|新建"命令，在弹出的对话框中设置参数（见图2-124），然后单击"确定"按钮，新建一个文件。

2）选择工具箱中的 T （文字工具），输入文字，字色为橙色 [RGB（255，125，0）]，字号为72，如图2-125所示。

图2-124 设置"新建文档"参数

图2-125 输入文字

3）利用工具箱中的 （自由变换工具）将文字适当地拉长，如图2-126所示。

4）选择工具箱中的 （矩形工具），在文字下部绘制一个矩形，如图2-127所示。

图2-126　将文字适当地拉长　　　　　　　　　　图2-127　在文字下部绘制一个矩形

5）执行菜单中的"窗口｜路径查找器"命令，调出"路径查找器"面板；如图 2-128 所示。然后选择文字和矩形，按住〈Alt〉键，单击 🔲（差集）按钮，效果如图 2-129 所示。

图2-128　单击 🔲（差集）按钮　　　　　　　　图2-129　排除重叠形状选区后的效果

2.9.4　制作重复图案

要点

　　在设计中，通过一个核心基本图形，连续不断地反复排列，称为重复基本形。大的基本形重复，可以产生整体构成后秩序的美感；细小、密集的基本形重复，可以产生类似肌理的效果。本例要制作的重复图案属于基本图形组合的重复（即以多个形体为一组进行重复排列），如图 2-130 所示。通过本例的学习，应掌握利用 Illustrator CC 2015 软件制作无缝连接图案的一种主要思路。

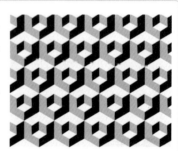

图2-130　重复图案效果

操作步骤

　　1）执行菜单中的"文件｜新建"命令，创建一个空白图形文件，将其存储为"图案 .ai"。然后选取工具箱中的 ⬡（多边形工具），绘制一个如图 2-131 所示的正六边形（如果绘制出来的六边形摆放角度不对，则可以对它进行旋转操作）。接着，执行菜单中的"视图｜参考线｜建立参考线"命令，将这个六边形转换为参考线，再执行菜单中的"视图｜参考线｜锁定参考线"命令，将其位置锁定。

　　2）　参照这个六边形的外形，将其想象成一个立方体造型的外轮廓，然后选择工具箱中的 ✐（钢笔工具），依次绘制出立方体的 3 个面，并分别填充为黑（参考色值：K100）、深灰（参考色值：K40）、浅灰（参考色值：K10）3 种颜色，如图 2-132 所示。

提示

　　可从标尺中拖出水平和垂直参考线，以定义六边形的中心点。

　　3）选择工具箱中的 ▶（选择工具），按住〈Shift〉键将立方体的 3 个构成面都选中，然后按〈Ctrl+G〉组合键将它们组成一组。接着，执行菜单中的"编辑｜复制"命令，将组合后的图形复制一份，再执行菜单中的"编辑｜贴在前面"命令，将复制出的图形原位粘贴在原图形的前面。

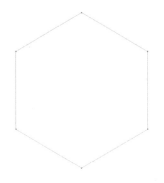

图2-131 绘制一个正六边形

图2-132 绘制出立方体的3个面

4）选择工具箱中的 （比例缩放工具），在如图 2-133 所示的位置单击，设置缩放的中心点，然后同时按住〈Alt〉键和〈Shift〉键向内拖动鼠标，得到一个中心对称的等比例缩小的立方体图形（也可以在缩放工具图标上双击，打开"比例缩放"对话框，在"比例缩放"文本框内输入 50%，得到一个缩小一半的立方体）。

5）执行菜单中的"对象 | 变换 | 旋转"命令，在弹出的"旋转"对话框中设置参数，如图 2-134 所示，让缩小的立方体图形旋转180°。单击"确定"按钮，效果如图 2-135 所示。可见，两个叠放的立方体图形由于强烈的灰度对比，形成了一定程度上凹陷的错觉。再用工具箱中的 （选择工具），将两个立方体图形一起选中，按快捷键〈Ctrl+G〉将它们组成一组，共同构成一个单元图形。

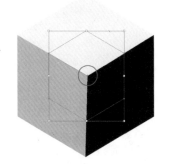

图2-133 复制缩小的立方体

图2-134 "旋转"对话框

图2-135 将中间的小立方体旋转180°

6）本例中要制作完全拼接的六边形重复式图案，如果以前面步骤制作的单元六边形作为图案单元，使用 （选择工具）将其直接拖入到"色板"面板中，填充后将得到如图 2-136 所示的效果，即六边形以行排列的形式进行重复，中间会不可避免地留下白色的空间，这是因为Illustrator CC 2015软件中的基本图案单元都是以矩形为单位来定义的。

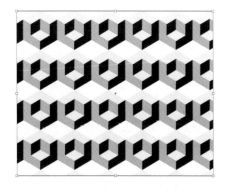

图2-136 直接以六边形作为图案单元进行填充的效果

7）如何将六边形完全紧密地拼接在一起呢？下面介绍一个小诀窍：将六边形复制6次，按如图 2-137 所示的效果拼在一起，形成环状结构，这就是我们需要的图形单元。但是到此步为止，图案单元还未制作完成。

选择工具箱中的（矩形工具），绘制一个矩形框，并将其置于图 2–138 所示的位置，该矩形框定义了图案拼贴的边界。用于定义图案的矩形框必须符合以下两个条件：

- 矩形必须是没有“填充”和“描边”的纯路径。
- 执行菜单中的“对象｜排列｜置于底层”命令，将矩形框移至图案单元图形之下。

最后，将 7 个六边形和下面的矩形框同时选中，按快捷键〈Ctrl+G〉将它们组成一组。

8）执行菜单中的“窗口｜色板”命令，打开“色板”面板，将刚才成组的图案单元用（选择工具）直接拖入“色板”面板中，生成一个新的图案小图标。现在图案单元制作完成了，用“矩形工具”绘制一个大面积的矩形框，单击“色板”面板中新建立的小图标，即可得到均匀而整齐的六边形填充图案效果，此时，六边形自动拼接在一起，没有任何间隙，如图 2–139 所示。

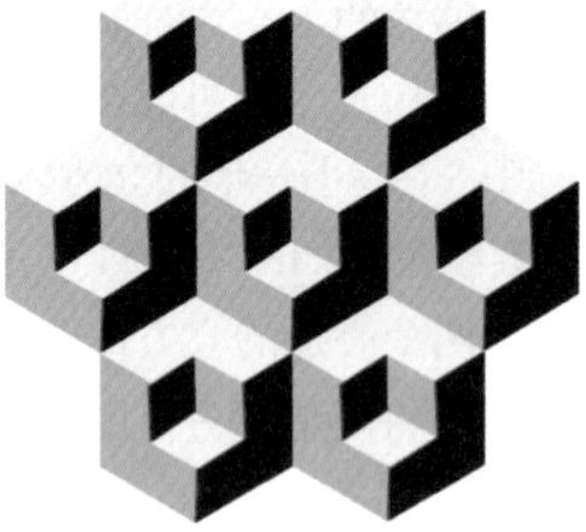

图2–137　将7个六边形拼成环状结构

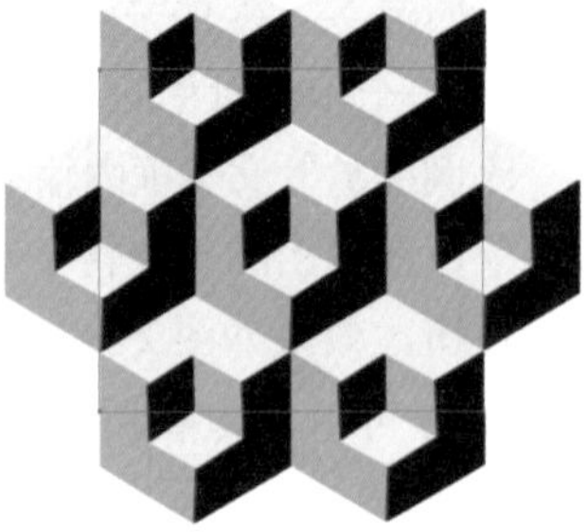

图2–138　绘制矩形定义图案拼贴的边界

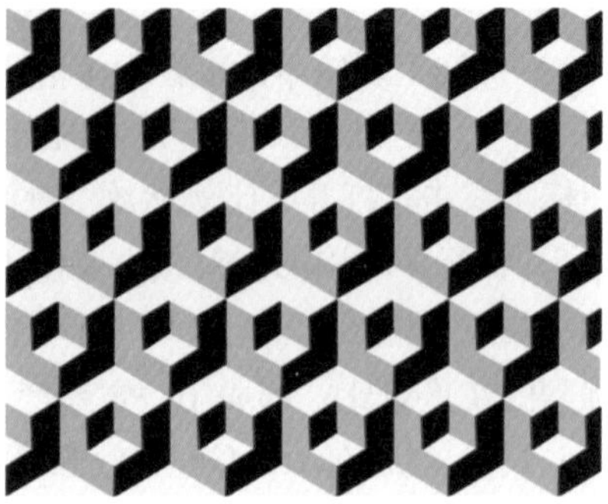

图2–139　最终填充的图案效果

2.9.5　制作旋转重复式标志

要点

本例将制作一个旋转重复式标志，如图 2–140 所示。这个标志属于几何抽象图形标志中的一种，它的特点是有一个基本图形单元（可以是点、线或图形），然后将其环绕一个圆心进行旋转，每隔一定距离进行一次复制，从而形成对称的、绝对等分的、圆满的标志图形。本例的基本图形单元是圆形，简单的圆形经过不断地组合旋转而被赋予了新的生命力，从而产生全新的概念。通过本例学习，应掌握旋转重复式标志的制作方法。

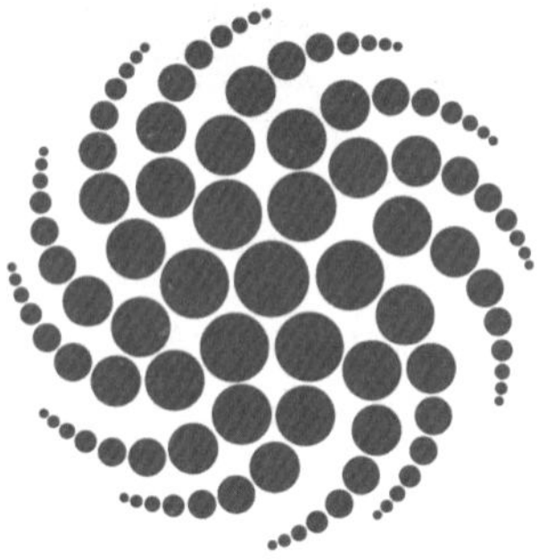

图2–140　旋转重复式标志

操作步骤

1）执行菜单中的“文件｜新建”命令，在弹出的对话框中设置参数，如图 2–141 所示。然后单击“确定”按钮，新建一个文件，存储为“旋转重复式标志 .ai”。

2）执行菜单中的“视图｜显示标尺”命令，调出标尺。然后将鼠标移至水平标尺内，按住鼠标向下拖动，拉出一条水平方向参考线。接着再将鼠标移至垂直标尺内，拉出一条垂直方向的参考线，两条参考线交汇于如图 2–142 所示页面中心位置。

3）由于此标志存在沿中心旋转和精确等分等问题，因此需要多花些精力来为其做准备工作。首先，绘制整个标志的圆形边界，并将其转换为参考线。方法：选择工具箱中的（椭圆工具），同时按住〈Shift〉键和〈Alt〉键，从参考线的交点向外拖动鼠标，绘制出一个从中心向外发散的正圆形。然后利用工具箱中的（选择工具）选中这个圆形，在工具选项栏右侧单击"变换"按钮，打开"变换"面板，在其中将"宽"和"高"都设置为 170 mm，如图 2-143 所示。

图2-141 设置"新建文档"参数

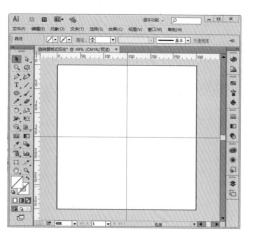

图2-142 从标尺中拖出交叉的参考线

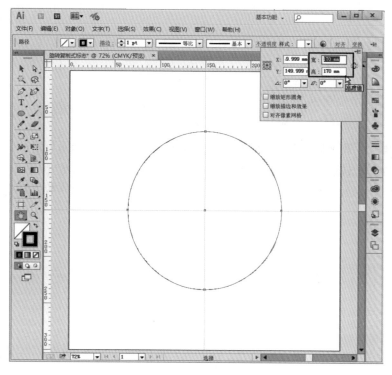

图2-143 在"变换"面板中精确定义圆形尺寸

4）执行菜单中的"视图|参考线|建立参考线"命令，将这个圆形转换为参考线。然后再执行菜单中的"视图|参考线|锁定参考线"命令，将其位置锁定。

5）为了后面等分的需要，要先用参考线定义圆弧上 60°的位置。方法：选择工具箱中的 ▱（直线段工具），然后按住〈Shift〉键画出一条水平直径，如图 2-144 所示。接着选择工具箱中的 ⟳（旋转工具），先在参考圆心处单击，将圆心设为新的旋转中心点。然后，在 ⟳（旋转工具）上双击，在弹出的对话框中设置参数（见图 2-145），单击"复制"按钮，结果如图 2-146 所示。

6）执行菜单中的"视图|参考线|建立参考线"命令，将这条直线转换为参考线，如图 2-147 所示。然后，执行菜单中的"视图|参考线|锁定参考线"命令，将其位置锁定。这条直线与圆弧相交的点便是圆弧上 60°的位置。

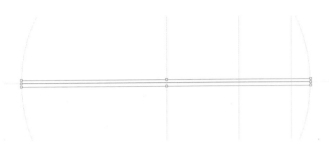

图2-144　绘制一条水平的直径　　　　　　　　　　图2-145　"旋转"对话框

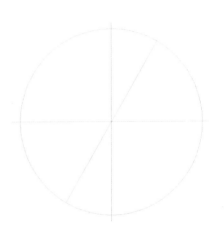

图2-146　用参考线定义圆弧上60°角的位置　　　　图2-147　将直线转为参考线

7）下一条参考线是为了定义标志中圆形排列的曲线轨迹，这里先绘制一条弧形路径并将其转换为参考线。

方法：选择工具箱中的 ![钢笔工具] （钢笔工具），绘制如图 2-148 所示的开放曲线。然后，执行菜单中的"视图 | 参考线 | 建立参考线"命令，将这个圆形转换为参考线。到此步骤为止，参考线基本准备完毕。

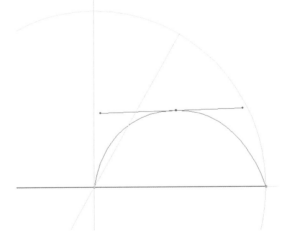

图2-148　绘制圆弧形路径并将其转为参考线

8）开始绘制重复式标志的第一个单元图形——9 个沿弧线排列的由大到小的圆形。方法：选择工具箱中的 ![椭圆工具] （椭圆工具），同时按住〈Shift〉键和〈Alt〉键，从参考线的交点出发向外拖动鼠标，绘制出一个从中心向外扩散的正圆形。然后，按快捷键〈F6〉打开"颜色"面板，在面板右上角弹出菜单中选择 CMYK 项，将这个正圆形的"填色"设置为一种蓝色 [参考颜色数值为：CMYK（100，0，0，60）]，"描边"设置为"无"。接着，应用工具箱中的 ![选择工具] （选择工具）选中这个圆形，在工具选项栏右侧单击"变换"按钮，打开如图 2-149 所示的"变换"面板，在其中将"宽"和"高"都设置为 24 mm。

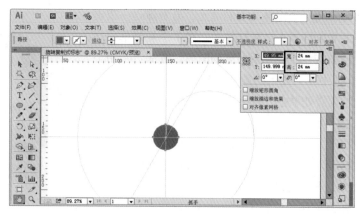

图2-149　绘制第一个重复式标志的单元图形——蓝色圆形

9）利用工具箱中的 （选择工具）按住〈Alt〉键向右上方拖动第 1 个蓝色圆形，复制出第 2 个圆形。然后，在工具选项栏右侧单击"变换"按钮，在打开的"变换"面板中将"宽"和"高"都设置为 22mm。注意：第 2 个圆形的圆心一定要置于图 2-150 所示的参考弧线上。

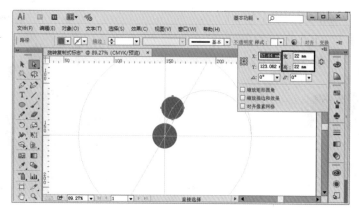

图2-150　绘制第1个重复式标志的单元图形——蓝色圆形

10）同理，依次制作其余 8 个圆形，它们的宽高尺寸分别为：19 mm、16 mm、12 mm、9 mm、7 mm、5 mm、4 mm、3 mm，如图 2-151 所示。

提示

所有圆形的圆心都位于参考弧线上。

11）利用工具箱中的 ▶（选择工具）将如图 2-152 所示的 9 个圆形都选中（位于中心的那一个不选中），按快捷键〈Ctrl+G〉将它们组成一组。

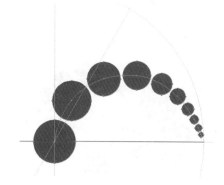

图2-151　一串沿弧线排列的由大到小的圆形

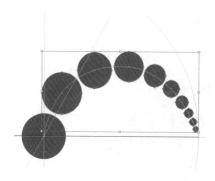

图2-152　将9个圆形组成一组

12）将成组的9个圆形作为一个完整的复制单元，沿着圆心一边旋转一边进行多重复制。下面先制作第1个复制单元。第1个复制单元非常重要，它的旋转角度直接影响后面的一系列复制图形。方法：利用工具箱中的 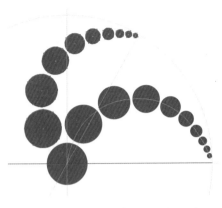（选择工具）选中9个成组的圆形，然后选中工具箱中的（旋转工具），先在参考圆心处单击，将圆心设为新的旋转中心点。然后，按住〈Alt〉键（这时光标变成黑白相叠的两个小箭头）并拖动复制单元图形沿圆弧向左移动，到步骤5）定义的60°圆弧参考线处松开鼠标，位置一定要摆放精确，使图形边缘精确地与辅助线相吻合，如图2-153所示。至此第1个复制单元制作完成。

图2-153　在参考圆弧60°位置处
得到第1个复制单元

13）开始进行多重复制。方法：反复按快捷键〈Ctrl+D〉，以相同间隔（每60°圆弧排放一个单元）进行自动多重复制，产生出多个均匀地排列于同一圆周上的复制图形，如图2-154所示。

14）利用工具箱中的（选择工具）选中如图2-155所示的一个复制单元，然后按〈Shift+Ctrl+G〉组合键将其拆组。

图2-154　多重复制产生的图形效果

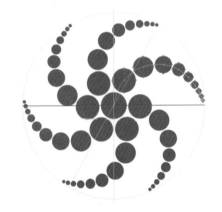

图2-155　选中一个复制单元并将其拆组

15）制作另一组复制单元图形，为了复制图形能够达到精确整齐，先再制作一条直线并将其转换为参考线，用来定义圆弧上30°角的位置。方法请读者参考本例步骤5），效果如图2-156所示。

16）利用工具箱中的（选择工具）将如图2-157所示的8个圆形都选中，按快捷键〈Ctrl+G〉将它们组成一组，然后选中工具箱中的（旋转工具），先在参考圆心处单击，将圆心设为新的旋转中心点。接着按住〈Alt〉键拖动该复制单元图形沿圆弧向左移动，到上一步骤定义的30°圆弧参考线处松开鼠标，得到如图2-158所示效果，这8个圆形是该标志的第2个复制单元。

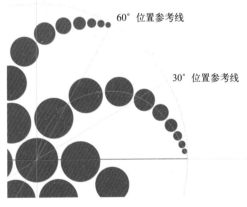

图2-156　定义圆弧上30°角的位置

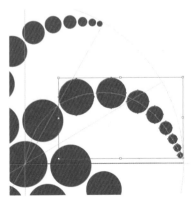

图2-157　将图中这8个圆形组成一组

17）再次利用工具箱中的 （旋转工具）定义相同的圆心，然后按住〈Alt〉键拖动该复制单元图形沿圆弧向左移动，到如图 2-159 所示 90°圆弧参考线处松开鼠标。

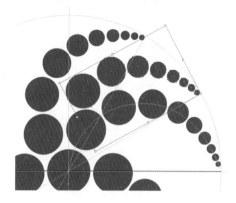

图2-158　圆弧上30°角位置处的复制单元

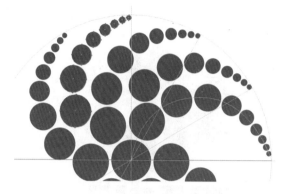

图2-159　圆弧上90°角位置处的复制单元

18）开始进行多重复制。方法：反复按快捷键〈Ctrl+D〉，以相同间隔（每60°圆弧排放一个单元）进行自动多重复制，再生成 6 组沿圆弧旋转排列的复制图形。最后形成了如图 2-160 所示的放射状的复杂圆点排列。

 提示 1

最后将步骤5）绘制的参考直线段删除。

提示 2

在手动设置圆心时容易出现细微误差，最后可以稍微移动位置以补正。

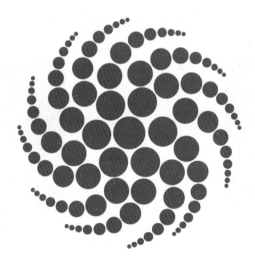

图2-160　最终效果

2.9.6　制作字母图形化标志

 要点

本例将制作一个字母图形化的标志，如图 2-161 所示。这个标志包括图形与艺术字体两部分。标志的立体造型主要是由两个变形的字母构架而成，而这两个字母的变形风格，又形成了该标志的标准字体风格。通过本例学习，应掌握一种设计与开发艺术字形的新思路。

![操作步骤] **操作步骤**

1）执行菜单中的"文件｜新建"命令，在弹出的对话框中设置相关参数，如图 2-162 所示。然后单击"确定"按钮，新建一个文件，存储为"字母图形化标志 .ai"。

图2-161　字母图形化的标志　　　　　　　　　　　图2-162　设置"新建文档"参数

2）标志主要由"M"和"C"两个字母修改外形后拼接在一起，形成立体造型的主要构架。下面先制作字母"M"的变体效果。方法：选择工具箱中的 T（文字工具），输入英文字母"M"，然后在工具选项栏中设置一种普通的 Impact 字体（也可以选择其他类似的英文字体），文本填充颜色设置为黑色。接着执行"文字｜创建轮廓"命令，将文字转换为如图 2-163 所示的由锚点和路径组成的图形。

3）在平面设计尤其是标志设计中，经常不直接采用机器字库里现成的字体，而是在现有字体的基础上进行修改和变形，从而创造出与标志图形风格相符、具有独特个性的艺术字体。现在开始进行对"M"字体外形的修整。方法：先选用工具箱中的 ✍（删除锚点工具）将图 2-164 中用圆圈圈选出的锚点删除，得到如图 2-165 所示效果。然后，再应用工具箱中的 ✍（添加锚点工具）在图 2-166 中用圆圈标注的位置增加两个锚点。接着用工具箱中的 ▶（直接选择工具）将新增加的锚点向上拖动。

图2-163　将字母"M"转为普通路径　　　　　　　图2-164　将图中用圆圈圈选出的锚点删除

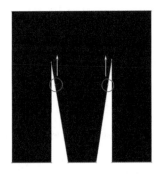

图2-165　删除锚点后的效果　　　　　　　　　　图2-166　将新增加的锚点向上拖动

4）利用工具箱中的 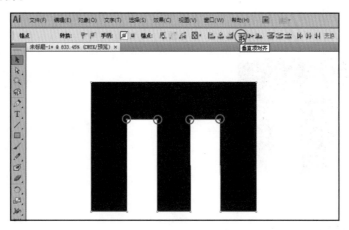（选择工具）选中"M"图形，将它横向稍微拉宽一些。然后，利用 （直接选择工具）开始仔细调整锚点位置，使字母"M"形成极其规范的水平垂直结构，如图 2-167 所示。用 （直接选择工具）按住〈Shift〉键依次将图中用圆圈圈出的锚点选中，然后在选项栏内单击 （垂直顶对齐）按钮，使这 4 个锚点水平顶端对齐。

图2-167　将图中用圆圈圈出的4个锚点垂直顶对齐

5）继续进行字母外形的修整，新设计的标准字体具有特殊的圆弧形装饰角，先绘制顶端装饰角的路径形状。方法：选择工具箱中的 （钢笔工具），绘制如图 2-168 所示的位于"M"左上角的封闭曲线路径（填充任意一种醒目的颜色以示区别），绘制完之后，应用工具箱中的 （选择工具）选中这个图形，然后按住〈Alt〉键将其向右拖动并复制出一份（拖动的过程中按下〈Shift〉键可保持水平对齐）。接着，执行菜单中的"对象｜变换｜对称"命令，在弹出的对话框中设置相关参数，如图 2-169 所示。将复制单元进行镜像操作，得到如图 2-170 所示的对称图形。

提示

在后面的步骤中，现在绘制的装饰角小图形都是用来减去底下"M"图形边缘的，因此，这些装饰角小图形一定要与"M"两侧边缘吻合，否则后面相减后会露出多余的黑色边缘。可应用工具箱中的 （缩放工具）放大局部后进行仔细调整。

图2-168　绘制出左上角的装饰角并复制一份移至右侧

图2-169　"镜像"对话框

图2-170　上端两个装饰角形成对称结构

6）同理，再绘制"M"下端的弧形装饰角路径，并将其复制两份，分别置于如图 2-171 所示的位置。然后，

应用工具箱中的 ▶ （选择工具）将前面绘制的5个装饰角图形和"M"图形都一起选中，按快捷键〈Shift+Ctrl+F9〉打开如图2-172所示的"路径查找器"面板，单击 ▣ （减去顶层）按钮，"M"图形与5个装饰角图形发生相减的运算，形成了一种新的"M"字形，效果如图2-173所示。

7）选择工具箱中的 Ⓣ （文字工具），输入英文字母"C"。参考前面修整字母"M"的思路和方法，再对字母"C"进行相同风格的变形。但字母"C"在原来字体中顶端本来就是弧形，因此可将保留原字形顶端效果不做修改。主要针对字母"C"内部形状进行调整，将内部原来较窄的空间扩宽，效果如图2-174所示。

图2-171　绘制"M"下端的弧形装饰角路径

图2-172　"路径查找器"面板

图2-173　形成了一种新的"M"字形

图2-174　对字母"C"进行相同风格的变形

8）本例标志的标准字体内容为media，其他几个字母在制作思路上与前面的"M"相似，只是在小的细节方面有所差别。例如，以小写字母"e"为例，先按与"M"相似的方法来处理外形与装饰角，得到如图2-175所示效果。

图2-175　对小写字母"e"进行相同风格的变形，并且添加装饰角

9）在字母"e"内部封闭区域再绘制两个小圆弧图形，"填色"设置为黑色，如图2-176所示。然后应用工具箱中的 ▶ （选择工具）将两个小圆弧图形和"e"图形都一起选中，在如图2-177所示的"路径查找器"面板中单击 ▣ （联集）按钮，使字母"e"内部区域出现两个圆角。

10）同理，制作出单词media中所有的字母变体，然后利用工具箱中的 ▶ （选择工具）将所有字母选中，在"路径查找器"面板中单击"扩展"按钮。因为前面修整字母外形的过程中经过多次图形加减等操作，会有许多路径重叠的情况，应用"路径查找器"面板中的"扩展"功能可将重叠零乱的路径合为一个整体路径，如图2-178所示。

 提示

文字填充颜色参考色值为CMYK（0，100，100，10）。

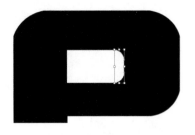

图2-176　形成了一种新的"M"字形　　　　　　　　图2-177　对字母"e"进行相同风格的变形

media

图2-178　制作出单词media中所有的字母变体

11) 前面提过，这个标志主要由"M"和"C"两个字母修改外形后拼接在一起，形成立体造型的主要构架。下面开始制作标志的图形部分。先应用工具箱中的 ▶ (选择工具) 将前面步骤制作的"M"图形选中，然后，按快捷键〈Ctrl+F9〉打开"渐变"面板，设置一种"深红—浅红"的两色径向渐变 [两色参考数值分别为：CMYK (15, 95, 90, 0)，CMYK (0, 15, 30, 0)]。渐变方向需要进行调整，方法：选择工具箱中的 ■ (渐变工具)，在图形内部从中心部分向右下方向拖动鼠标拉出一条直线 (直线的方向和长度分别控制渐变的方向与色彩分布)，得到倾斜分布的渐变效果，如图 2-179 所示。

12) 保持"M"图形被选中的状态下，选中工具箱中的 ▦ (自由变换工具)，图形四周出现矩形的控制框，将鼠标光标移至控制框任意一个边角附近，待光标形状变为旋转标识时，拖动控制框进行顺时针方向的旋转，得到如图 2-180 所示的效果。

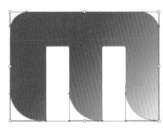

图2-179　在字母"M"中填充两色渐变　　　　　　　图2-180　将图形"M"顺时针旋转一定角度

13) 继续利用 ▦ (自由变换工具) 对图形进行扭曲变形。方法：选中"M"自由变换控制框左下角的控制手柄，然后按住快捷键〈Ctrl+Alt〉拖动，先使字母图形发生倾斜变形，接着按住〈Ctrl〉键拖动使图形发生扭曲变形。最后得到如图 2-181 所示扭曲效果。变形调整完成之后，执行菜单中的"对象|扩展外观"命令，将图形由变形状态转变为正常状态。

提示

应用自由变换工具的快捷键技巧：先用鼠标按住变形控制框的一个控制手柄，然后按住快捷键〈Ctrl+Alt〉拖动可使图形发生倾斜变形；按住快捷键〈Shift+Alt+Ctrl〉拖动可使图形发生透视变形，仅按住〈Ctrl〉键拖动则使图形发生任意的扭曲变形 (注意：要先按鼠标，再按键盘操作)。

14) 将字母"C"填充为黑灰 (灰色参考色值为 K40) 渐变，然后采用与前两步骤相同的方法进行扭曲变形。

接着，将两个字母图形拼接在一起，形成如图 2-182 所示效果。拼接处可用 （直接选择工具）调整锚点位置，以使两个边缘严丝合缝。

图2-181　字母"M"进行扭曲变形

图2-182　将变形之后的"M"与"C"拼接在一起

15）字母"M"和"C"构成了立方体造型的两个面，下面来绘制第三个面。方法：选用工具箱中的 🖊️（钢笔工具）绘制如图 2-183 所示的闭合路径，并在"渐变"面板中设置一种"灰色—白色"的两色径向渐变（灰色参考数值为：K50）。最后执行菜单中的"对象｜排列｜置于底层"命令，将它置于字母"M"和"C"的后面。

图2-183　绘制填充为"灰色—白色"的四边形并将它置于底层

16）对顶层部分进行镂空的处理。方法：用工具箱中的 🖊️（钢笔工具）绘制一个填充为白色的四边形，将其放置于如图 2-184 所示顶层位置。然后应用工具箱中的 ▶（选择工具）按住〈Shift〉键将两个四边形都选中，在"路径查找器"面板中单击 ⬜（减去顶层）按钮，两个四边形发生相减的运算。最后，单击"扩展"按钮。上层面积较小的四边形形状成为下层四边形中的镂空区域。形象地说，就是标志顶部（填充"灰色—白色"渐变的四边形）被挖空了一块。

17）现在立方体的结构已初具规模，但是并没有形成各个面的厚度感和光影效果。由于这个立方体各个面都具有镂空的部分，利用这一点来制作符合造型原理、透视原理以及光影效果的其他各个转折面。先来处理顶端挖空部分的厚度。方法：用工具箱中的 🖊️（钢笔工具）

图2-184　标志顶层图形进行镂空的处理

绘制如图 2-185 所示的两个窄长四边形。这两个图形位于立体造型中的背光面，因此填充"黑色－深灰色"的径向渐变（灰色参考数值为：K75）。然后，应用工具箱中的 ▶（选择工具）按住〈Shift〉键将两个四边形都选中，执行菜单中的"对象｜排列｜置于底层"命令，将它们置于标志顶端镂空部分的内部，形成了顶层的厚度感，效果如图 2-186 所示。

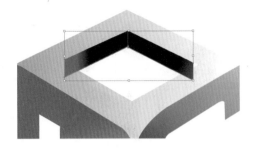

图2-185 绘制并填充两个窄长的四边形

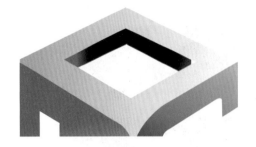

图2-186 标志顶层厚度感形成

18）在顶层镂空的区域内，放置一个颜色鲜艳的立体造型。应用工具箱中的 （钢笔工具）绘制 5 个形态各异的四边形，按图 2-187 所示的结构进行拼接，颜色效果请读者按自己的喜好来进行设置，但注意左侧图形颜色较浅，而右侧图形中颜色较深，用以暗示光照射的方向。绘制完成后，利用工具箱中的 （选择工具）将 5 个四边形都选中，按快捷键〈Ctrl+G〉将它们组成一组。最后，把它们放置到标志顶端镂空区域内，效果如图 2-188 所示。

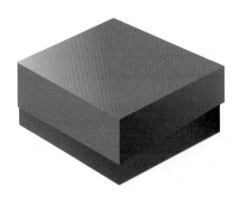

图2-187 绘制一个颜色鲜艳的立体造型

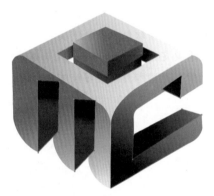

图2-188 将立体图形置于标志顶端镂空区域内

19）制作标志下半部分的各个转折面，使标志图形具有厚重结实的感觉。方法：利用工具箱中的 （钢笔工具）绘制出如图 2-189 所示各个转折面图形，然后执行菜单中的"对象｜排列｜置于底层"命令，将这些图形全部移至最下一层。调整相对位置，效果如图 2-190 所示。

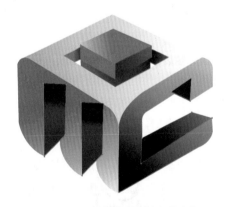

图2-189 绘制其他转折面图形

图2-190 将所有转折面图形都置于底层

20）进行细节的调整，例如：字形"M"中的水平横线过于生硬，需要将这一段路径调整为如图 2-191 所示的曲线形状，形成类似弧形拱门上侧的效果。

21）将前面制作完成的标准字"media"移至标志图形下部，最终效果如图 2-192 所示。本例通过对普通字体的字母外形进行增减，从而制作出一种全新的艺术字形，并将其应用到标志图形中，再将平面图形通过拼接塑造成立体的造型，这种思路可供读者借鉴。

图2-191 最后进行细节调整

图2-192 最后完成的标志效果图

2.9.7 制作无缝拼贴包装图案

要点

图案填充是矢量软件中一个重要的功能。Illustrator CC 2015的"色板"面板中提供了不少图案，但很多时候人们需要定制自己的图案，比如制作贺卡、包装纸之类的设计。本例将制作一个无缝拼贴图案，如图2-193所示。通过本例的学习应掌握利用"色板"面板自定义无缝拼贴图案的方法。

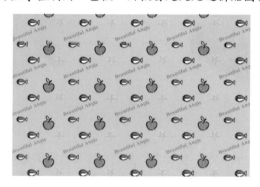

图2-193 无缝拼贴包装图案

操作步骤

1）执行菜单中的"文件|新建"命令，在弹出的对话框中设置相关参数，如图2-194所示。然后单击"确定"按钮，新建一个文件。

2）制作最基本的图案单元。其方法为：利用工具箱上的 ⬡（多边形工具）、▢（矩形工具）和 Ｔ（文字工具）创建基本图案单元，如图2-195所示。

图2-194 设置"新建文档"参数

图2-195 创建基本图案单元

3）图案的重复是发现基本单元的依据，所以不让其他人发现基本单元的主要方式就是在基本单元中故意制造几个重复图案，以假乱真。下面就来制作重复图案，方法为：执行菜单中的"视图|智能参考线"命令，打开智能捕捉。然后选中全部图形，利用工具箱中的 （选择工具）选择矩形左上角的顶点，此时会出现文字提示。接着按住〈Ctrl〉键，将复制后的图形拖到右侧，结果如图 2-196 所示。

> 提示
>
> 一定要放到右边的顶点才放手，Illustrator会帮助用户吸附到顶点上。

图2-196　将复制后的图形拖到右侧

4）同理，在左上方也复制一个最基本的图案单元，结果如图 2-197 所示。

> 提示
>
> 复制的目的是为了制造边缘的连续图形的衔接。

5）将外边没有和边界相交的所有图形都选中，然后删除，结果如图 2-198 所示。

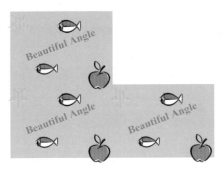

图2-197　在左上方也复制一个最基本的图案单元

图2-198　删除多余的图形

6）现在是最关键的一步。下面选择背景中的矩形，执行菜单中的"编辑|复制"命令，再执行菜单中的"编辑|贴在后面"命令，从而复制一个矩形放置到最下面。然后不要取消选择，将其填充色和描边色均设置为无色。

> 提示
>
> 将填充色和描边色均设置为无色是个非常关键的步骤，AI制造无缝拼接的图形需要在最下面放置一个无色无轮廓的矩形。这个矩形会在制作的图案中起到一个遮罩的作用，隐藏掉矩形之外的多余内容。

7）选择所有图形，将它们拖放到"色板"面板中。这样，面板中就会出现要定义的图案，如图 2-199 所示。

> 提示
>
> 此时如果找不到"色板"面板，可以执行菜单中的"窗口|色板"命令，调出"色板"面板。

8）利用工具箱中的 （矩形工具）创建一个矩形。然后选择该矩形，在"色板"中单击定义的图案，即可将定义的图案指定给填充区域，最终效果如图 2-200 所示。

图2-199 "色板"面板

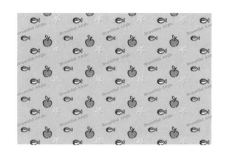

图2-200 最终效果

2.9.8 网格构成的标志

要点

本例将制作一个由网格构成的标志，如图2-201所示。这一类标志由纵横排列的方格（或点）构成，在规则排列的基础上再设计出小局部的变化，因此可以先利用矩形网格工具生成基础网格，然后再对网格进行创意性的改变。通过本例学习除了要掌握矩形网格工具的应用之外，还有一项重要的功能是利用"路径查找器"中的"分割"功能分离图形，它可以灵活地通过图形或线条对整体图形进行自由的裁切。本例中有3处应用到此功能。

操作步骤

1）执行菜单中的"文件 | 新建"命令，在弹出的对话框中设置相关参数，如图2-202所示，单击"确定"按钮，新建一个文件，然后将其存储为"网格标志.ai"。

图2-201 网格构成的标志

图2-202 建立新文档

2）先制做标志的基本网格结构，这个标志的矩形网格分为7行5列。方法：选择工具箱中的▦（矩形网格工具），然后在绘图区中单击，在弹出的 "矩形网格工具选项"对话框中设置参数（见图2-203），单击"确定"按钮，从而得到如图2-204所示的网格框架。接着将网格框架的"填充"颜色设置为草绿色 [参考颜色数值：CMYK（65，0，90，0）]，将"边线"设置为黑色（便于后面做镂空时显示得清楚），"粗细"为3 pt，得到如图2-205所示的效果。

3）利用工具箱中的▶（选择工具）选中矩形网格，然后执行菜单中的"对象 | 扩展"命令，在弹出的"扩展"对话框中选中"描边"复选框，如图2-206所示，单击"确定"按钮，从而矩形网格的黑色边线被分离出来，形成一些独立的矩形，如图2-207所示。接着利用工具箱中的▶（直接选择工具）点选最外圈描边图形，按〈Delete〉键将其删除，结果如图2-208所示。

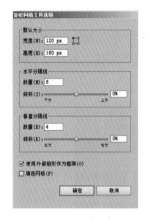

图2-203　建立新文档

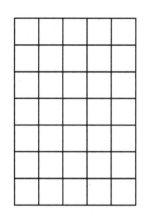

图2-204　生成7行5列网格框架

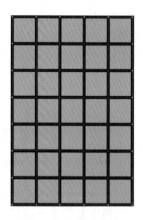

图2-205　改变颜色

图2-206　"扩展"对话框

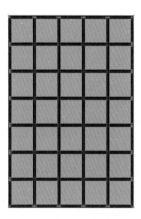

图2-207　矩形网格的黑色边线被分离出来

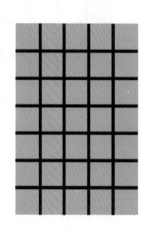

图2-208　将最外圈描边黑线删除

4）利用"路径查找器"中的功能，对黑线部分进行镂空处理。方法：利用工具箱中的 ▶（选择工具）选中矩形网格，按快捷键〈Shift+Ctrl+F9〉打开"路径查找器"面板，在其中单击 ▣（分割）按钮，如图2-209所示（这个按钮命令的含义是"沿多个图形间重叠的部分将它们拆分为独立区域"）。分割完成后，利用工具箱中的 ▶（直接选择工具）点选其中一个局部，此时会发现整体的网格已被拆分为许多小矩形单元，如图2-210所示。

提示

　　如果选不中局部小图形，可以先取消全部选取（用"直接选择工具"在页面空白处单击一次），然后再用 ▶（直接选择工具）点选局部图形即可。

图2-209　"路径查找器"面板

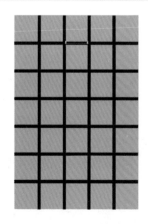

图2-210　对矩形网格继续进行分割处理

5）任意选中一个分割出的黑色小矩形，然后执行菜单中的"选择｜相同｜填充颜色"命令，从而将所有分割后的黑色小矩形都选中，如图 2-211 所示。然后按〈Delete〉键将它们删除，结果如图 2-212 所示。这样，完整的矩形网格不仅被拆分成 35 个小正方形，而且中间空白部分镂空，以便下面标志放置在不同的背景之上。

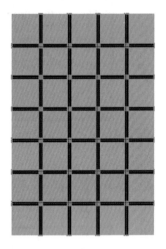

图2-211　将所有黑色图形选中

图2-212　矩形网格中间空白部分镂空

6）对拆分开的网格图形可进行自由的修整。方法：利用 ▶ （直接选择工具）选中几个小正方形，然后按〈Delete〉键将其删除，结果如图 2-213 所示。接着将其余一些小正方形进行颜色的修改（颜色读者可以根据自己的喜好来修改），此时规则的网格开始变为有趣的排列，效果如图 2-214 所示。

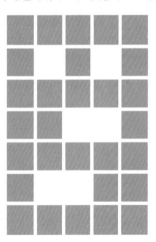

图2-213　删除几个小矩形

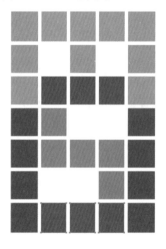

图2-214　修改局部颜色

7）矩形网格的缺点是过于工整与严肃，这主要是大量水平与垂直交错的直线所形成的视觉感受，要打破这种过于理性的框架，可以适当地添加柔和的曲线形。下面将矩阵的 4 个边角处理为圆弧形。

方法：先放大显示标志右上角位置，然后利用工具箱中的 ╭ （弧形工具）画出一道弧线，如图 2-215 所示。再利用工具箱中的 （直接选择工具）将弧线和位于右上角的小正方形（弧线在小正方形上面）都选中，按快捷键〈Shift+Ctrl+F9〉打开"路径查找器"面板。接着在其中单击 ▣ （分割）按钮，如图 2-216 所示。分割完成后（注意：要先按快捷键〈Shift+Ctrl+A〉取消选取）再利用工具箱中的 ▶ （直接选择工具）点选裁开的右上方局部图形，并按〈Delete〉键将其删除，得到如图 2-217 所示效果。

 提示

应用工具箱中的 ╭ （弧形工具），按住〈Shift〉键可画出四分之一正圆弧。

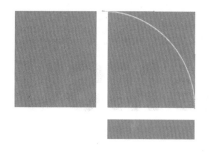
图2-215　在标志右上角画出一道圆弧线

图2-216　"路径查找器"面板

图2-217　右上角正方形的弧形处理

8）同理，将标志位于 4 个边角的正方形都处理为一侧弧形，处理完后的整体标志效果如图 2-218 所示。接下来，要将它整体沿顺时针方向旋转 45°。方法：利用工具箱中的 ▶（选择工具）选中所有图形，然后按快捷键〈Ctrl+G〉将它们组成一组。接着双击工具箱中的 ↻（旋转工具），在弹出的对话框中设置相关参数，如图 2-219 所示。单击"确定"按钮，此时标志图形整体沿顺时针方向旋转了 45°，如图 2-220 所示。

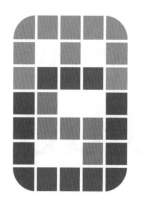
图2-218　将四个边角处理为弧形后的效果

图2-219　"旋转"对话框

图2-220　标志顺时针旋转45度

9）图形制作完成后，接下来要制作与图形搭配的艺术字体。该标志的文字由细体和粗体两组文字构成，下面先输入文字。方法：选择工具箱中的 Ｔ（文字工具），输入小写英文 blue 和大写英文 MSU（注意：分两个独立的文本块输入），然后在工具选项栏中设置"字体"为 Arial 和 Arial Black（读者可以自己选取两种粗细对比的英文字体）。接着执行菜单中的"文字 | 创建轮廓"命令，将文字转换为普通图形，如图 2-221 所示。

🔊 提示

　　由于本例的文字还要进行一些图形化的处理，所以必须执行菜单中的"文字 | 创建轮廓"命令，将文字转换为普通图形。

blueMSU

图2-221　输入英文并将文字转为图形

10）因为文字还要制作一个浅浅的投影效果，因此要将它复制一份并做镜像处理。方法：利用工具箱中的 ▶（选择工具）同时选中两个文本块，然后选择工具箱中的 ▷◁（镜像工具），在绘图区单击设置对称中心点（在文本行稍向下位置），接着按住〈Alt〉键和〈Shift〉键拖动鼠标（注意要先按〈Alt〉键，得到对称图形后别松开鼠标，再按〈Shift〉键对齐），即可得到如图 2-222 所示的反转文字。最后按快捷键〈Ctrl+F9〉打开"渐变"面板，设置图 2-223 所示的"浅灰色—白色"的线性渐变，从而形成文字倒影的效果。

图2-222　制作镜像文字 　　　　　　　　　　　　　　图2-223　在反转文字中填充浅灰至白色的线性渐变

11）下面要将文字沿一条波浪形曲线进行分割。方法：先利用工具箱中的 ✍（钢笔工具），在页面中绘制如图 2-224 所示的曲线路径，然后利用 ▶（选择工具）同时选中两个文本块和一条曲线路径（按住〈Shift〉键逐个选取）。接着按快捷键〈Shift+Ctrl+F9〉打开"路径查找器"面板，在其中单击 ▣（分割）按钮（这项"分割"功能在本例中已是第 3 次被应用）。分割完成后，每个字母都被曲线裁为上下两部分（注意：要先按快捷键〈Shift+Ctrl+A〉取消选取）。最后用工具箱中的（直接选择工具）点选 blue 每个字母上半部分图形，填充颜色为浅蓝色［参考颜色数值为：CMYK（65，30，10，0）］，从而得到如图 2-225 所示的效果。

图2-224　绘制一条波浪形的曲线路径 　　　　　　　　图2-225　文字被曲线分割后可以局部填色

12）同理，利用工具箱中的 ▶（直接选择工具）选取每个字母的上下部分，将其填充为不同的颜色［参考颜色数值：blue 下半部分的颜色参考值为：CMYK（90，60，10，0）；MSU 上半部分的颜色参考值为：CMYK（0，0，0，60）；MSU 下半部分的颜色参考值为： CMYK（0，0，0，80）］，效果如图 2-226 所示。

13）最后，全部选中文字部分，按快捷键〈Ctrl+G〉组成一组。然后将它缩放到合适的大小，放置于标志图形的右侧。至此，整个标志制作完成，最后的效果如图 2-227 所示。

图2-226　文字被填充为上下不同的颜色　　　　　　　图2-227　最后完成的标志效果图

2.9.9 制作由线构成的海报

要点

　　本例是以线为主要造型元素的抽象设计作品之一，在暗红色的背景中，细微的线条极具规律地按圆或直线轨迹进行重复，如图 2-228 所示。通过本例的学习，应掌握"多重复制"功能的应用。

图2-228　由线构成的海报

操作步骤

　　1）执行菜单中的"文件 | 新建"命令，创建一个空白图形文件，存储为"由线构成的海报 .ai"。

　　2）绘制暗红色的背景。方法：选择工具箱中的 □（矩形工具），绘制一个矩形框，然后按〈F6〉键，打开"颜色"面板，在面板右上角弹出的菜单中选择 CMYK 选项，将该矩形的"填充"颜色设置为一种稍暗的红色［参考颜色数值为：CMYK（30，100，100，10）］，将"描边"颜色设置为"无"。

　　3）制作一系列沿同一个中心不断旋转复制的圆形线框。其制作原理是 Illustrator 软件中常用的多重复制功能，即以一个单元图形（圆形线框）为基础，环绕同一中心点进行自动复制，生成极其规范的沿环形排列的多重圆形。首先选择工具箱中的 ◎（椭圆工具），按住〈Shift〉键绘制出一个正圆形，并将该圆形的"填充"颜色设置为"无色"，"描边"颜色设置为白色（或浅灰色）。然后按快捷键〈Ctrl+F10〉，打开"描边"面板，将"粗细"设置为 0.5 pt。接着执行菜单中的"视图 | 显示标尺"命令，调出标尺，各拉出一条水平方向和垂直方向的参考线，使两条参考线交汇于一点，如图 2-229 所示。

　　4）在"多重复制"之前，先生成第一个绕中心旋转的复制单元。其方法为：选择工具箱中的 ▶（选择工具）选中该圆形线框，然后选择工具箱中的 ◎（旋转工具），先在参考中心处单击，设置新的旋转中心点。接着，按住〈Alt〉键拖动圆形向一侧移动，复制出一个沿中心点旋转的圆形线框图形，作为第一个复制单元，如图 2-230 所示。

　　5）进行多重复制。其方法为：反复按快捷键〈Ctrl+D〉，以相同间隔进行自动多重复制，以产生出多个均匀地环绕同一圆心旋转的复制图形，形成如图 2-231 所示的线圈结构。

　　6）将圆形线圈中的局部圆形的"描边"颜色改变为红色。其方法为：利用工具箱中的 ▶（选择工具）选中圆形线圈中上部的一部分圆形，然后将选中的这些圆形的"描边"颜色更改为红色［参考颜色数值为：CMYK（0，100，80，0）］，如图 2-232 所示。最后，将所有圆形线框图形一起选中，按快捷键〈Ctrl+G〉将它们组成一组。

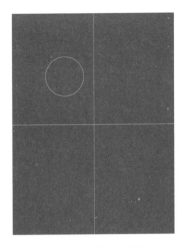

图2-229　拉出参考线

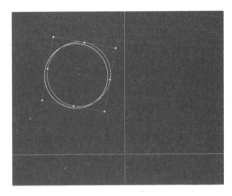

图2-230　得到第一个沿中心旋转的复制单元

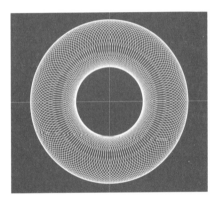

图2-231　多个均匀环绕同一圆心旋转的图形

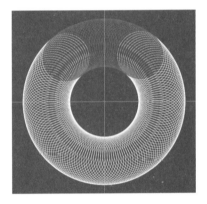

图2-232　将上部一些圆形的"描边"颜色改变为红色

7）在线圈内部区域添加一个黄灰色的圆形。方法：选择 ◯（椭圆工具），同时按住〈Shift〉键和〈Alt〉键，然后从参考线的交点出发向外拖动鼠标，绘制出一个从中心向外扩散的正圆形。接着将其"填充"颜色设置为一种黄灰色［参考颜色数值为：CMYK（10，20，50，20）］，将"描边"颜色设置为白色，再在"描边"面板中将"粗细"设置为 1 pt，效果如图 2-233 所示。

8）线圈制作完成后，在线圈的中心位置绘制黑色剪影式的主题图形。参考如图 2-234 所示的效果，利用工具箱中的 ✍（钢笔工具）先描绘出轮廓路径，然后将所有路径的"填充"颜色设置为黑色。当画到顶端部分时，较细的直线可用工具箱中的 ╱（直线段工具）绘制。

图2-233　在线圈内部添加一个黄灰色圆形

图2-234　绘制黑色剪影式的主题图形

9）可视情况将图形中一些主要部分填充为黑灰渐变色，从而增加一些视觉变化的因素。方法：先利用工

具箱中的 （选择工具）选中位于中间部位较粗的路径。然后按快捷键〈Ctrl+F9〉打开"渐变"面板，设置填充色为"黑色—灰色—黑色"的三色线性渐变（灰色参考数值为：K40），如图 2-235 所示。对于位于右下角位置的 3 个小闭合路径的渐变色，请读者自行设置，效果如图 2-236 所示。

> **提示**
>
> 自动填充的渐变色方向不一定理想，作为一种常用的调节方法，可在工具箱中选择 （渐变工具），然后在已填充渐变的图形上拖出一条直线，且直线的方向和长度分别控制渐变的方向与色彩分布。

图2-235　在"渐变"面板中设置三色渐变

图2-236　将几个主要闭合路径填充为黑灰渐变色

10）在黑色剪影式图形的左上部分添加一个抽象的黑色人形，也以剪影的形式来表现，利用工具箱中的 （钢笔工具）直接绘制填色即可，效果如图 2-237 所示。

11）以图形"混合"的方法来制作海报底部排列的圆形。先绘制出 3 个基本的圆形，然后在这 3 个圆形间以"混合"方式进行复制。其方法为：选择工具箱中的 （椭圆工具），按住〈Shift〉键绘制出一个正圆形（"描边"颜色设置为白色，"粗细"设置为 0.25 pt）。然后选择 （选择工具），按住〈Alt〉键向右拖动该圆形（拖动的过程中按住〈Shift〉键可保持水平对齐），得到一个复制单元。同理，再复制出一个圆形，按如图 2-238 所示方式排列。最后，将位于两侧的两个圆形的"描边"颜色设置为红色 [参考颜色数值为：CMYK（30，100，100，10）]。

图2-237　添加黑色人形剪影

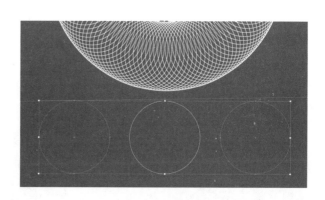

图2-238　绘制出3个基本圆形

12）选择 （选择工具），按住〈Shift〉键将 3 个圆形同时选中，接下来进行图形的"混合"操作。其方法为：执行菜单中的"对象|混合|建立"命令，然后执行菜单中的"对象|混合|混合选项"命令，在弹出的对话框中设置参数，如图 2-239 所示，单击"确定"按钮，效果如图 2-240 所示。可见，3 个圆形间自动生成了一系列水平排列的复制图形，并且颜色也形成了从两侧到中心的渐变效果。

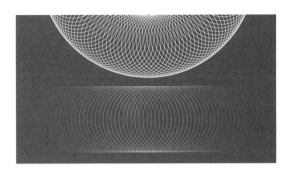

图2-239 "混合选项"对话框　　　　　　图2-240 在3个圆形间自动生成了一系列水平排列的复制图形

13）在海报上添加文字。其方法为：选择工具箱中的 T （文字工具），输入文本"MBOPNT MOCKBA..."。然后在"工具"选项栏中设置"字体"为Arial，"字体样式"为Bold。接着执行"文字｜创建轮廓"命令，将文字转换为如图2-241所示的由锚点和路径组成的图形。最后使用 ▶ （选择工具）对文字海报进行拉伸变形（本例将标题文字设计为窄长的风格），并将"填充"颜色设置为白色，然后放置到如图2-242所示的海报中靠上的位置。

图2-241 将文字转换为由锚点和路径组成的图形

14）使用工具箱中的 ▶ （选择工具）选中标题文字，然后执行菜单中的"效果｜Illustrator效果｜风格化｜投影"命令，在弹出的对话框中设置参数（见图2-243），在文字右下方添加黑色的投影，以增强文字的立体效果，如图2-244所示。

图2-242 将标题文字置于海报中靠上的位置

图2-243 "投影"对话框　　　　　　　　图2-244 在文字右下方添加投影

15）同理，输入文本"GOVORIT MOSKVA..."，并制作投影效果，如图2-245所示。至此，整个海报制作完毕，最终效果如图2-246所示。

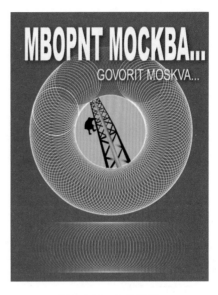

图2-245　制作标题下小字

图2-246　最终效果

课 后 练 习

1. 制作图 2-247 所示的缠绕的圆环效果。

2. 制作图 2-248 所示的篮球标志效果。

图2-247　缠绕的圆环效果

图2-248　篮球标志效果

画笔和符号　第3章

在 Illustrator CC 2015 中，符号和画笔是两组极具特色的工具。在这两组工具中都存储了系统预置好的符号样本和画笔样本，使用这些预置样本，用户可以绘制出许多丰富多彩的艺术作品。通过本章学习，应掌握画笔和符号的具体应用。

3.1 使用画笔

在绘图中，除了可以使用铅笔外，还可以使用功能更为强大的画笔制作出更加丰富多彩的效果。

3.1.1 使用画笔绘制图形

使用画笔绘制图形的具体操作步骤如下：

1）选择工具箱中的 （画笔工具），如图 3-1 所示，该工具一般要和"画笔"面板配合使用。如果此时工作窗口中没有显示"画笔"面板，可以执行菜单中的"窗口|画笔"命令，调出"画笔"面板，如图 3-2 所示。

2）Illustrator CC 2015 默认面板中只有两种画笔笔刷，如果要载入其他画笔笔刷，可以单击面板下方的 （画笔库菜单）按钮，从弹出的快捷菜单中选择"毛刷画笔|毛刷画笔库"命令（见图 3-3），调出毛刷画笔库，如图 3-4 所示。然后单击相应的画笔笔刷，即可将其载入画笔面板，如图 3-5 所示。

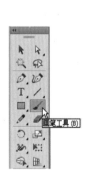
图3-1　选择"画笔工具"

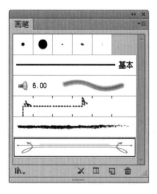
图3-2　默认画笔面板

图3-3　选择相应的命令

3）在"画笔"面板中选取一种画笔样式，将光标移到页面上合适的地方，按下左键并拖动，然后释放鼠标即可完成绘制。

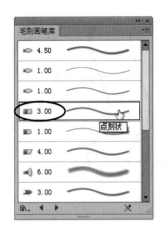

图3-4　选择相应的画笔笔刷

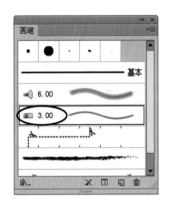

图3-5　将画笔载入画笔面板

4）双击工具箱中的 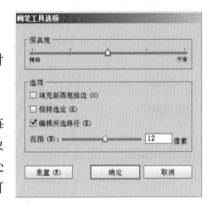（画笔工具），打开"画笔工具选项"对话框，如图 3-6 所示。

5）在该对话框中，"保真度"用于设置 ▨（画笔工具）绘制曲线时所经过的路径上的点的精确度，以像素为度量单位，取值范围为 0～20。值越小，所绘制的曲线将越粗糙。值越小，所绘制的曲线将越平滑。

在"选项"选项组中，如果选中了"填充新画笔描边"复选框，则每次使用 ▨（画笔）工具绘制图形时，系统都会自动以默认颜色来填充对象的轮廓线；如果选中了"保持选定"复选框，则绘制完的曲线将会自动处于被选取状态；如果选中了"编辑所选路径"复选框，▨（画笔工具）可对选中的路径进行编辑。

图3-6　"画笔工具选项"对话框

6）使用 ▨（画笔）工具创建了图形后，如果更改笔刷类型，可以选中要更改的图形，然后在"画笔"面板中单击要替换的笔刷即可。

7）在"画笔"面板下方有 5 个按钮（见图 3-2）：

- ▥ 画笔库菜单：单击该按钮，将弹出如图 3-3 所示的快捷菜单，从该菜单中可以选择相应的画笔笔刷进行载入。
- ☒ 移去画笔描边：用于将当前图形上应用的笔刷删除，而留下原始路径。
- ▣ 所选对象的选项：用于打开应用到被选中图形上的笔刷的选项对话框，在该对话框中可以编辑笔刷。
- ▢ 新建画笔：用于打开"新建笔刷"对话框，利用该对话框可以创建新的笔刷。
- ▥ 删除画笔：用于删除该笔刷类型。

3.1.2　编辑画笔

Illustrator CC 2015 中可以载入多种类型的画笔笔刷，并可对其进行编辑。下面主要讲解书法和箭头笔刷的编辑方法。

1. 编辑书法笔刷

图 3-7 所示为 6 种不同书法笔刷。图 3-8 所示为分别使用了这 6 种书法笔刷绘制出的图形。

编辑画笔的具体操作步骤如下：

1）必须在"画笔"面板上双击需要进行编辑的书法笔刷类型，此时会弹出"书法画笔选项"对话框，如图 3-9 所示。图 3-10 所示为应用了该画笔的效果。

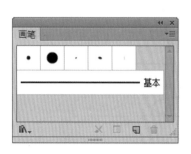

图3-7　6种不同的书法笔刷

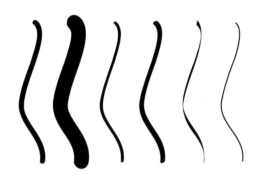

图3-8　使用这6种书法笔刷绘制的图形

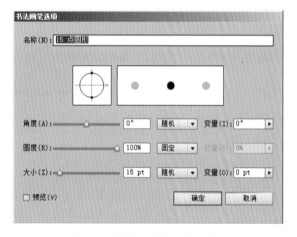

图3-9　"书法画笔选项"对话框

图3-10　应用了该画笔的效果

2）在该对话框中可以设置画笔笔尖的"角度""圆度""大小"等。同时在下拉列表中还有"固定"和"随机"等选项可供选择。图 3-11 所示为更改参数后的设置，图 3-12 所示为更改参数后的效果。

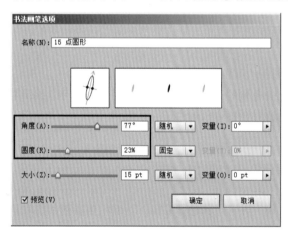

图3-11　更改参数

图3-12　更改参数后的效果

2. 编辑箭头笔刷

Illustrator CC 2015 默认可以载入"图案箭头""箭头_标准""箭头_特殊"3 种类型的箭头笔刷，如图 3-13 所示。利用箭头笔刷可以绘制出各种箭头效果，此外还可以对其进行编辑。

编辑箭头画笔的具体操作步骤如下：

1）在"画笔"面板上双击需要进行编辑的箭头笔刷类型，如图 3-14（a）所示，此时会弹出"艺术画笔选项"对话框，如图 3-14（b）所示。图 3-15 所示为应用图 3-14 所选画笔绘制的曲线效果。

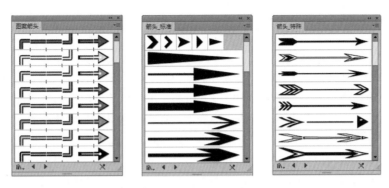

图3-13 可以载入的箭头笔刷

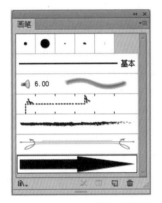

（a）双击需要编辑的箭头笔刷

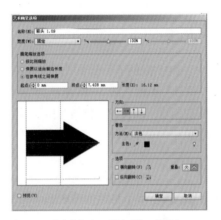

（b）"艺术画笔选项"对话框

图3-14 编辑箭头笔刷

图3-15 应用图3-14所选画笔的效果

2）在"艺术画笔选项"对话框中可以设置画笔笔尖的"方向""大小""翻转"等参数。图3-16所示为更改参数后的设置，图3-17所示为更改参数设置后的效果。

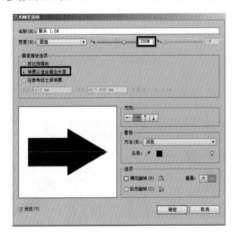

图3-16 更改参数

图3-17 更改参数后效果

3.2 使用符号

　　符号最初的目的是为了让文件变小，但在 Illustrator CC 2015 中将符号变成了极具诱惑力的设计工具。过去，要产生大量的相似物体，例如，树上的树叶以及屏幕中的星辰等形成复杂背景的物体，就要重复数不清的复制和粘贴等操作，如果再对每个物体进行少许的变形，那真可称得上是噩梦般的经历。现在一切都变得简单了，利用符号工具，可以创建自然的、疏密有致的集合体，此时只需先定义符号即可。

　　任何 Illustrator 元素，都可以作为符号存储起来，从诸如直线等简单的符号到结合了文字和图像的复杂的图形等。符号提供了方便的用于管理的界面；也能产生符号库，并能够和工作小组中的其他成员共享符号库，就像画笔和样式库一样。

3.2.1 符号面板

　　Illustrator CC 2015 提供了一个专门用来对符号进行操作的"符号"面板，执行菜单中的"窗口 | 符号"命令，可以调出"符号"面板。图 3-18 所示为 Illustrator CC 2015 默认的"符号"面板。

　　"符号"面板是创建、编辑、存储符号的工具，在面板下方有 6 个按钮：

- 　符号库菜单：单击该按钮，将弹出如图 3-19 所示的快捷菜单，从该菜单中可以选择相应的符号类型进行载入。
- 　置入符号实例：用于在页面的中心位置选中一个符号范例。
- 　断开符号链接：用于将添加到图形中的符号范例与"符号"面板断开链接，断开链接后的符号范例将成为符号的图形。
- 　符号选项：单击该按钮，将会弹出相应的"符号选项"对话框。
- 　新建符号：选中要定义为符号的图形，单击该按钮，即可将其添加到"符号"面板中作为符号。
- 　删除符号：用于删除"符号"面板中的符号。

　　将"符号"面板中的符号应用到文档中，常用的方法有两种：一种是使用鼠标拖动的方法。首先在"符号"面板选中合适的符号后，直接将其拖动到当前文档中，这种方式只能得到一个符号范例，如图 3-20 所示；另一种是使用　（符号喷枪工具），该工具可同时创建多个符号范例，并且将它们作为一个符号集合。

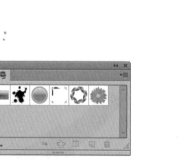　　　　　　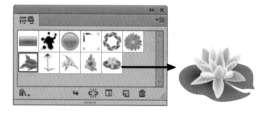

图3-18　默认的符号面板　　　　图3-19　符号库快捷菜单　　　　图3-20　将符号直接拖入文档

在 Illustrator CC 2015 中，各种普通的图形对象、文本对象、复合路径、光栅图像、渐变网格等均可以被定义为符号。如果要创建新的符号，可以使用将对象直接拖入"符号"面板中，如图 3-21 所示。此时弹出如图 3-22 所示的对话框，选择相应的参数后单击"确定"按钮，即可创建新的符号，如图 3-23 所示。

> **提示**
>
> "符号"的功能和应用方式都很类似于"画笔"。但需要区分的是：Illustrator中的画笔是一种画笔技术，而符号的应用则是作为一种对图形进行整体操作的技术；另外工具箱中的"符号系"工具组包含有多个工具，能够对应用到文档中的符号进行各种编辑，而这是画笔所不具备的。

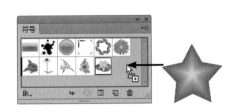  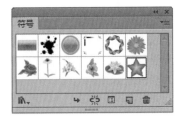

图3-21 将图形拖入符号面板　　　图3-22 "符号选项"对话框　　　图3-23 创建新的符号

3.2.2 符号系工具

在工具箱中的"符号系"工作组中提供了 8 种关于符号操作的工具，如图 3-24 所示。

- 符号喷枪工具：用来在画面上施加符号对象。它与复制图形相比，可节省大量的内存，从而提高设备的运算速度。
- 符号移位器工具：用来移动符号。
- 符号紧缩器工具：用来收拢或扩散符号。
- 符号缩放器工具：用来放大或缩小符号，从而使符号具有层次感。
- 符号旋转器工具：用来旋转符号。
- 符号着色器工具：用自定义的颜色对符号进行着色。
- 符号滤色器工具：用来改变符号的透明度。
- 符号样式器工具：用来对符号施加样式。

"符号系"工具的具体使用方法如下：

1）选择工具箱中"符号系"工作组中的（符号喷枪工具），此时光标将变成一个带有瓶子图案的圆形。然后在"符号"面板中选择一种符号，如图 3-25 所示。接着，在画布上按下左键并拖动鼠标，此时会沿着鼠标拖动的轨迹喷射出多个符号，如图 3-26 所示。

图3-24 8种符号工具

> **提示**
>
> 这些符号将自动组成一个符号集合，而不是以独立的符号出现。

2）在应用了符号或者使用了（选择工具）选中符号集合后，如果要移动符号，可以选择"符号系"工作组中的（符号移位器工具），将光标移到要移动的符号之上按下左键并拖动鼠标，此时笔刷范围内的符号将随着鼠标而发生移动，如图 3-27 所示。

图3-25　选择一种符号

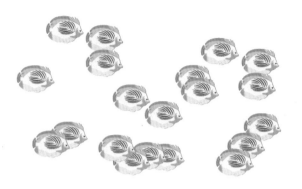

图3-26　利用 📷 （符号喷枪工具）喷射出多个符号

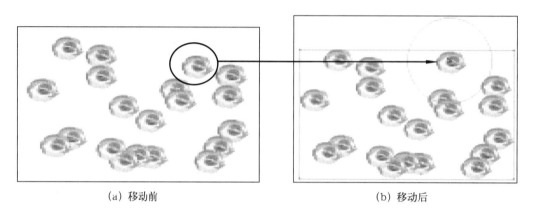

（a）移动前　　　　　　　　　　　　　　　（b）移动后

图3-27　移动符号前后比较图

3）如果要紧缩符号，可以先选中符号集合，然后选择"符号系"工作组中的 📷 （符号紧缩器工具），将光标移动到要紧缩的符号上，按下鼠标左键并拖动鼠标即可实现紧缩符号的目的，如图3-28所示。

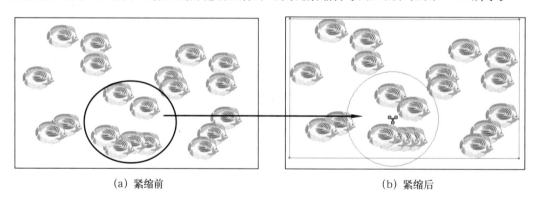

（a）紧缩前　　　　　　　　　　　　　　　（b）紧缩后

图3-28　紧缩符号前后比较图

4）如果要缩放符号，可以先选中符号集合，然后选择"符号系"工作组中的 📷 （符号缩放器工具），将光标移到要缩放的符号上拖动鼠标，此时在光标圆之中的符号范例将变大；如果按下〈Alt〉键则可以缩小符号，如图3-29所示。

5）如果要旋转符号，可以先选中符号集合，然后选择"符号系"工作组中的 📷 （符号旋转器工具），将光标移动到要旋转的符号之上拖动鼠标，此时在光标圆之中的符号将发生旋转，如图3-30所示。

6）如果要为符号上色，可以在"色板"或"颜色"面板中设置一种颜色作为当前色。然后，选中符号集合后，选择"符号系"工作组中的 📷 （符号着色器工具），将光标移到要改变填充色的符号之上拖动鼠标，此时光标圆中符号的填充色将变为当前颜色，如图3-31所示。

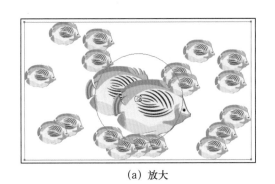　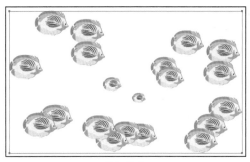

（a）放大　　　　　　　　　　　　　　（b）缩小

图3-29　缩放符号前后比较图

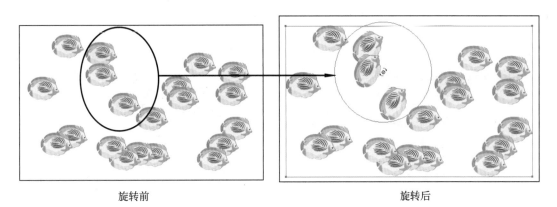

旋转前　　　　　　　　　　　　　　旋转后

图3-30　旋转符号前后比较图

![提示图标] 提示

在为符号上色时，在光标圆中呈现的是径向渐变效果，而不是单纯地上色。

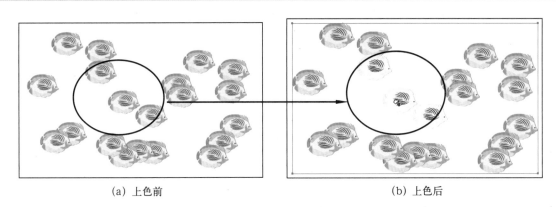

（a）上色前　　　　　　　　　　　　　（b）上色后

图3-31　给符号上色前后比较图

7）如果要改变符号的透明度，可以先选中符号集合，然后选择符号系工作组中的 ![图标]（符号滤色器工具），将光标移到要改变透明度的符号之上，此时笔刷之中的符号范例的透明度就会发生变化，如图 3-32 所示。

8）如果要改变符号的样式，可以先选中符号集合，然后在"图形样式"面板中设置一种样式作为当前样式。接着选择符号系工作组中的 ![图标]（符号样式器工具），将光标移到要改变样式的符号之上并单击，此时光标圆中的符号样式将发生变化，如图 3-33 所示。

9）如果要从符号集合中删除部分符号，可以先选中符号集合，然后选择"符号系"工作组中的 ![图标]（符号喷枪工具），按下〈Alt〉键，在要删除的符号上按下左键并拖动鼠标，即可将笔刷经过区域中的符号删除，如图 3-34 所示。

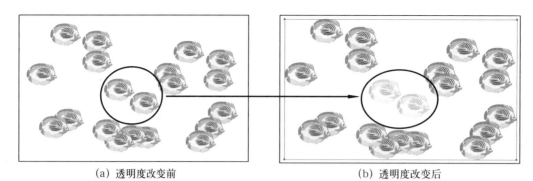

（a）透明度改变前　　　　　　（b）透明度改变后

图3-32　改变符号透明度前后比较图

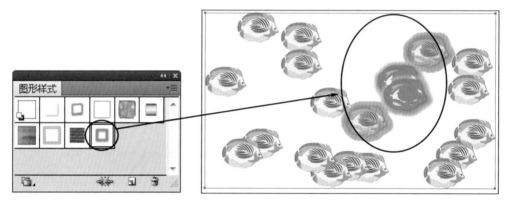

图3-33　将样式添加到符号上

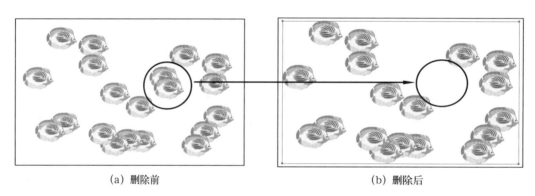

（a）删除前　　　　　　　　（b）删除后

图3-34　删除符号前后比较图

3.3　实 例 讲 解

　　本节将通过 4 个实例来对画笔和符号的相关知识进行具体应用，旨在帮助读者能够举一反三，快速掌握画笔和符号在实际中的应用。

3.3.1　锁链

 要点

　　本例将制作锁链效果，如图 3-35 所示。通过本例的学习，读者应掌握菜单中"轮廓化描边"命令、"混合"命令和"图案"画笔的综合应用。

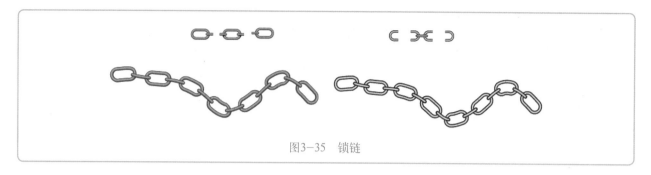

图3-35　锁链

操作步骤

1. 制作单个锁节

1）执行菜单中的"文件 | 新建"命令，在弹出的对话框中设置参数，如图 3-36 所示。然后单击"确定"按钮，新建一个文件。

图3-36　设置"新建文档"参数

2）选择工具箱中的 ▢（圆角矩形工具），然后设置填充色为 ▱（无色），描边色为蓝色，如图 3-37 所示，并设置线条粗细为 4 pt。接着在绘图区单击，在弹出的对话框中设置参数（见图 3-38），单击"确定"按钮，创建出一个圆角矩形，效果如图 3-39 所示。

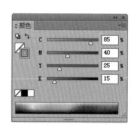

图3-37　设置参数

图3-38　设置圆角矩形参数

图3-39　创建圆角矩形

3）将圆角矩形原地复制一个，然后改变描边色，如图 3-40 所示，并设置线条粗细为 1 pt，效果如图 3-41 所示。

4）同时选中两个圆角矩形，执行菜单中的"对象 | 混合 | 建立"命令，将两个图形进行混合，效果如图 3-42 所示。

5）利用工具箱中的 ／（直线段工具）创建端点为圆角的直线，并设置线条粗细为 4 pt，如图 3-43 所示。然后将线条色改为 CMYK（85，40，25，15），效果如图 3-44 所示。

图3-40　改变描边色

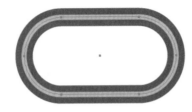

图3-41　改变线条粗细效果

图3-42　混合效果

图3-43　设置"描边"参数

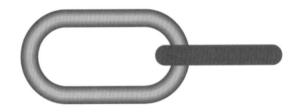

图3-44　改变线条色效果

6）复制一条直线并将线宽设置为 1 pt，将描边色改为 CMYK（40，15，10，5）。

7）选中两条直线，执行菜单中的"对象|路径|轮廓化描边"命令，将它们全部转换为图形，效果如图 3-45 所示。然后选择它们，执行菜单中的"对象|混合|建立"命令进行混合，效果如图 3-46 所示。

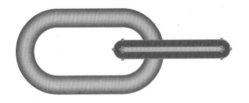

图3-45　将直线转换为图形

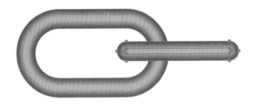

图3-46　混合效果

8）将混合后的直线扩展为图形。其方法为：执行菜单中的"对象|扩展"命令，在弹出的对话框中设置参数，如图 3-47 所示，从而得到一组单独的可编辑的对象，如图 3-48 所示。此时可通过菜单中"视图|轮廓"命令来查看，如图 3-49 所示。

 提示

　　扩展直线的目的是为了进行在"路径查找器"面板中的计算，去除多余的部分。

图3-47　设置"扩展"参数

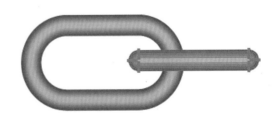

图3-48　扩展效果

9）利用"路径查找器"面板，删除锁链中多余的部分。其方法为：绘制矩形，如图 3-50 所示，然后同时选中混合后的直线和矩形，单击"路径查找器"面板中的 🖼️（修边）按钮，如图 3-51 所示，将混合后的直线与矩形重叠的区域删除。接着利用工具箱中的 🖼️（编组选择工具）选中矩形并删除，效果如图 3-52 所示。

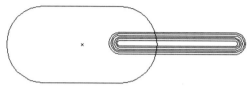

图3-49　轮廓效果

图3-50　绘制矩形

图3-51　单击 🖼️（修边）按钮

图3-52　删除矩形效果

10）同理，制作出其余的锁链，效果如图 3-53 所示。

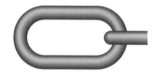

图3-53　制作出其余的锁链效果

2．制作整条锁链

1）执行菜单中的"窗口|色板"命令，调出"色板"面板，然后分别将制作的 3 个链节图形拖入到"色板"面板中，将它们定义为图案，效果如图 3-54 所示。

2）执行菜单中的"窗口|画笔"命令，调出"画笔"面板，然后单击 🖼️（新建画笔）按钮，在弹出的对话框中设置参数（见图 3-55），单击"确定"按钮。接着在弹出的对话框中设置参数（见图 3-56），单击"确定"按钮，完成图案画笔的创建。此时，"画笔"面板如图 3-57 所示。

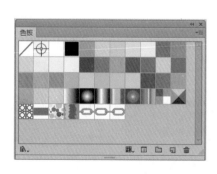

图3-54　将图形拖入到"色板"面板中

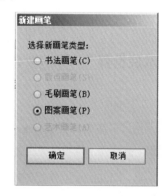

图3-55　选择"图案画笔"单选按钮

3）利用工具箱中的 🖋️（钢笔工具）绘制一条路径（见图 3-58），然后单击"画笔"面板中定义好的锁链画笔，效果如图 3-59 所示。

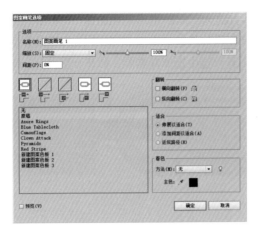

图3-56　设置"图案画笔选项"参数

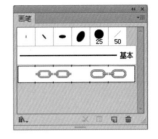

图3-57　所创建的图案画笔

图3-58　绘制路径

图3-59　施加图案画笔效果

4）此时锁链链节比例过大。为了解决这个问题，可在"描边"面板中将线条粗细由 1 pt 改为 0.25 pt，如图 3-60 所示，效果如图 3-61 所示。

图3-60　改变线条粗细

图3-61　最终效果

3.3.2　水底世界

要点

　　本例将制作一个绚丽的水底世界，如图 3-62 所示。通过本例的学习，应掌握 ![钢笔工具]（钢笔工具）、![渐变工具]（渐变工具）、![混合工具]（混合工具）、符号工具、"透明度"面板、"图层"面板和蒙版的综合应用。

操作步骤

　　1. 制作背景

1）执行菜单中的"文件|新建"命令，在弹出的对话框中设置参数，如图 3-63 所示。然后单击"确定"

按钮，新建一个文件。

图3-62　水底世界

图3-63　设置"新建文档"参数

2）选择工具箱中的 <kbd>□</kbd>（矩形工具），设置描边色为无色，填充色的设置如图 3-64 所示。然后在绘图区中绘制一个矩形，效果如图 3-65 所示。

3）单击"图层"面板下方的 <kbd>□</kbd>（创建新图层）按钮，新建图层，然后使用工具箱中的 <kbd>⤴</kbd>（钢笔工具）绘制水底岩石的形状，并用黑色进行填充，效果如图 3-66 所示。

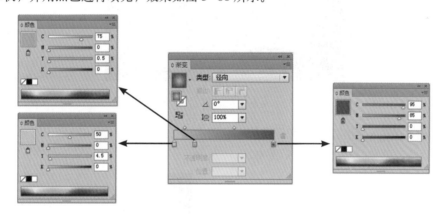

图3-64　设置填充色为渐变色

图3-65　绘制矩形

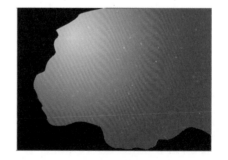

图3-66　绘制岩石形状

2．制作水母

水母是通过混合和蒙版来制作的。

1）首先新建"水母"图层，为了操作方便，将其余层锁定，如图 3-67 所示。

2）利用工具箱中的 <kbd>○</kbd>（椭圆工具）绘制椭圆，并设置描边色为白色，填充色为无色，效果如图 3-68 所示。

图3-67　新建"水母"图层并锁定其他层

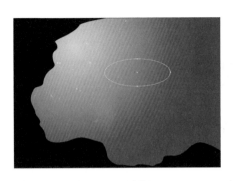

图3-68　绘制椭圆

3）选中椭圆，执行菜单中的"编辑|复制"命令，然后执行"编辑|贴在前面"命令，原地复制一个椭圆，接着利用工具箱中的 ![直接选择工具] （直接选择工具）调整节点的位置，效果如图 3-69 所示。

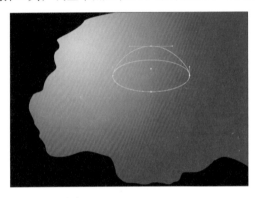

图3-69　复制并调整椭圆节点的位置

4）双击工具箱中的 ![混合工具] （混合工具），在弹出的对话框中设置参数，如图 3-70 所示，单击"确定"按钮，然后分别单击两个椭圆，对它们进行混合，效果如图 3-71 所示。

图3-70　设置"混合选项"参数

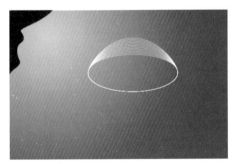

图3-71　混合效果

5）绘制直线。选择工具箱中的 ![旋转工具] （旋转工具），在如图 3-72 所示的位置单击，从而确定旋转的轴心点。接着在弹出的对话框中设置参数，如图 3-73 所示，再单击"复制"按钮，效果如图 3-74 所示。

图3-72　确定旋转轴心点

图3-73　设置旋转角度

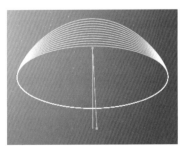

图3-74　旋转复制效果

6）按快捷键〈Ctrl+D〉，重复旋转操作，效果如图 3-75 所示。

7）将所有的直线选中，然后执行菜单中的"对象 | 编组"命令，将它们成组。接着执行菜单中的"对象 | 排列 | 后移一层"命令，将成组后的直线放置到混合图形的下方。

8）将刚才复制的椭圆粘贴过来，如图 3-76 所示。

图3-75　重复旋转操作

图3-76　粘贴椭圆

9）同时选择复制后的椭圆和成组后的直线，执行菜单中的"对象 | 剪切蒙版 | 建立"命令，效果如图 3-77 所示。

10）制作水母的须。其方法为：绘制如图 3-78 所示的曲线，然后利用 （混合工具）对它们进行混合，效果如图 3-79 所示。

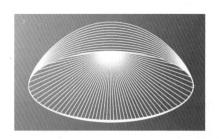

图3-77　剪切蒙版效果

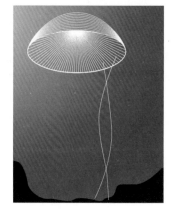

图3-78　绘制曲线

11）同理，制作水母其余的须，效果如图 3-80 所示。

图3-79　混合效果

图3-80　制作水母其余的须

12）制作水母在水中的半透明效果。其方法为：选中水母造型，在"透明度"面板中将其"不透明度"设为20%（见图3-81），使之与环境相适应，效果如图3-82所示。

图3-81　将"不透明度"设为20%　　　　　　　图3-82　"不透明度"为20%的效果

3．制作具有层次感的水草

1）执行菜单中的"窗口|符号库|自然"命令，调出"自然"元件库，如图3-83所示。

2）新建"水草"图层，然后使用工具箱中的 （符号喷枪工具），在"水草"图层添加各式水草，效果如图3-84所示。

提示

1）利用符号与复制图形相比，将图形定义为符号不仅可以让文件变小，而且可以对其进行移动、缩放、旋转、填充、改变不透明度、调节疏密程度和施加样式等极具创造性的操作。例如，以前制作夜空中的繁星等复杂背景的物体，只能通过重复复制和粘贴等操作来完成。如果再对个别物体进行少许的变形，那将是非常复杂的。现在就都变得简单了，只要将其定义成符号即可。

2）几乎所有的Illustrator元素，都可以作为符号存储起来。唯一例外的是一些复杂的组合（例如图表的组合）和嵌入的艺术对象（不是链接）。

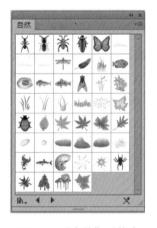

图3-83　"自然"元件库　　　　　　　　　　图3-84　添加各式水草

3）此时水草没有层次感。下面通过改变水草的"混合模式"来获得水草的层次感（图3-85），效果如图3-86所示。

4．添加水中各种鱼类

新建"鱼"图层，然后使用 （符号喷枪工具）添加各种鱼类，并使用 （符号旋转工具）、 （符号移位器工具）、 （符号缩放器工具）和 （符号滤色器工具）对符号进行调整，此时图层的分布如图3-87

所示，效果如图 3-88 所示。

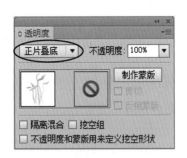

图3-85　改变远处水草的"混合模式"

图3-86　水草的层次感

图3-87　图层的分布

图3-88　绘制各种鱼类

5．制作带有高光的气泡

在 Illustrator CC 2015 中除了可以使用其自带的符号外，还可以自定义符号。前面利用了 Illustrator CC 2015 自带的"符号库"来制作水草和鱼类。下面将制作一个气泡，然后将其指定为"符号"，从而制作出其余的气泡。

1）为了便于操作，锁定所有图层，然后新建"水泡"图层，如图 3-89 所示。

2）选择工具箱中的 ◯（椭圆工具），设置线条色为无色，并在"渐变"面板中将渐变"类型"设为"径向"，将渐变色设为"蓝—白"渐变，如图 3-90 所示，然后在绘图区中绘制一个圆形，并用 ▣（渐变工具）调整渐变位置，效果如图 3-91 所示。

图3-89　新建"水泡"图层

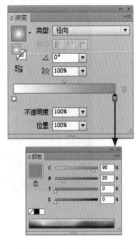

图3-90　设置渐变色

图3-91　绘制圆形

3）制作水泡的高光效果。其方法为：利用工具箱中的 （钢笔工具），绘制图形作为基本高光，如图 3-92 所示。然后绘制一个大一些的图形作为高光外部对象（描边色和填充色均为无色），如图 3-93 所示。接着执行菜单中的"对象|混合|混合选项"命令，在弹出的对话框中设置参数，如图 3-94 所示。单击"确定"按钮，最后同时选中这两个图形，执行菜单中的"对象|混合|建立"命令，效果如图 3-95 所示。

4）制作水泡的透明效果。其方法为：在"透明度"面板中将混合后的高光的"不透明度"设为80%，如图 3-96 所示。将气泡的"不透明度"设置为50%，效果如图 3-97 所示。

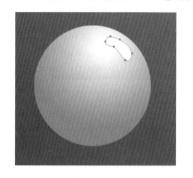
图3-92　绘制图形作为基本高光

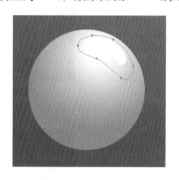
图3-93　描边和填充均为无色的效果

图3-94　设置"混合选项"参数

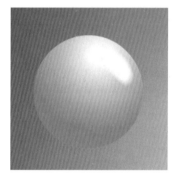
图3-95　混合效果

图3-96　设置"不透明度"为80%

图3-97　调整不透明度后的效果

5）复制气泡。其方法为：执行菜单中的"窗口|符号"命令，调出"符号"面板。然后框选气泡和高光，拖入到"符号"面板中，从而将其定义为符号，此时"符号"面板如图 3-98 所示。接着选择工具箱中的 （符号喷枪工具）添加气泡，并用 （符号缩放器工具）调整气泡大小，用 （符号紧缩器工具）调整气泡的疏密程度，效果如图 3-99 所示。

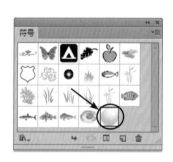
图3-98　将气泡定义为符号

图3-99　最终效果

3.3.3 制作沿曲线旋转的重复图形效果

要点

　　本例将制作一个沿曲线旋转的重复图形，效果如图 3-100 所示。这个案例具有一定的典型性，锯齿状的三角图形沿圆弧线（或螺旋线）向中心排列，而旋转至边缘时又逐渐消失，这样的效果会令人想到"多重复制"或"图形混合"的制作思路。但仔细观察一下，图形沿螺旋线向外消失其实并不是在逐渐变小，而是显示的面积逐渐减小而已，这种情况应用"自定义画笔"功能来实现更简便恰当。通过本例的学习，应掌握利用自定义画笔制作重复图形的方法。

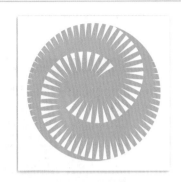

图3-100　沿曲线旋转的重复图形效果

操作步骤

　　1）执行菜单中的"文件 | 新建"命令，新建一个名称为"沿曲线旋转的重复图形 .ai"的文件，并将文档的宽度与高度均设置为 100 mm。

　　2）利用工具箱中的 ◯（椭圆工具）绘制出一个正圆形 [按住〈Shift〉键可绘制正圆形)，并将其填充为绿色（参考颜色数值为：CMYK（50，0，90，0）]，如图 3-101 所示。然后利用工具箱中的 ◎（螺旋线工具）绘制出如图 3-102 所示的螺旋线（绘制螺旋线时不要松开鼠标）。

提示

　　按键盘上的向上和向下方向键可以增减螺旋线的圈数。如果对绘制的螺旋线形状不满意，还可以利用 ▶（直接选择工具）调节锚点和方向线，以改变曲线形状。

图3-101　绘制出一个正圆形

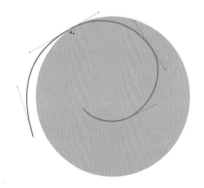

图3-102　绘制螺旋线并调节形状

　　3）这个案例的核心点是"自定义画笔"，下面先来绘制画笔的单元图形，一般要尽可能简洁与概括。方法：利用工具箱中的 ✎（钢笔工具）绘制出一个窄长的小三角形，并填充为白色（为了便于观看，暂时将背景设置为深蓝色），然后利用工具箱中的 ▢（矩形工具）绘制出一个矩形框（"填充"和"描边"都设置为无），如图 3-103 所示。

提示

　　矩形框的宽度以及它与小三角形两侧的距离很重要，它将决定后面自定义画笔形状点的间距，因此矩形框的宽度不能太大。

4）利用工具箱中的 ▣（选择工具）同时选中这个矩形框和小三角形，然后按〈F5〉键打开"画笔"面板，接着单击面板右上角的 ▣ 按钮，从弹出的快捷菜单中选择"新建画笔"命令，如图3-104所示。在弹出的"新建画笔"对话框中选择"图案画笔"单选按钮，如图3-105所示，单击"确定"按钮。最后在弹出的"图案画笔选项"对话框中保持默认设置，如图3-106所示。单击"确定"按钮，此时新创建的画笔会自动出现在"画笔"面板中。

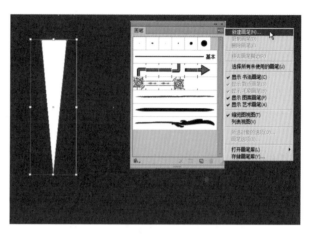

图3-103 绘制出一个小三角形和一个矩形框　　　　　　图3-104 选择"新建画笔"命令

图3-105 "新建画笔"对话框　　　　　　　　　图3-106 "图案画笔选项"对话框

5）选中刚才绘制的螺旋线，然后在"画笔"面板中单击新创建的画笔图标，此时刚才绘制的小三角形会沿螺旋线的走向进行向心排列，从而形成有趣的锯齿状图形，效果如图3-107所示。

6）利用工具箱中的 ◎（螺旋线工具）绘制出另一条螺旋线，然后将其旋转到如图3-108所示的角度。接着利用工具箱中的 ▷（直接选择工具）调节锚点和方向线。最后在"画笔"面板中单击新创建的画笔图标。此时，小三角形会沿螺旋线走向进行向心排列，效果如图3-109所示。

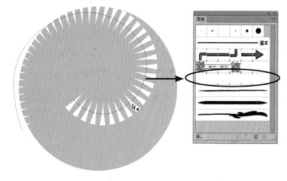

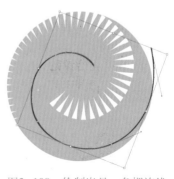

图3-107 选中螺旋线，在"画笔"面板中单击新创建的画笔图标　　　　　图3-108 绘制出另一条螺旋线

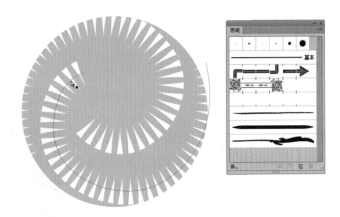

图3-109　选中新的螺旋线，在"画笔"面板中单击新创建的画笔图标

7）利用 （矩形工具）绘制一个黑色的背景，此时能看出白色的画笔图形其实延伸到了绿色圆形之外，因此还需要利用 Illustrator 中的"剪切蒙版"将多余的画笔裁掉。下面先制作作为"剪切蒙版"的剪切形状。方法：利用工具箱中的 （选择工具）先选中绿色的正圆形，然后按快捷键〈Ctrl+C〉进行复制，再按快捷键〈Ctrl+F〉原位粘贴一份，接着按快捷键〈 Shift+Ctrl+]〉将其置于顶层，效果如图 3-110 所示。最后将新复制出的圆形的"填充"和"描边"都设置为无色，这样，"剪切蒙版"的剪切形状就准备好了。

8）利用"剪切蒙版"裁切圆形以外的画笔图形。方法为： 在按住〈Shift〉键的同时利用工具箱中的 （选择工具）单击选择刚才制作好的圆形"蒙版"和所有的画笔图形， 然后执行菜单中的"对象｜剪切蒙版 ｜建立"命令，此时画笔图形超出圆形的部分就被裁掉了，效果如图 3-111 所示。

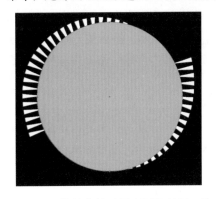

图3-110　将绿色的正圆形原位复制一份

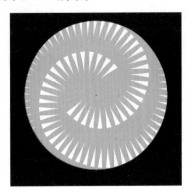

图3-111　通过"剪切蒙版"将画笔图形超出圆形的部分裁掉

9）下面将黑色背景进行删除，此时一个沿螺旋线向心排列，而旋转至圆形边缘时又逐渐消失了的锯齿状图形序列就制作完成了，最终效果如图 3-112 所示。

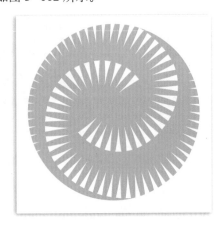

图3-112　最后完成的效果图

3.3.4 制作印染花布图形

要点

本例将制作一个以蝴蝶图案为主的印染作品，如图 3-113 所示。在现代设计中，借鉴、移植传统民间美术的图形不乏其例，本例选取的是一种民间印染花布纹样图形。这一类图形变化十分丰富，纹样以大自然中的花、果、鸟、鱼、蝴蝶为主，辅以简单的几何纹样。其格局为对称式，即中间一幅为独立纹样，上下左右为全对称图形。如果从现代设计的角度来分析，它们在图案构成上基本上是采用平面造型中的点、线、面，突出表现平面感和装饰感，并巧妙地运用斑点的粗细、疏密组合成十分精巧的画面。因此画面既整体规范，又能在千变万化的图形里品味出不同的风格和趣味。通过本例的学习，应掌握利用 Illustrator CC 2015 中的功能精确地完成图案的重复与对称的排列，并且可以得心应手地处理图案上的斑点镂空效果。

图3-113　印染花布图形

操作步骤

1）执行菜单中的"文件 | 新建"命令，在弹出的对话框中设置参数，如图 3-114 所示，然后单击"确定"按钮，新创建一个文件，存储为"制作印染花布图形 .ai"。

2）绘制图案主体——蝴蝶图形。蝴蝶被设计为全对称的图案，因此绘制时先从其一侧形状入手。选取工具箱中的 （钢笔工具），绘制出一个蝴蝶翅膀形状的闭合路径，如图 3-115 所示。然后按〈F6〉键打开"颜色"面板，在面板右上角弹出的菜单中选择 CMYK 命令，将其"填充"设置为一种红色，其参考颜色数值为 CMYK（20，100，70，0）。

提示

绘制完路径后，还可以用工具箱中的 （铅笔工具）对路径进行修改。方法为：首先选中路径，然后使用 （铅笔工具）在路径上要修改的部分画线，达到所要求的形状时释放鼠标，路径形状会随着新画的轨迹而修改，此方法主要用于形状的细微调整。

图3-114　设置"新建文档"参数

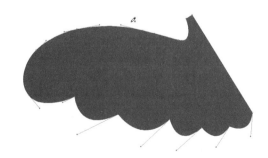

图3-115　绘制蝴蝶图形左侧形状

3）利用工具箱中的 （选择工具）选中左侧蝴蝶图形，然后选择工具箱中的 （镜像工具），在如图 3-116 所示的位置单击，设置新的镜像中心点。接下来，按住〈Alt〉键（这时光标变成黑白相叠的两个小箭头）并拖动左侧蝴蝶图形向右转动，直到左右两侧蝴蝶翅膀完全吻合对齐后释放鼠标，效果如图 3-117 所示。

图3-116　设置镜像中心点　　　　　　　　　　图3-117　通过镜像操作得到右侧蝴蝶翅膀形状

4）将左右蝴蝶图形连接成一个整体，以便于后面的操作。方法为：**按快捷键〈Shift+Ctrl+F9〉打开"路径查找器"面板，在其中单击** （联集）按钮，将左右两个图形合为一个完整的闭合路径。图形相加后填充色有可能会改变，下面将其"填充"设置为红色，参考颜色数值为 CMYK（20，100，70，0），"描边"设置为橘黄色，参考颜色数值为 CMYK（0，50，100，0），描边"粗细"设置为 1 pt，效果如图 3-118 所示。

图3-118　将左右蝴蝶图形合为一个完整的闭合路径

5）选择工具箱中的 （直接选择工具）选中蝴蝶路径，执行菜单中的"对象｜路径｜偏移路径"命令，在弹出的如图 3-119 所示的对话框中将"位移"设置为 -4 px，单击"确定"按钮。结果，蝴蝶路径向内收缩了一圈，如图 3-120 所示。

提示

"偏移路径"对话框中的"位移"设置为负的数值会使路径向内收缩，而正的数值会使路径向外扩张。

图3-119　"偏移路径"对话框　　　　　　　图3-120　应用"偏移路径"命令得到收缩的形状

6）选用工具箱中的 ✂（剪刀工具）将已收缩的路径从中间剪开，然后利用工具箱中的 ✍（删除锚点工具）将路径两端的锚点各删除一个，剩下的路径形状如图 3-121 所示。

7）对蝴蝶翅膀进行一系列的装饰，在民间染织图样中常常用许多细密的小圆点组成花纹，此处不用实线而采用密点来代替，并且不用大块的花纹，而用稍大些的密点来体现。这样在效果上既不杂乱，又不呆板，显得丰富而有层次，这种花纹又称为细点花纹。下面开始由外及内制作各种以密点为主的装饰纹理，首先先将轮廓路径转为点状连接。方法为：按快捷键〈Ctrl+F10〉打开"描边"面板（见图 3-122），将"粗细"设置为 3 pt。然后在面板上单击"圆头端点"按钮，再选择"虚线"复选框，在面板下部第一个文本框内输入 0 pt，第二个文本框内输入 5 pt（用于控制虚点排列的间隙大小），后面其他的文本框全设为 0 pt，这样可得到均匀的圆点虚线。最后，将"填充"设置为蓝色，参考颜色数值为 CMYK（100，80，0，0），"描边"设置为橘黄色，参考颜色数值为 CMYK（0，50，100，0），效果如图 3-123 所示。

图3-121　将收缩后的路径从中间剪成两段

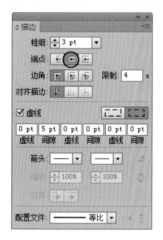

图3-122　在"描边"面板中设置虚线参数

图3-123　将轮廓路径转为黄色圆点状连接

8）参考如图 3-124 所示的效果，请读者自己完成蝴蝶身上其他图案和圆点线段，两个翅膀的图案呈完全对称状排布。

💡 提示

　　其中绿色图形可用工具箱中的 ✍（钢笔工具）绘出，而其他点线设置方法与本例步骤7）相同，圆点的大小可通过改变"描边"面板中的"粗细"数值来调整。

9）自己设计一种笔触，用以制作蝴蝶翅膀上一种特殊的细密纹理。方法为：应用工具箱中的 ◯（椭圆工具），按住〈Shift〉键拖动鼠标，绘制出一个从中心向外发散的正圆形（圆形仅用于定义笔触，因此绘制得尽量小一些）。将其"填充"设置为白色，"描边"设置为无。

10）应用"多重复制"的方法将白色小圆形复制出一排。方法为：选择工具箱中的 ▶（选择工具）选中这个圆形，将其向右拖动时先后按住〈Alt〉键和〈Shift〉键（向右拖动的过程中复制出一份，并保持水平对齐），得到第一个复制单元。

图3-124　完成蝴蝶身上其他的小图案和圆点线段

然后，反复按快捷键〈Ctrl+D〉，自动复制出 10 个等距排列且水平对齐的白色圆形，效果如图 3-125 所示。

图3-125 多重复制得到一排等距的白色小圆形

11）在自定义画笔之前，需要先将这些小圆形存储为"图案"单元。方法：执行菜单中的"窗口｜色板"命令，打开"色板"面板，将这 10 个小圆形直接拖动到"色板"面板中，自动存储为一个新的图案单元，如图 3-126 所示。在"色板"面板中双击该图案单元，在打开的如图 3-127 所示的"色板选项"对话框中更改图案名称为"白色圆形"。

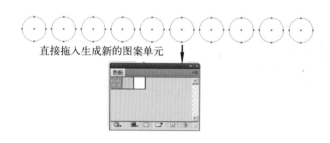

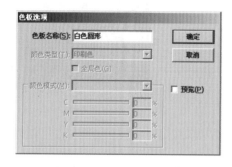

图3-126 将10个圆形直接拖入"色板"中生成新图案单元

图3-127 更改图案名称

12）按〈F5〉键，打开如图 3-128 所示的"画笔"面板，然后在面板下部单击 （新建画笔）按钮，在打开的"新建画笔"对话框中设置参数（见图 3-129），在 4 种画笔类型中选中"图案画笔"，单击"确定"按钮。接着在弹出的"图案画笔选项"对话框的"名称"文本框中输入"对称图案"。"名称"文本框下面有 5个小的方框，分别代表 5 种图案，从左到右依次为：图案周边、外拐角、内拐角、开头和结尾。这里要定义的是一种简单的点状图案画笔，因此只需点中第一个小方框，在下面的列表中选择刚才制作好的"白色圆形"即可，如图 3-130 所示。最后单击"确定"按钮，新定义的画笔会自动添加到"画笔"面板列表中。

提示

Illustrator中包含4种类型的画笔：书法、散点、图案和艺术画笔，其中"图案画笔"可绘制出由图案组成的路径，图案沿路径不停重复，因此很容易实现对称的构图。

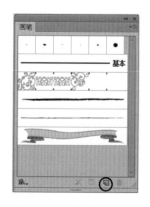

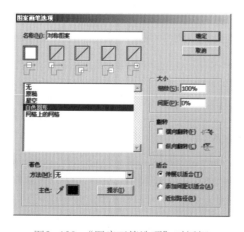

图3-128 "画笔"面板

图3-129 "新建画笔"对话框

图3-130 "图案画笔选项"对话框

13）试验一下刚才新建的图案画笔的效果。应用工具箱中的 （钢笔工具）在图中绘制出一条曲线路径，然后在"画笔"面板列表中选择"对称图案"，随着绘制线条的形状和长短的不同，绘制出的图案会发生一定的变形，效果如图 3-131 所示。

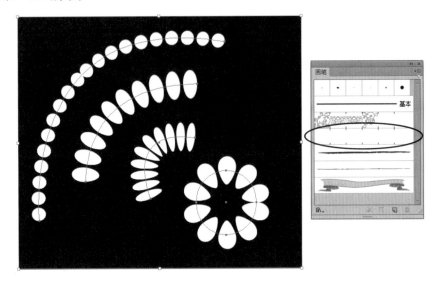

图3-131　随着绘制线条的形状和长短不同，画出的图案会发生一定的变形

14）应用这种变化的画笔在蝴蝶翅膀上添加弧形花纹，如图 3-132 所示，产生了一种绵密繁复的美感。

15）在本例蝴蝶的造型上，已由写实迈向了图案化的边缘。图案的构成元素简洁明了，疏密有致。下面还剩下一些细节，如蝴蝶一对卷曲的前须、眼睛等部分的添加，在绘制时注意保持图案局部的对称性，完成的效果如图 3-133 所示。然后利用工具箱中的 ▶ （选择工具）将所有构成蝴蝶的图形都选中，按快捷键〈Ctrl+G〉将它们组成一组。

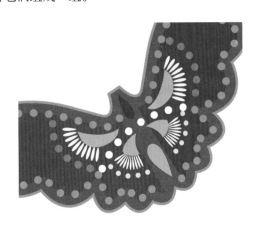

图3-132　用图案画笔在蝴蝶翅膀上添加弧形花纹　　　　　　图3-133　完成的蝴蝶图案

16）以蝴蝶为核心单元，开始制作一系列的对称构成图形。"对称构成"即完全以严格的对称原理构成的图形，对称的图形具有稳定、整齐之感，基本单元图形经过对称与复制还可以形成出乎意料的新的形状。下面先将蝴蝶图案进行对称排列。

方法为：执行菜单中的"视图｜标尺｜显示标尺"命令，调出标尺，将鼠标分别移至水平标尺和垂直标尺内，拉出两条交汇于页面中心的参考线，此点坐标为（250px，250px），将这一交点作为对称的中心点。然后，将蝴蝶图案移至如图 3-134 所示参考线的左上部分。接着利用工具箱中的 ▣ （镜像工具），在中心点位置处单击，设置新的镜像中心点。之后按住〈Alt〉键（这时光标变成黑白相叠的两个小箭头）并拖动蝴蝶图形向右转动，释放鼠标后得到右侧对称图形。

17）同理，再得到如图 3-135 所示的中心点下部其他两个蝴蝶对称图形，形成整齐而又富有情调的 4 个对称蝴蝶组合图案。

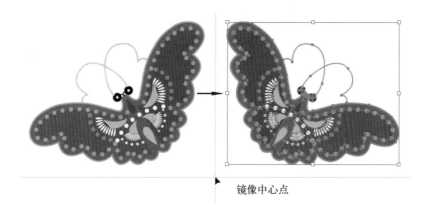

镜像中心点

图3-134 以页面中心为对称中心点，得到右侧镜像图形

提示

用镜像工具加〈Alt〉键拖动图形向右转动时，可再按住〈Shift〉键，以确保复制图形与原图形水平或垂直对齐。

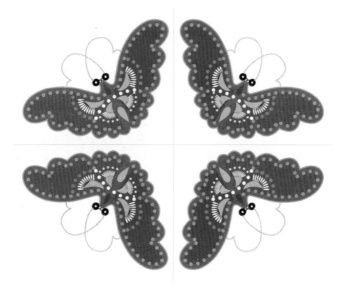

图3-135 形成整齐的4个对称蝴蝶组合图案

18）在整个图案对称中心的空白处需要放置一朵复瓣的花形。方法为：先用工具箱中的 ✐ （钢笔工具）绘制出 1/4 的花形部分，如图 3-136 所示，以下的制作方法可举一反三。同理，通过复制与镜像的手法来拼接出一朵花的形状，花形上面排列着表示花瓣的白色小圆点，制作方法不再赘述，如图 3-137 所示。

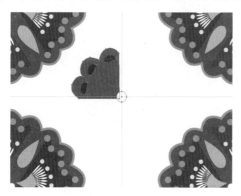

图3-136 制作四分之一花形部分

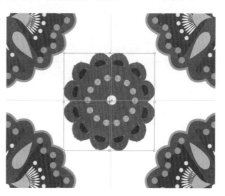

图3-137 中心对称的复瓣花形

19）制作一个完全对称的带装饰圆角的衬底图形，先绘制它的单元图形。方法为：选择工具箱中的 （圆角矩形工具）在页面上单击，在弹出的"圆角矩形"对话框中设置参数，如图 3-138 所示。然后拖动鼠标绘制出一个圆角矩形，将其"填充"设置为蓝色，参考颜色数值为 CMYK（90，70，0，40），"描边"设置为"无"。

20）用工具箱中的 （选择工具）选中这个圆角矩形，然后在工具选项栏右侧单击"变换"按钮，打开如图 3-139 所示的"变换"面板，在面板左下角将"旋转"栏设置为 45。

21）按住〈Alt〉键拖动图形，再复制出另外 3 个圆角矩形，如图 3-140 所示。

> **提示**
>
> 为了精确对位，最好先设置4条辅助线，以使4个圆角矩形的中心点对齐。

22）将 4 个分离的圆角矩形合成一个完整形状，消除内部重叠的路径。方法为：应用工具箱中的 �（选择工具）同时选中这 4 个圆角矩形，然后按快捷键〈Shift+Ctrl+F9〉打开"路径查找器"面板。在其中先单击 ⬚（联集）按钮，再单击面板右侧的"扩展"按钮，此时 4 个圆角矩形合为一个完整的闭合路径，效果如图 3-141 所示。

> **提示**
>
> 图形相加后填充色有可能会改变，请重新进行设置。

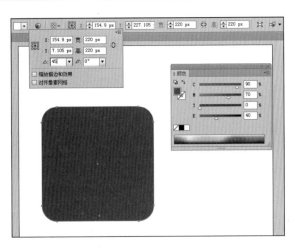

图3-138 "圆角矩形"对话框   图3-139 在"变换"面板中将圆角矩形旋转45°

图3-140 利用参考线使4个圆角矩形对齐   图3-141 将4个图形合为一个完整的闭合路径

23）选择工具箱中的 ▓（选择工具）选中刚才制作完成的复合图形，执行菜单中的"对象｜排列｜置于底层"

命令，将其移至蝴蝶图案的下面（所有图形以参考线为准中心对称），效果如图3-142所示。

24）利用工具箱中的 （矩形工具），按住〈Shif+Alt〉键，从参考线的交点出发向外拖动鼠标，绘制出一个从中心向外发散的正方形，将其"填充"设置为蓝色，参考颜色数值为CMYK（100，80，0，70），"描边"设置为"无"。接着，执行菜单中的"对象｜排列｜置于底层"命令，将其放置到所有图形的下面，作为整体背景，效果如图3-143所示。

图3-142　将蓝色装饰图形置于蝴蝶图案下面

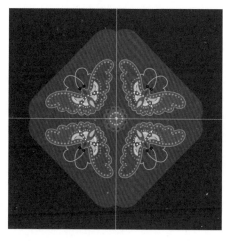

图3-143　绘制深蓝色整体背景

25）带圆角的复合图形轮廓也需要以细点来进行修饰，这样符合该图案整体的风格。先将其路径轮廓复制一份并向外扩大一圈，然后再转为点状线。方法为：用工具箱中的 （直接选择工具）选中带有圆角的复合图形，执行菜单中的"对象｜路径｜偏移路径"命令，然后在弹出的对话框中设置参数（见图3-144），将"位移"设置为3 px，单击"确定"按钮，效果如图3-145所示。可以看到复合图形被复制出一份，复制图形的外轮廓明显地向外扩展了一圈。

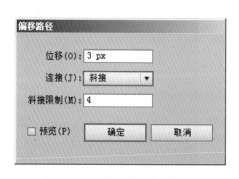

图3-144　"偏移路径"对话框

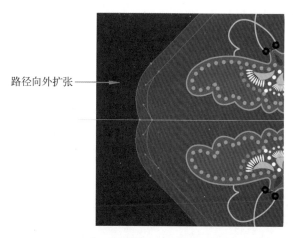

图3-145　通过"偏移路径"命令使路径向外扩张

26）利用工具箱中的 （直接选择工具）选中位于最外圈的路径（也就是新扩张出来的路径），将其"填充"设置为无，"描边"设置为蓝色，参考颜色数值为CMYK（90，70，0，40）。然后在"描边"面板中设置参数，如图3-146所示。选择"圆头线端"按钮，再选中"虚线"复选框，在面板下部第一个文本框内输入0 pt，第二个文本框内输入8 pt（用于控制虚点排列的间隙大小），后面其他的文本框全设为0 pt。细密而均匀的蓝色圆点虚线环绕图案排列，将图案边缘修饰得更为精致，如图3-147所示。

图3-146 在"描边"面板中设置虚线参数   图3-147 扩张后的路径被描上一圈均匀的蓝色圆点

27）蝴蝶图案的外围还有4朵牡丹花形的对称排布，这种四角对称的均衡构图在民间印染花样中应用较多，花形仍采用浅黄色虚点构成，而环绕花形排列的叶片可用工具箱中的 ✎（铅笔工具）来绘制，因为 ✎（铅笔工具）相比较 ✐（钢笔工具）具有更大的随意性，绘制这种自然图形非常适合，请读者自己绘制叶片图案，并注意其排布在花形两侧所构成的对称性，如图3-148所示。

💡 **提示**

牡丹花形"描边"的参考色值为CMYK（0，0，70，0），叶片"填充"的参考色值为CMYK（60，0，50，0）。

28）在深蓝色背景上再添加一圈点状线，完成整幅图案的制作。通过此例，读者可充分体会到在图案构成上常用的重复与对称的手法，基本单元图形经过不断的对称与复制之后可以形成复杂的视觉感受，再巧妙地运用点的粗细、疏密组合，可得到既规范、整齐而又妙趣横生的对称构成图形。最后完成的效果如图3-149所示。

图3-148 利用对称原理得到牡丹花形和叶片造型   图3-149 最后完成的图案效果

课 后 练 习

1. 利用另一种图案画笔来制作锁链，如图3-150所示。

2. 利用符号工具制作海报，效果如图 3-151 所示。

图3-150 锁链效果 图3-151 海报效果

文本和图表 **第4章**

本章重点

文本编辑是 Illustrator CC 2015 一个重要功能。利用 Illustrator CC 2015 不仅可以创建横排或竖排文本，还可以编辑文本的属性，如字体、字距、间间距、行间距及文字的对齐方式等。另外，还可以制作各种文字特效和进行图文混排。

Illustrator CC 2015 提供了 9 种图表工具。利用这些工具可以根据需求，制作各种类型的数据图表。此外，还可以对所创建的图表进行数据数值的设置、图表类型的更改，并可以将自定义的图案应用到图表中。

通过本章学习，应熟练掌握 Illustrator CC 2015 文本的多种编辑方法和图表的应用。

4.1　文本的编辑

文本的编辑包括创建文本的方式、编辑文本的字符格式和编辑文本的其他操作 3 部分内容。

4.1.1　创建文本的方式

Illustrator 的文本操作功能非常强大，其工具箱中提供了 T（文字工具）、T（区域文字工具）、（路径文字工具）、IT（直排文字工具）、IT（直排区域文字工具）和（直排路径文字工具）6 种文本工具，如图 4-1 所示。使用它们可以创建 3 种文本：点文本、区域文本和路径文本。另外，通过执行"文件|打开"或"文件|置入"命令和"复制"和"粘贴"命令，可以获得其他程序创建的文本。

1. 点文本

使用 T（文字工具）和 IT（直排文字工具）在页面商任意位置单击，就可以创建点文本。在单击处将出现一个不断闪烁着的表示当前文本插入点的光标，该光标也被称

图4-1　6种文本工具

为"I"型光标，表示此时用户可以用键盘输入文字，按下 <Enter> 键可以换行。当完成一个文本对象的输入时，单击工具箱中的 T（文字工具）可以同时将当前文本作为一个对象选中（此时"I"型光标消失），并指向下一个文本对象的开始处。如果要编辑文本，可以用 T（文字工具）单击要编辑的文本即可；如果要将文本选取为一个对象，可以选择任意工具单击即可。

2. 区域文本

创建区域文本的方法有两种：

1）使用 T（文字工具）在页面上单击并拖动，创建一个矩形框，可以在其中输入文本。一旦定义了矩形

框，将出现"I"型光标，等待用户输入文本。当输入的文本到达矩形框的边缘时，文字将自动换行。

2）使用任意工具创建一个图形路径，然后使用工具箱中的 （区域文字工具）和 （直排区域文字工具）在路径上单击，即可在路径内部放置文本。

提示

按住键盘上的<Shift>键，可在相似工具间进行水平和垂直方向的切换。

当创建了区域文本后，使用工具箱中的 ▶（直接选择工具）选中一个节点并将其移动到新的位置，能够扭曲路径形状，或者调整方向线也能够改变路径形状。此时，路径内的文本也将随着路径形状的变化而重新排列。

3．路径文本

使用 ✓（路径文字工具）和 ✓（直排路径文字工具）在路径上单击，即可创建沿路径边界排列的文本。

当创建了路径文本后，会出现 3 个标记，如图 4-2 所示。其中，位于起始和结束处的标记代表路径文字的入口和出口，可以通过移动它们的位置来调整文字在路径上的位置；位于中间的标记用来控制路径文本的方向，按住鼠标直到出现一个到"T"形的图标，然后可以通过拖动它将文本翻到路径的另一边，如图 4-3 所示。

提示

与区域文本相似，使用工具箱中的 ▶（直接选择工具）改变路径形状时，路径上的文本将自动重新调整以适合新路径。

图4-2　路径文本上的3个标记

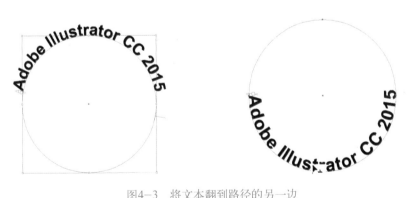

图4-3　将文本翻到路径的另一边

在创建了路径文本后，如果要对路径文本的属性进行修改，可以双击工具箱中任意一种文本工具，在弹出的图 4-4 所示的"路径文字选项"对话框中进行设置。

图4-4　"路径文字选项"对话框

- 效果：在"效果"右侧下拉列表框中有"彩虹效果""倾斜效果""3D带状效果""阶梯效果"和"重力效果"5 个选项可供选择。
- 翻转：选中"翻转"选项，会自动将文本跳到路径的另一边。
- 对齐路径在"对齐路径"右侧下拉列表框中有"字母上缘""字母下缘""中央"和"基线"4 个选项可供选择。

● 间距：用于调整文本围绕曲线移动时，文本之间的距离。

4.1.2 字符和段落格式

在 Illustrator CC 2015 中可以对所创建的文本进行编辑，如选择文字、改变字体大小和类型 、设置文本的行距、设置文本的字距等，从而能够更加自由编辑文本对象中的文字，使其更符合整体版面的设计要求。

1. "字符"面板

"字符"面板，如图 4-5 所示。可以使用"字符"面板为文档中的单个字符应用格式设置选项。这里需要说明的是在"字符"面板中还可以为文本设置下画线和删除线，如图 4-6 所示。

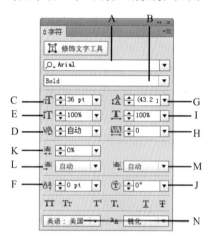

图4-5 "字符"面板

A—字体；B—字体样式；C—字体大小；D—两个字符间的字距微调；E—垂直缩放；F—基线偏移；G—行距；
H—所选字符间的字距调整；I—水平缩放；J—字符旋转；K—比例间距；L—插入空格（左）；M—插入空格（右）；N—语言

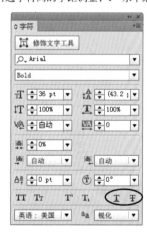

图4-6 为文本设置下划线和删除线

2. "段落"面板

"段落"面板，如图 4-7 所示。可以使用"段落"面板来更改列和段落的格式。

当选择了文字或文字工具处于现用状态时，也可以使用操作界面顶部的选项面板中的选项来设置段落格式，如图 4-8 所示。

3. "字符样式"和"段落样式"面板

"字符样式"和"段落样式"面板如图 4-9 所示。可以从头开始或者基于已有的样式创建新的字符和段落样式。还可以更新样式的属性。

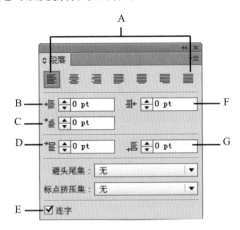

图4-7　"段落"面板

图4-8　段落选项面板

A—对齐方式；B—左缩进；C—首行左缩进；D—段前间距；
E—连字；F—右缩进；G—段后间距

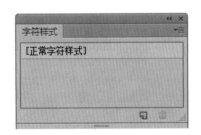
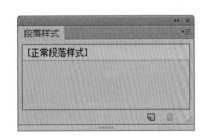

图4-9　"字符样式"和"段落样式"面板

（1）创建新的样式

创建新的样式的操作步骤如下：

1）使用当前文本的样式作为默认样式，并使用默认的名称。

2）在"字符样式"或"段落样式"面板中单击面板下方的 🗌（创建新样式）按钮，即可新建样式。

3）如果要在创建样式时给新样式重命名，可以单击"字符样式"面板右上方的 按钮，从弹出的快捷菜单中选择"新建字符样式"命令；或者单击"段落样式"面板右上方的 按钮，从弹出的快捷菜单中选择"新建段落样式"命令，在弹出的对话框中为新样式命名。

（2）在已有的样式上创建新样式

在已有的样式上创建新样式的操作步骤如下：

1）在"字符样式"或"段落样式"面板中选择已有的样式。

2）单击"字符样式"面板右上方的 按钮，从弹出的快捷菜单中选择"复制字符样式"命令；或者单击"段落样式"面板右上方的 按钮，从弹出的快捷菜单中选择"复制段落样式"命令，新复制的样式即会出现在面板中。

（3）更改新的或已有样式的属性

更改新的或已有样式的属性的操作步骤如下：

1）在"字符样式"或"段落样式"面板中选取样式的名称，然后从弹出的菜单中选择"字符样式选项"或"段落样式选项"命令。

2）在弹出的对话框中设置样式属性，包括字体、字体大小、颜色等基本特征和OpenType特征。

（4）应用样式

1）选中要格式化的文本。

2）单击"字符样式"或"段落样式"面板中的样式名称即可。

4.1.3　编辑文本的其他操作

Illustrator CC 2015还提供了多种文本对象的编辑操作，如文本的选择、文本的复制与粘贴、更改文本排列方向、将文本转换为路径和将图片与文字进行混排等。

1. 选择文本

如果要对文本进行编辑操作，必须先将其选中，然后才能进行相应的操作。选中文本的方法有两种：一种是选择整个文本块；另一种是选择文本块中的某一部分文字。

（1）选择整个文本块

选择整个文本块的具体操作步骤如下：选择工具箱中的 ▶（选择工具），然后在该文本块中单击鼠标，即可选中整个文本块，并且选中的文本块四周将显示文本框，如图4-10所示。

（2）选择文本块中的某一部分文字

选择文本块中的某一部分文字的具体操作步骤如下：选择工具箱中的 T（文字工具）或 IT（直排文字工具），然后选择需要选择的文字前端或后端单击并拖动，此时拖动经过的文字将反相显示，即表示该部分文字已被选中，如图4-11所示。

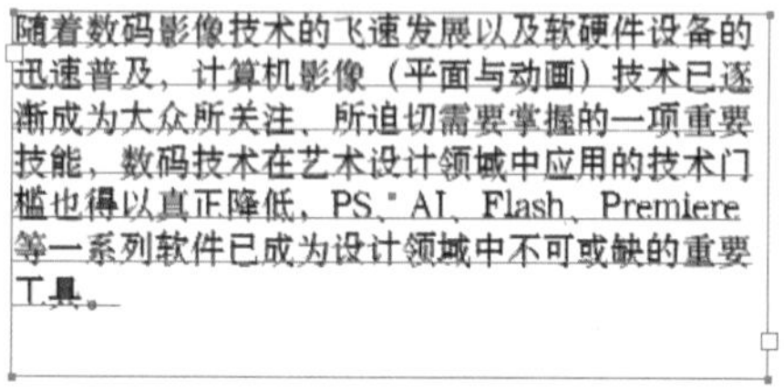

图4-10　选择整个文本块 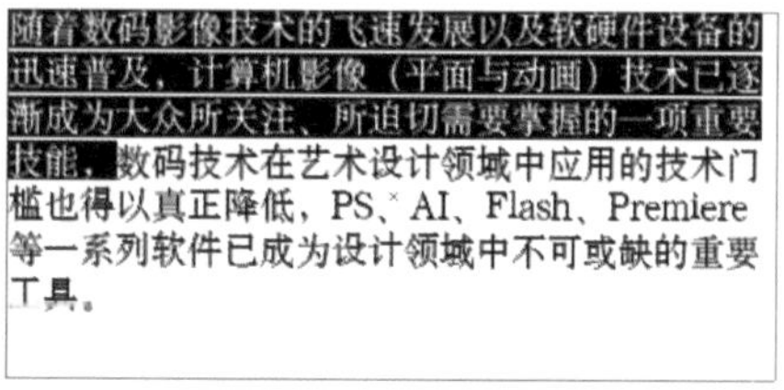　　　　　　　　图4-11　选择文本块中的某一部分文字

> **提示**
>
> 将鼠标光标定位在文本中，然后在按<Ctrl+Shift>键的同时，按向上箭头键，此时可选中该段落中光标上面的所有文字；如果按<Ctrl+Shift>键的同时，按向下箭头键，此时可选择该段落中光标下面的所有文字；每按一次向上箭头键（向下箭头键），便可选择一行文字；如果在段落中连续快速单击鼠标3次，即可选中整个段落。

2. 剪切、复制和粘贴文本

使用"编辑"菜单中的"复制""剪切"和"粘贴"命令，可以对创建的文本对象进行同一文本对象中不同位置之间或不同文本对象之间的复制、剪切和粘贴文本对象等操作。

（1）剪切文本

剪切文本的操作步骤：使用工具箱中的 T（文字工具）或 IT（直排文字工具），在绘图区中选择要进行剪切操作的文本，然后执行菜单中的"编辑 | 剪切"（快捷键<Ctrl+X>）命令，即可剪切所选择的文本。

（2）复制和粘贴文本

复制与粘贴文本的操作步骤：使用工具箱中的 T（文字工具）或 IT（直排文字工具），在绘图区中选择要进行操作的文本，然后执行菜单中的"编辑 | 复制"（快捷键<Ctrl+C>）命令，接着在需要粘贴的位置单击，从而确定插入点。最后执行菜单中的"编辑 | 粘贴"（快捷键<Ctrl+V>）命令，即可粘贴所复制的文本。

3. 双效吸管

利用 ✐（吸管工具）能将一个文本对象的外观属性（包括描边、填充、字符和段落属性）复制到另一个文本对象。在Illustrator CC 2015中，吸管工具有"取样吸管"和"应用吸管"两种模式，因此又叫双效吸管。

利用双效吸管可以将文本格式从一个对象复制到另一个对象，具体操作步骤如下：

1）选择工具箱中的 ![] (吸管工具)，将其放在未选去的文本对象上，此时会看到吸管处于采样模式，当它在文本对象上正确定位后，吸管处于取样模式 ![]，旁边有个小"T"，表示当前是对文本进行取样，如图4-12所示，单击文本对象即可提取它的属性，此时吸管变成了 ![] 形状，吸管中出现了油墨，表示已经采样了文本的属性。

图4-12　将吸管工具在文本对象上正确定位的状态

2）将吸管放在未选中的文本对象上，如图 4-13 所示。然后按键盘上的 <Alt> 键，此时吸管变成了应用模式 ![]，单击文本即可应用刚才在第 1 个文本对象上采样的属性，结果如图 4-14 所示。

图4-13　将吸管放在未选中的文本对象上

图4-14　应用文本对象上采样的属性

如果要重新设置 ![] (吸管工具) 采样并应用何种属性，可以双击工具箱中的 ![] (吸管工具)，在弹出的"吸管选项"对话框中再次进行设置，如图 4-15 所示。

图4-15　"吸管选项"对话框

4. 转换文本排列方向

Illustrator CC 2015还提供了转换文本对象排列方向的功能。执行在绘图区中选择需要转换排列方向的文本，然后执行菜单中的"文字 | 文字方向 | 水平"或"文字 | 文字方向 | 垂直"命令，即可将选择的文本对象转换成水平或垂直排列方向。

5. 将文本转换为轮廓

（1）为什么要将文本转换为轮廓

将文本转换为轮廓有 3 种情况：

- 进行图形转换、扭曲组成单词或字母的单个曲线或描点。对一个单词来说，可以实现从最微小的拉伸到极端的扭曲的各种转换。
- 把文本输出到其他程序中保持字母和单词的距离。许多能够导入 Illustrator 创建的、可编辑的程序并不支持用户自定义的特殊字距和单词词句，因此在包含自定义单词和字母间距的情况下，在导出 Illustrator 文本前最好将文本转换为轮廓。
- 防止字体丢失。为了防止对方客户没有当初设计时所需字体而出现字体替换的情况，将文本转换为轮廓是十分必要的。

> **提示**
>
> 不要将小字号的文本转换为轮廓。这是因为小字号的文本对象转换为轮廓后在屏幕上看起来将不如转换前清晰。

（2）将文本转换为轮廓的方法

1）利用工具箱中的 ▣（直接选择工具）选择所有要转换为轮廓的文本（选择了非文本对象也没关系），如图 4-16 所示。

2）执行菜单中的"文字|创建轮廓"命令，即可将文本转换为轮廓，如图 4-17 所示。

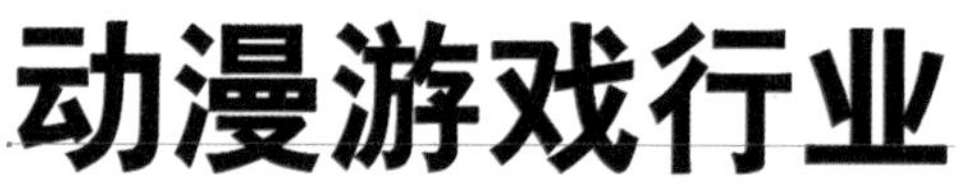

图4-16　选择文本

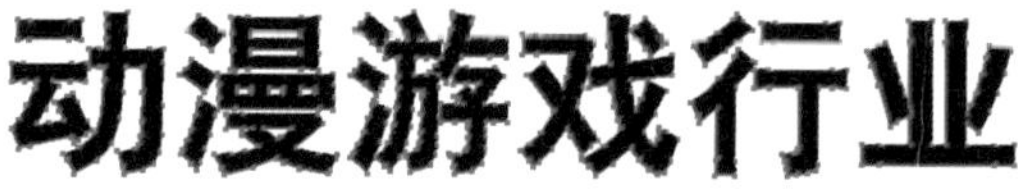

图4-17　将文本转换为轮廓

6. 将图片和文本进行混排

Illustrator CC 2015 具有较好的图文混排功能，可以实现常见的图文混排效果。和文本分栏一样，进行图文混排的前提是用于混排的文本必须是文本块或区域文字，不能是直接输入的文本和路径文本，否则将无法进行图文混排操作。在文本块中插入的图形可以是任意形态的图形路径，还可以是置入的位图图像和画笔工具创建的图形对象，但需要经过处理后才可以使用。

（1）规则图文混排

所谓图文混排是指文本对象按照规则的几何路径与图形（或图像）对象进行混合排列。规则的几何路径可以是矩形、正方形、圆形、多边形和星形等图形形状。

创建规则图文混排的具体操作步骤如下：

1）使用工具箱中的 ▣（文字工具）在绘图窗口中输入一段文本，如图 4-18 所示。

2）执行菜单中的"文件|置入"命令，置入一幅图片，然后将其移动到文本对象上方。接着同时选择文本和图片，执行菜单中的"对象|文本绕排|建立"命令，即可创建图文混排，如图 4-19 所示。

（2）不规则图文混排

所谓不规则图文混排是指文本对象按照非规则的路径、图形或图像进行混合排列。如果所绘制或置入的是不规则的图形对象，可以直接将其移至所需混排的文本对象上，再将图形对象调整至文本对象的前面。然后执行菜单中的"对象|文本混排|文本绕排选项"命令，在弹出的图 4-20 所示的对话框中设置"位移"数值，单击"确定"按钮，即可创建不规则的图文混排效果，如图 4-21 所示。

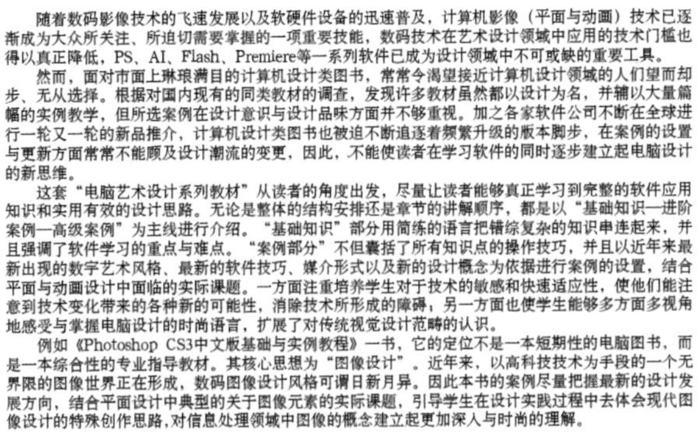

随着数码影像技术的飞速发展以及软硬件设备的迅速普及，计算机影像（平面与动画）技术已逐渐成为大众所关注、所迫切需要掌握的一项重要技能，数码技术在艺术设计领域中应用的技术门槛也得以真正降低，PS、AI、Flash、Premiere等一系列软件已成为设计领域中不可或缺的重要工具。

然而，面对市面上琳琅满目的计算机设计类图书，常常令渴望接近计算机设计领域的人们望而却步、无从选择。根据对国内现有的同类教材的调查，发现许多教材虽然都以设计为名，并辅以大量篇幅的实例教学，但所选案例在设计意识与设计品味方面并不够重视。加之各家软件公司不断在全球进行一轮又一轮的新品推介，计算机设计类图书也被迫不断追逐着频繁升级的版本脚步，在案例的设置与更新方面常常不能顾及设计潮流的变更，因此，不能使读者在学习软件的同时逐步建立起电脑设计的新思维。

这套“电脑艺术设计系列教材”从读者的角度出发，尽量让读者能够真正学习到完整的软件应用知识和实用有效的设计思路。无论是整体的结构安排还是章节的讲解顺序，都是以“基础知识—进阶案例—高级案例”为主线进行介绍。“基础知识”部分用简练的语言把错综复杂的知识串连起来，并且强调了软件学习的重点与难点。“案例部分”不但囊括了所有知识点的操作技巧，并且以近年来最新出现的数字艺术风格、最新的软件技巧、媒介形式以及新的设计概念为依据进行案例的设置，结合平面与动画设计中面临的实际课题。一方面注重培养学生对于技术的敏感和快速适应性，使他们能注意到技术变化带来的各种新的可能性，消除技术所形成的障碍；另一方面也使学生能够多方面多视角地感受与掌握电脑设计的时尚语言，扩展了对传统视觉设计范畴的认识。

例如《Photoshop CS3中文版基础与实例教程》一书，它的定位不是一本短期性的电脑图书，而是一本综合性的专业指导教材。其核心思想为“图像设计”。近年来，以高科技技术为手段的一个无界限的图像世界正在形成，数码图像设计风格可谓日新月异。因此本书的案例尽量把握最新的设计发展方向，结合平面设计中典型的关于图像元素的实际课题，引导学生在设计实践过程中去体会现代图像设计的特殊创作思路，对信息处理领域中图像的概念建立起更加深入与时尚的理解。

图4-18　输入文本

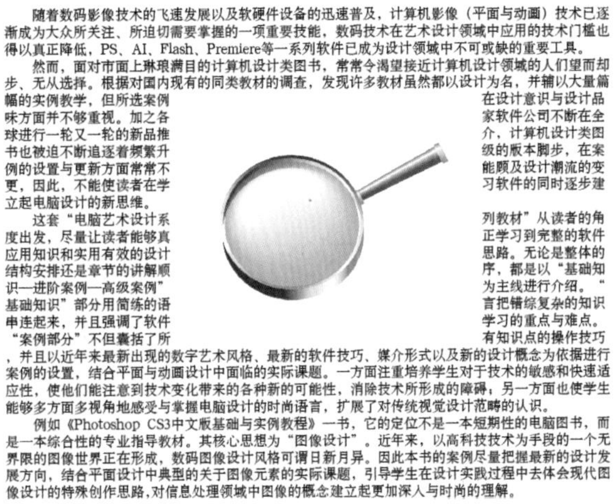

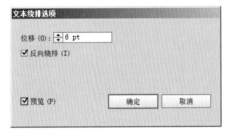

随着数码影像技术的飞速发展以及软硬件设备的迅速普及，计算机影像（平面与动画）技术已逐渐成为大众所关注、所迫切需要掌握的一项重要技能，数码技术在艺术设计领域中应用的技术门槛也得以真正降低，PS、AI、Flash、Premiere等一系列软件已成为设计领域中不可或缺的重要工具。

然而，面对市面上琳琅满目的计算机设计类图书，常常令渴望接近计算机设计领域的人们望而却步、无从选择。根据对国内现有的同类教材的调查，发现许多教材虽然都以设计为名，并辅以大量篇幅的实例教学，但所选案例在设计意识与设计品味方面并不够重视。加之各家软件公司不断在全球进行一轮又一轮的新品推介，计算机设计类图书也被迫不断追逐着频繁升级的版本脚步，在案例的设置与更新方面常常不能顾及设计潮流的变更，因此，不能使读者在学习软件的同时逐步建立起电脑设计的新思维。

这套“电脑艺术设计系列教材”从读者的角度出发，尽量让读者能够真正学习到完整的软件应用知识和实用有效的设计思路。无论是整体的结构安排还是章节的讲解顺序，都是以“基础知识—进阶案例—高级案例”为主线进行介绍。“基础知识”部分用简练的语言把错综复杂的知识串连起来，并且强调了软件学习的重点与难点。“案例部分”不但囊括了所有知识点的操作技巧，并且以近年来最新出现的数字艺术风格、最新的软件技巧、媒介形式以及新的设计概念为依据进行案例的设置，结合平面与动画设计中面临的实际课题。一方面注重培养学生对于技术的敏感和快速适应性，使他们能注意到技术变化带来的各种新的可能性，消除技术所形成的障碍；另一方面也使学生能够多方面多视角地感受与掌握电脑设计的时尚语言，扩展了对传统视觉设计范畴的认识。

例如《Photoshop CS3中文版基础与实例教程》一书，它的定位不是一本短期性的电脑图书，而是一本综合性的专业指导教材。其核心思想为“图像设计”。近年来，以高科技技术为手段的一个无界限的图像世界正在形成，数码图像设计风格可谓日新月异。因此本书的案例尽量把握最新的设计发展方向，结合平面设计中典型的关于图像元素的实际课题，引导学生在设计实践过程中去体会现代图像设计的特殊创作思路，对信息处理领域中图像的概念建立起更加深入与时尚的理解。

图4-19　创建的规则图文混排效果

文本绕排选项
位移 (O)：6 pt
反向绕排 (I)
预览 (P)
确定
取消

图4-20　“文本绕排选项”对话框

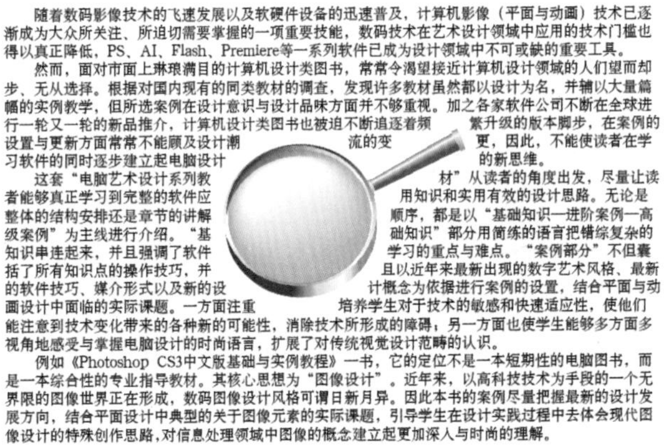

随着数码影像技术的飞速发展以及软硬件设备的迅速普及，计算机影像（平面与动画）技术已逐渐成为大众所关注、所迫切需要掌握的一项重要技能，数码技术在艺术设计领域中应用的技术门槛也得以真正降低，PS、AI、Flash、Premiere等一系列软件已成为设计领域中不可或缺的重要工具。

然而，面对市面上琳琅满目的计算机设计类图书，常常令渴望接近计算机设计领域的人们望而却步、无从选择。根据对国内现有的同类教材的调查，发现许多教材虽然都以设计为名，并辅以大量篇幅的实例教学，但所选案例在设计意识与设计品味方面并不够重视。加之各家软件公司不断在全球进行一轮又一轮的新品推介，计算机设计类图书也被迫不断追逐着频繁升级的版本脚步，在案例的设置与更新方面常常不能顾及设计潮流的变更，因此，不能使读者在学习软件的同时逐步建立起电脑设计的新思维。

这套“电脑艺术设计系列教材”从读者的角度出发，尽量让读者能够真正学习到完整的软件应用知识和实用有效的设计思路。无论是整体的结构安排还是章节的讲解顺序，都是以“基础知识—进阶案例—高级案例”为主线进行介绍。“基础知识”部分用简练的语言把错综复杂的知识串连起来，并且强调了软件学习的重点与难点。“案例部分”不但囊括了所有知识点的操作技巧，并且以近年来最新出现的数字艺术风格、最新的软件技巧、媒介形式以及新的设计概念为依据进行案例的设置，结合平面与动画设计中面临的实际课题。一方面注重培养学生对于技术的敏感和快速适应性，使他们能注意到技术变化带来的各种新的可能性，消除技术所形成的障碍；另一方面也使学生能够多方面多视角地感受与掌握电脑设计的时尚语言，扩展了对传统视觉设计范畴的认识。

例如《Photoshop CS3中文版基础与实例教程》一书，它的定位不是一本短期性的电脑图书，而是一本综合性的专业指导教材。其核心思想为“图像设计”。近年来，以高科技技术为手段的一个无界限的图像世界正在形成，数码图像设计风格可谓日新月异。因此本书的案例尽量把握最新的设计发展方向，结合平面设计中典型的关于图像元素的实际课题，引导学生在设计实践过程中去体会现代图像设计的特殊创作思路，对信息处理领域中图像的概念建立起更加深入与时尚的理解。

图4-21　创建的不规则图文混排效果

（3）编辑和释放文本混排

创建图文混排效果后，如果对混排的效果不满意，可以使用工具箱中的选择工具选择应用文本绕图效果的图形或图像，然后执行菜单中的“对象 | 文本绕排 | 文本绕排选项”命令，在弹出的“文本绕排选项”对话框中更改所需的参数值，单击“确定”按钮，即可将调整的参数值应用到所选择的图形或图像中。

如果要取消图文混排效果，可以利用工具箱中的（选择工具）选择图形或图像，然后执行菜单中的“对象 | 文本绕排 | 释放”命令，即可对选择的图形或图像取消应用的文本绕排效果。

4.2　图　表

图表包括图表的类型、创建图表和编辑图表 3 部分内容。

4.2.1　图表的类型

在现实工作中，图表在商业、教育、科技等领域是一种十分常用的工具，因为它直观、易懂，可以获得直观的视觉效果。在 Illustrator CC 2015 中提供了（柱形图工具）、（堆积柱形图工具）、（条形图工具）、（堆积条形图工具）、（折线图工具）、（面积图工具）、（散点图工具）、（饼图工具）和（雷达图工具）9 种图表工具，如图 4-22 所示。每种图表都有其自身的优越性，可以根据自己的不同需要，选择合适的图表工具，创建符合需要的图表。

1. 柱状图表

柱状图表是"图表类型"对话框中默认的图表类型。该类型的图表是通过与数据值成比例的柱状图形，表示一组或多组数据之间的相互关系。

柱形图表可以将数据表中每一行的数据数值放在一起，以便进行比较。该类型的图表能将事物随着时间的变化趋势很直观地表现出来，如图4-23所示。

该图表的表示方法是以坐标轴的方式逐栏显示输入的所有数据资料，柱形的高度代表所比较的数值。柱状图表最大的优点是：在图表上可以通过直接读出不同形式的统计数值。

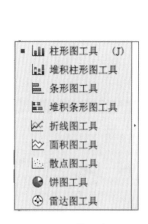

图4-22　9种图表工具

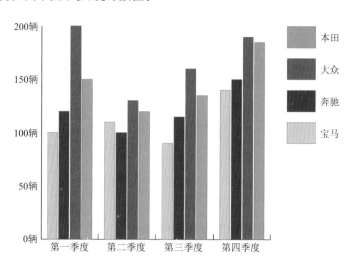

图4-23　柱状图表

2. 堆积柱状图表

堆积柱状图表与柱状图表相似，只是在表达数值信息的形式上有所不同。柱形图表用于每一类项目中单个分项目数据的数值比较，而堆积柱形图表用于将每一类项目中所有分项目数据的数值进行比较，如图4-24所示。

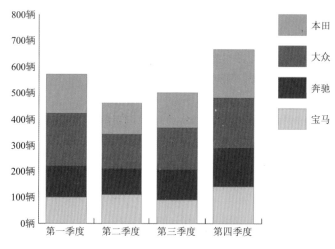

图4-24　堆积柱状图表

该图表是将同类中的多组数据，以堆积的方式形成垂直矩形进行类型之间的比较。

3. 条形图表

条形图表与柱形相似，都是通过长度与数据数值成比例的矩形，表示一组或多组数据数值之间的相互关系。它们的不同之处在于，柱形图表中的数据数值形成的矩形是垂直方向的，而条形图表的数据数值形成的矩形是水平方向的，如图 4-25 所示。

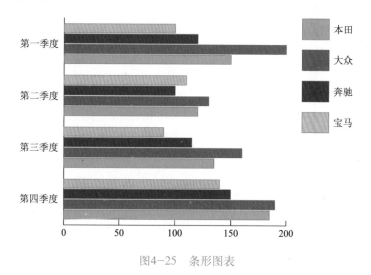

图4-25　条形图表

4．堆积条形图表

堆积条形图表与堆积柱形图表类似，都是将同类中的多组数据数值，以堆积的方式形成矩形，进行类型之间的比较。它们的不同之处在于，堆积柱形图表中的数据数值形成的矩形是垂直方向的，而堆积条形图表中的数据数值形成的矩形是水平方向的，如图 4-26 所示。

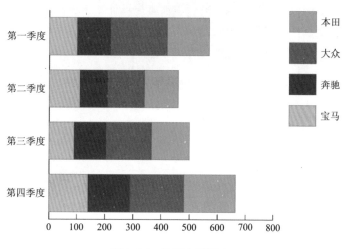

图4-26　堆积条形图表

5．折线图表

折线图表是通过线段来表现数据数值随时间变化的趋势的，可以更好地把握事物发展的过程、分析变化趋势和辨别数据数值变化的特性。该类型的图表是将同项目的数据数值以点的形式在图表中显示的，再通过线段将其连接，如图 4-27 所示。通过折线图表，不仅能够纵向比较图表中各个横行的数据数值，而且还可以横向比较图表中的纵行数据数值。

6．面积图表

面积图所表示的数据数值关系与折线图表比较相似，但是与后者相比，前者更强调整体在数据值上的变化。面积图表是通过用点表示一组或多组数据数值，并以线段连接不同组的数据数值点，形成面积区域，如图 4-28 所示。

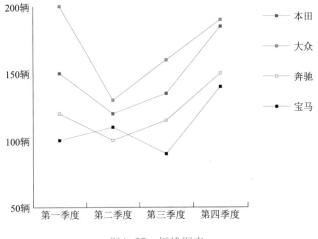

图4-27 折线图表

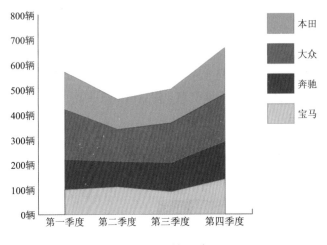

图4-28 面积图表

7．散点图表

散点图表是一种比较特殊的数据图表，它主要用于数学的数理统计、科技数据的数值比较等方面。该类型的图表的 X 轴和 Y 轴都是数据数值坐标轴，它会在两组数据数值的交汇处形成坐标点。每一个数据数值的坐标点都是通过 X 坐标和 Y 坐标进行定位的，坐标点之间使用线段相互连接。通过散点图表能够反映数据数值的变化趋势，可以直接查看 X 坐标轴和 Y 坐标轴之间的相对性，如图 4-29 所示。

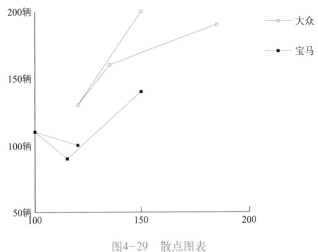

图4-29 散点图表

8. 饼图图表

饼图图表是将数据数值的总和作为一个圆饼，其中各组数据数值所占的比例通过不同的颜色来表示。该类型的图表非常适合于显示同类项目中不同分项目的数据数值之间的相互比较，它能够很直观地显示出在一个整体中各个项目部分所占的比例数值，如图 4-30 所示。

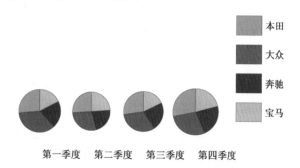

图4-30　饼图图表

9. 雷达图表

雷达图表是一种以环形方式进行各组数据数值比较的图表。这种比较特殊的图表，能够将一组数据以其数值多少在刻度数值尺度上标注成数值点，然后通过线段将各个数值点连接起来，这样可以通过所形成的各组不同的线段图形来判断数据数值的变化，如图 4-31 所示。

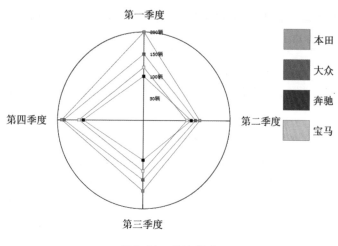

图4-31　雷达图表

4.2.2　创建图表

图表的创建主要包括设定确定图表范围的长度和宽度，以及进行比较的图表数据资料，而数据资料才是图表的核心和关键。

1. 创建指定图表大小

在创建图表时，指定图表大小是指确定图表的高度和宽度，其方法有两种：一是通过拖动鼠标来任意创建图表；二是通过输入数值来精确创建图表。

（1）直接创建图表

选择工具箱中图表工具组中的任意一个图表工具，移动鼠标至图形窗口，单击鼠标左键并拖动，此时将出现一个矩形框，该矩形框的长度和宽度即为图表的长度和宽度，释放鼠标后，将弹出如图 4-32 所示的对话框。

该数据输入对话框中主要选项的含义如下：

- ⊞：用于导入外部数据。
- ⊯：若不小心弄错了所输入数据的行和列的关系时，单击该按钮，即可达到转换行列数据的效果。
- ⋈：切换 X 轴和 Y 轴坐标。
- ≣：设置数据格的位宽和小数的精度，单击该按钮，会弹出"单元格样式"对话框，如图 4-33 所示。其中"小数位数"选项用于控制小数点后面有几位的精度，"列宽度"选项用于设置数据框中的栏宽度，也就是数据的位数。

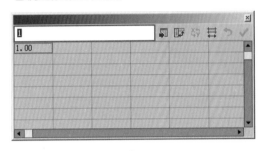

图4-32　图表数据输入框

图4-33　"单元格样式"对话框

- ↶：单击该按钮，可清除所输入的全部数据，从而使数据输入框恢复到原始状态。
- ✓：单击该按钮，确认所输入的数据，即可创建图表。

提示

使用图表工具创建图表时，若按住\<Shift\>键的同时拖动鼠标，绘制正方形的图表；若按住\<Alt\>键的同时拖动鼠标，图表将以鼠标单击处为中心，向四周延伸，以创建图表。

（2）创建精确的图表

如需要精确地创建图表，可选取工具箱中的图表工具后，在图形窗口中的任意位置处单击，此时会弹出"图表"对话框，如图 4-34 所示。

在该对话框中，直接在"宽度"和"高度"文本框中输入所需要图表大小的数值，然后单击"确定"按钮，即可弹出图表数据输入框。然后，在输入框中输入相应数据，如图 4-35 所示，单击✓按钮，即可生成相应的图表，如图 4-36 所示。

图4-34　"图表"对话框

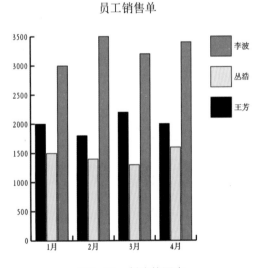

图4-35　输入图表数据

图4-36　创建的图表

2．输入图表数据

图表数据资料的输入是创建图表过程中非常重要的一环。在 Illustrator CC 2015 中，可以通过 3 种方法来输入图表资料：第 1 种方法是使用图表数据输入框直接输入相应的图表数据；第 2 种方法是导入其他文件中的图表资料；第 3 种方法是从其他程序或图表中复制资料。下面就对这 3 种数据输入方法进行详细介绍。

（1）使用图表数据框输入数据

在图表数据对话框中，第 1 排左侧的文本框为数据输入框，一般图表的数据都在该文本框中。图表数据输入框中的每一个方格就是一个单元格。在实际的操作过程中，单击单元格即可输入图表数据资料，也可以输入图表标签和图例名称。

提示

在数据输入框中输入数据时，按<Enter>键，光标会自动跳到同列的下一个单元格；按<Tab>键，光标会自动跳到同行的下一个单元格。使用工具箱中的方向键，可以使光标在图表数据输入框中向任意方向移动。单击任意一个单元格即可激活该单元格。

图表标签和图例名称是组成图表的必要元素，一般情况下需要先输入标签和图例名称，然后在与其对应的单元格中输入数据，数据输入完毕后，单击 ✔ 按钮，即可创建相应的图表。

（2）导入其他文件中的图表资料

在 Illustrator CC 2015 中，若要导入其他文件中的资料，其文件必须保存为文本格式。导入的方法是：选择工具箱中的图表工具，在图形窗口中单击左键并拖动，在弹出的数据输入框中单击 ▦ 按钮。然后，在弹出的图 4-37 所示的"导入图表数据"对话框中选择需要导入的文件，单击"打开"按钮，即可将数据导入到图表数据对话框中。

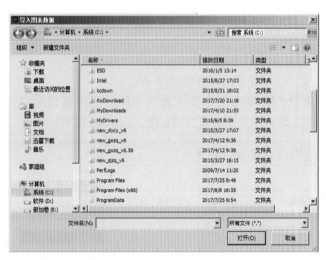

图4-37　"导入图表数据"对话框

（3）从其他的程序或图表中复制资料

使用复制、粘贴的方法，可以在某些电子表格或文本文件中复制需要的图表数据资料，具体方法与复制文本完全相同。首先在其他的应用程序中按快捷键<Ctrl+C>，复制所需的资料，然后在 Illustrator CC 2015 的图表数据输入框中按快捷键<Ctrl+V>进行粘贴，如此反复，直到完成复制操作。

4.2.3　编辑图表

Illustrator CC 2015 允许对已经生成的图表进行编辑。例如，可以更改某一组数据，也可以改变不同图表类型中的相关选项，以生成不同的图表外观，甚至于可以改变图表中的示意图形状。

1. 编辑图表的类型

利用工具箱中的 （选择工具）选择要编辑的图表，然后执行菜单中的"对象|图表|类型"命令；或双击工具栏中的图表工具；或右击工作区中的图表，从弹出的快捷菜单中选择"类型"命令，此时会弹出图4-38所示的"图表类型"对话框。在该对话框中可以更改图表的类型、添加图表的样式、设置图表选项以及对图表的坐标轴重新进行设置。

图4-38 "图表类型"对话框

（1）更改图表类型

将当前的图表改用另一种类型的具体方法如下：

1）利用工具箱中的（选择工具）选择要编辑的图表。

2）执行菜单中的"对象|图表|类型"命令，在弹出的"图表类型"中选择要更改的图表类型（见图4-39），单击"确定"按钮，即可完成图表类型的更改，如图4-40所示。

图4-39 选择要更改的图表类型

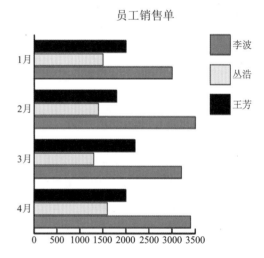

图4-40 更改类型后的图表

（2）设置坐标轴的位置

除了饼图图表外，其他类型的图表都有一条数据坐标轴。在"图表类型"对话框中，通过设置"数值轴"中的选项可以指定数值坐标轴的位置。选择不同的图表类型，其"数值轴"中的选项也会有所不同。

当选择柱形图表、堆积柱形图表、折线图表或面积图表时，在"数值轴"选项右侧的下拉列表中共有"位于左侧""位于右侧"和"位于两侧"3 个选项，选择不同的选项，创建出的图表也各不相同，如图 4-41 所示。

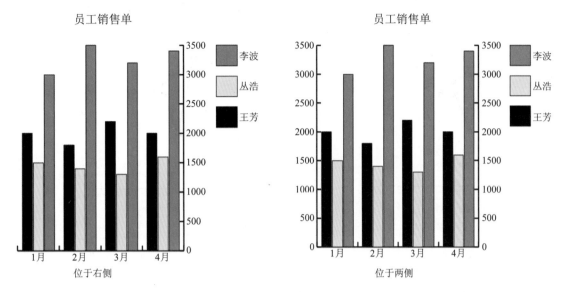

图4-41　不同数值轴的图表

当选择条形图表和堆积条形图表时，在"数值轴"选项右侧的下拉列表中共有"位于上侧""位于下侧"和"位于两侧"3 个选项，选择不同的选项，创建的图表也各不相同，如图 4-42 所示。

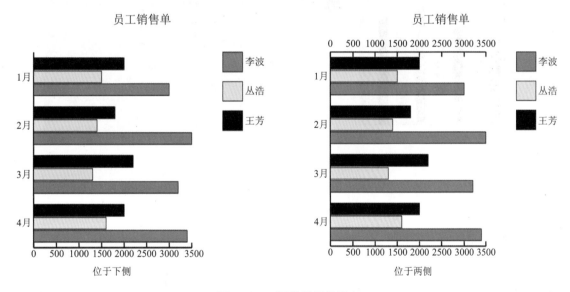

图4-42　不同数值轴的图表

当选择散点图表时，在"数值轴"选项右侧的下拉列表中共有"位于左侧"和"位于两侧"2 个选项，选择不同的选项，创建出的图表也各不相同，如图 4-43 所示。

当选择雷达图表时，在"数值轴"选项右侧的下拉列表中将只有"位于每侧"选项。

2. 编辑图表的资料

若要对已经创建的图表的资料进行编辑修改，首先要利用工具箱中的 ![选择工具图标] （选择工具）选择要编辑的图表，然后执行菜单中的"对象 | 图表 | 数据"命令（或右击要编辑的图表，从弹出的快捷菜单中选择"数据"选项），此时将会弹出与该图表相对应的数据输入框，如图 4-44 所示。

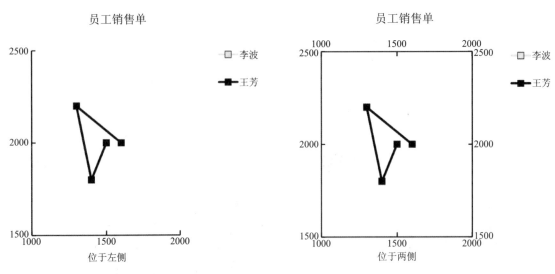

图4-43　不同数值轴的图表

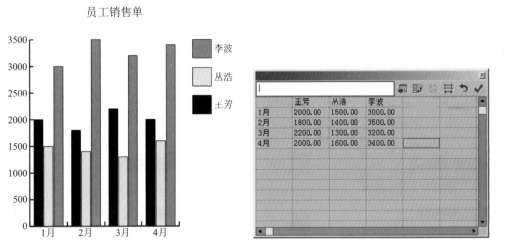

图4-44　选择的图表与该图表相对应的数据输入框

在该数据输入框中对数据资料进行修改，然后单击 ✔ 按钮，即可将修改的数据应用至选择的图表中，如图 4-45 所示。

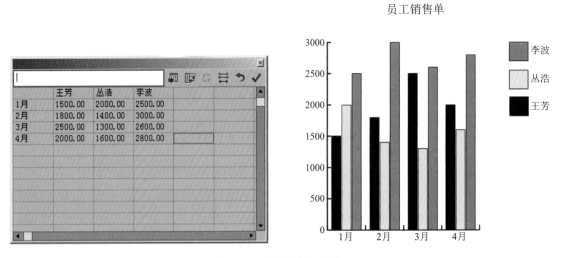

图4-45　修改数据与图表

若要调换图表的行／列，首先要选择工具箱中的 ▶ （选择工具）选中图表，然后执行菜单中的"对象|图表|数据"命令，接着在弹出的数据输入框中单击 按钮，再单击 ✔ 按钮，即可调换所选择的图表的行／列，如图 4-46 所示。

3．设置图表的效果

对于创建的不同类型的图表，不仅可以修改其数据数值，而且还可以为其添加其他的视觉效果，如添加投影、在图表上方显示图例等。

（1）添加投影

利用工具箱中的 ▶ （选择工具）选中要添加投影的图表，如图 4-47 所示。然后执行菜单中的"对象|图表|类型"命令，在弹出的对话框中选中"添加投影"复选框（见图 4-48），单击"确定"按钮，即可为所选择的图表添加投影，如图 4-49 所示。

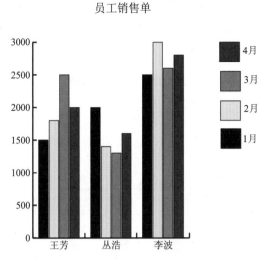

图4-46　调换图表的行/列

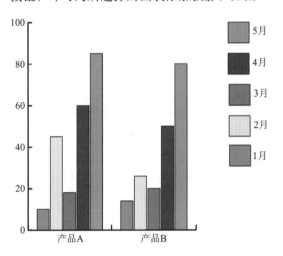

图4-47　选中要添加投影的图表

图4-48　选中"添加投影"选项

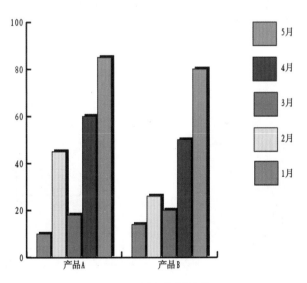

图4-49　添加阴影效果

（2）在图表上方显示图例

利用工具箱中的 ▶ （选择工具）选中要添加投影的图表，然后双击工具箱中的图表工具（或执行菜单中的"对

象|图表|类型"命令,也可以右击图表,从弹出的快捷菜单中选择"类型"命令),在弹出的对话框中选中"在顶部添加图例"复选框(见图4-50),单击"确定"按钮,即可在图表的上方显示图例,如图4-51所示。

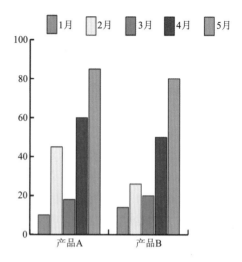

图4-50 选中"在顶部添加图例"复选框   图4-51 在顶部添加图例效果

4．设置图表的选项

对于已创建的不同类型的图表,不仅可以编辑图表的数据数值和图表的显示效果,还可以在"图表类型"对话框中对不同类型的图表的参数选项进行设置与编辑。

(1)设置柱形图表和堆积柱形图表的参数选项

利用工具箱中的 ,选中柱形图表或堆积柱形图表,然后执行菜单中的"对象|图表|类型"命令,在弹出的"图表类型"对话框中对"选项"参数进行设置,如图4-52所示。柱形图表和堆积柱形图表的选项参数相同,该选项区域的参数含义如下:

- 列宽:用于设置柱形的宽度,其默认参数值为90%。
- 群集宽度:用于设置一组范围内所有图形的宽度总和,其默认参数值为80%。

(2)设置条形图表与堆积条形图表的参数选项

条形图表与堆积条形图表的"选项"参数相同,如图4-53所示。

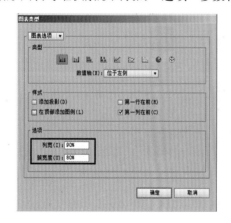

图4-52 柱形图表和堆积柱形图表的"选项"参数   图4-53 条形图表与堆积条形图表的"选项"参数

该选项区域的参数含义如下:

- 条形宽度:用于设置条形的宽度,其默认参数值为90%。
- 群集宽度:用于设置一组范围内所有条形的宽度总和,其默认参数值为80%。

（3）设置折线图表与雷达图表的参数选项

折线图表与雷达图表的"选项"参数相同，如图 4-54 所示。该选项区域的参数含义如下：

- 标记数据点：选中该复选框，图表中的每个数据点将会以一个矩形点显示。
- 连接数据点：选中该复选框，图表将会用线段将各个数据点连接起来。
- 线段边到边跨 X 轴：选中该复选框，图表中连接数据点的线段将会沿 X 轴方向从左至右延伸至图表 Y 轴所标记的树枝纵轴末端。
- 绘制填充线：该项只有在选中"连接数据点"复选框的情况下才可以使用。选中该复选框，将会以该选项下方"线宽"文本框中设置的参数值来改变所创建的数据连接线的线宽大小。

（4）设置散点图表的参数选项

散点图表的"图表类型"对话框中的"选项"区域除少了"线段边到边跨 X 轴"选项之外，其他的参数和折线图表与雷达图表的参数选项完全相同。

（5）设置饼图图表的参数选项

饼图图表的"图表选项"对话框中的"选项"参数如图 4-55 所示。

图4-54　折线图表与雷达图表的"选项"参数　　　图4-55　饼图图表的"选项"参数

该选项区域的参数含义如下：

- 图例：单击其右侧的下拉按钮，在弹出的列表框中如果选择"无图例"选项，图表将不会显示图例；如果选择"标准图例"选项，图表将会将图例与项目名称放置在图表之外，如图 4-56 所示；如果选择"楔形图例"选项，图表将会将项目名称放置在图表内，如图 4-57 所示。

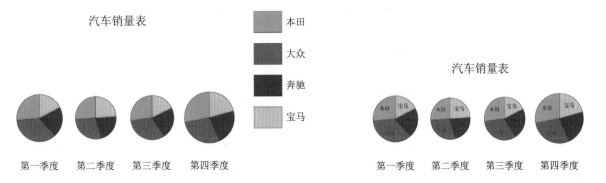

图4-56　选择"图例"为"标准图例"选项的饼图图表　　图4-57　选择"图例"为"楔形图例"选项的饼图图表

- 排序：单击其右侧的下拉按钮，在弹出的列表框中如果选择"无"选项，图表将会完全按数据值输入的顺序顺时针排列在饼图中；如果选择"第一个"选项时，图表将会将数据数值中最大数据比值放置在顺时针排列的第一个位置，而其他的数据数值将按照数据数值输入的顺序顺时针排列在饼图中；如果选择"全部"选项，图表将按照数据数值的大小顺序顺时针排列在饼图中。

- 位置：其右侧的下拉列表中提供了"比例""相等"和"堆积"3个选项可供选择。如果选择"比例"，则会按比例显示各个饼形图表的大小；如果选择"相等"，则所有饼形图形的直径相等；如果选择"堆积"，则所有饼形图表会叠加在一起，并且每个饼形图形的大小都成比例，如图4-58所示。

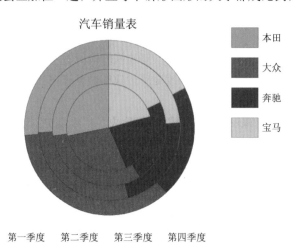

图4-58　选择"位置"为"堆积"选项的饼图图表

4.3　实 例 讲 解

本节将通过8个实例对文本和图表的相关知识进行具体应用，旨在帮助读者能够举一反三，快速掌握文本和图表在实际中的应用。

4.3.1　制作折扇效果

要点

本例将制作折扇效果，如图4-59所示。通过本例的学习应掌握 ▣（渐变工具）、◎（旋转工具）、↙（路径文字工具）和将文字"扩展"为图形后再进行填充的综合应用。

图4-59　折扇

操作步骤

1. 制作扇面

1）执行菜单中的"文件|新建"命令，在弹出的对话框中设置参数（见图4-60），单击"确定"按钮，

新建一个文件。

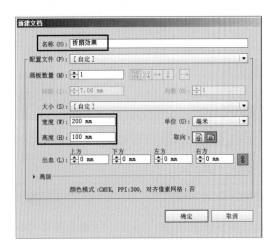

图4-66　设置"新建文档"参数

2）选择工具箱中的 ▢（矩形工具），在工作区中单击，然后在弹出的对话框中设置矩形尺寸（见图4-61），单击"确定"按钮，创建一个矩形。接着将矩形描边色设置为黑色，填充色设置为"黄—白—黄"线性渐变（见图4-62），效果如图 4-63 所示。

图4-61　设置"矩形"参数　　　　　图4-62　设置渐变色　　　　　图4-63　绘制矩形

3）选中矩形，然后选择工具箱中的 ↻（旋转工具），按住＜Alt＞键在矩形右下方单击，从而确定旋转的轴心点，如图 4-64 所示。接着在弹出的对话框中设置参数（见图 4-65），单击"确定"按钮，从而将其旋转 60°，效果如图 4-66 所示。

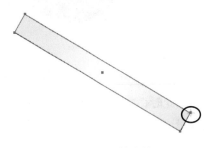

图4-64　确定旋转轴心点　　　　　图4-65　设置旋转参数　　　　　图4-66　旋转效果

4）选中旋转后的矩形，按<Alt>键在如图4-66所示的标记位置上单击，从而确定旋转的轴心点。接着在弹出的对话框中设置参数（见图4-67），单击"复制"按钮，复制出一个顺时针旋转5°的矩形，效果如图4-68所示。

图4-67　设置旋转参数

图4-68　旋转复制效果

5）按快捷键<Ctrl+D>（重复上次的旋转操作）26次，效果如图4-69所示。

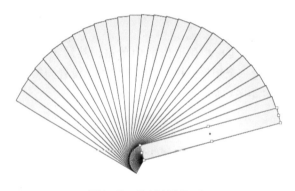

图4-69　旋转复制26次

2. 制作扇面上的文字

1）选择工具箱中的 ◯ （椭圆工具），配合<Shift+Alt>组合键，以扇面轴心点为中心绘制一个正圆形，作为文字环绕的路径，如图4-70所示。

2）选择工具箱中的 ⟨ （路径文字工具），单击圆形路径的边缘，此时出现文字输入光标，如图4-71所示。

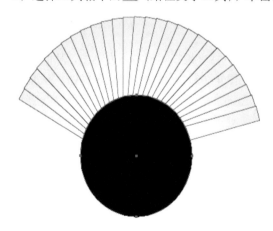

图4-70　绘制正圆形作为文字环绕的路径

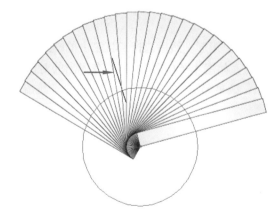

图4-71　文字输入光标

3）输入文字"COOL"，设置的字体和字号如图4-72所示，效果如图4-73所示。

4）此时，文字没有位于扇面中央，下面将光标放置在如图4-74所示的位置，移动文字到适当的位置，效果如图4-75所示。

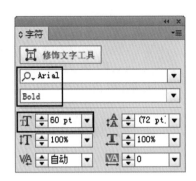

图4-72 设置字符属性

图4-73 输入文字

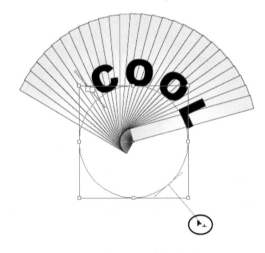

图4-74 放置鼠标位置

图4-75 移动文字到适当的位置

5）将文字扩展为路径。方法为：选中文字，执行菜单中的"对象|扩展"命令，在弹出的对话框中进行设置（见图 4-76），单击"确定"按钮，效果如图 4-77 所示。

图4-76 设置"扩展"参数

图4-77 扩展效果

6）对文字进行渐变填充。方法为：选中扩展后的文字，在"渐变"面板中设置填充色为"绿—白—紫色"线性渐变，如图 4-78 所示，效果如图 4-79 所示。

7）此时，每个字母均产生了渐变效果，而需要的是文字整体产生一个渐变效果。为了解决这个问题，下面选择工具箱中的 ▣（渐变工具）从左向右拖动鼠标（见图 4-80），从而使文字产生一个整体的渐变效果，效果如图 4-81 所示。

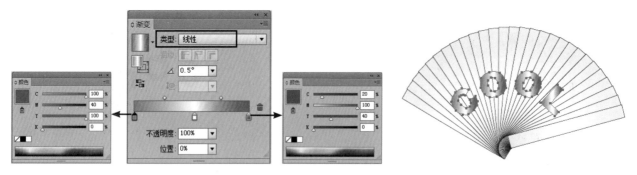

图4-78　设置渐变色　　　　　　　　　　　　　图4-79　对文字进行渐变填充

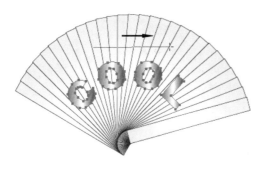

图4-80　从左向右拖拉鼠标　　　　　　　　　图4-81　对文字进行整体的渐变效果

8）对文字添加线条效果。方法为：选择文字，在"颜色"面板中设置描边色，如图4-82所示，然后在"描边"面板中设置"线宽"为2 pt，效果如图4-83所示。

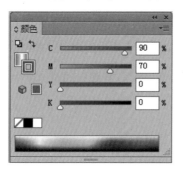

图4-82　设置文字描边色　　　　　　　　　　图4-83　文字描边效果

4.3.2　立体文字效果

要点

本例将制作一个立体文字效果，如图 4-84 所示。通过本例的学习，应掌握 （混合工具）的使用。

操作步骤

1）执行菜单中的"文件 | 新建"命令，在弹出的对话框中设置参数（见图 4-85），单击"确定"按钮，新建一个文件。

2）选择工具箱中的 **T**（文字工具），直接输入文字"数字中国"，并设置"字体"为"汉仪中隶书简"，"字号"为 72 pt，如图 4-86 所示，效果如图 4-87 所示。

图4-84　立体文字效果　　　　　　　　　　图4-85　设置"新建文档"参数

此时采用的是直接输入文字的方法，而不是按指定的范围输入文字。

图4-86　设置文本属性　　　　　　　　　　图4-87　输入文字效果

3）将文字的描边色设置为黄色，填充色设置为无色，效果如图 4-88 所示。

4）选中文字，按快捷键<Ctrl+C>进行复制，然后按快捷键<Ctrl+V>粘贴，从而复制出一个文字副本，接着移动文字位置，并设置文字描边色为红色，填充色为黄色，效果如图 4-89 所示。

图4-88　设置文字描边色为黄色　　　　图4-89　将复制的文字描边色设为红色，填充色设为黄色

5）选择工具箱中的 （混合工具），分别单击两个文字，从而将两个文字进行混合，效果如图 4-90 所示。

也可以同时选中两个文字，执行菜单中的"对象|混合|建立"命令，将文字进行混合，效果是一致的。

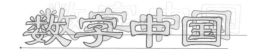

图4-90　混合效果

6）此时，混合后的文字并没有产生需要的立体纵深效果，这是因为两个文字之间的混合数过少的原因，下面就解决这个问题。其方法为：选中混合后的文字，执行菜单中的"对象|混合|混合选项"命令，在弹出的"混合选项"对话框中将"指定的步数"的数值由 1 改为 200（见图 4-91），然后单击"确定"按钮，最终效果如

图 4-92 所示。

图4-91 设置"混合选项"参数　　　　　　　　图4-92 最终效果

4.3.3 变形的文字

要点

本例将制作变形的文字效果，如图 4-93 所示。通过本例的学习，应掌握利用"封套扭曲"命令来变形文字的方法。

图4-93 变形的文字效果

操作步骤

1. 创建描边文字

1）执行菜单中的"文件|新建"命令，在弹出的对话框中设置参数（见图 4-94），然后单击"确定"按钮，新建一个文件。

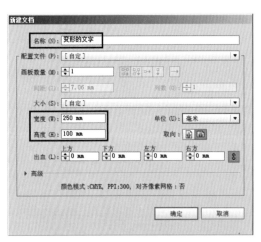

图4-94 设置"新建文档"参数

2）利用工具箱中的 **T.**（文字工具），输入文字"ChinaDV"，并设置"字体"为 Arial Black，"字号"为 72 pt，然后选择文字，单击"外观"面板右上角的下拉按钮，在弹出的快捷菜单中选择"添加新填色"命令，为文本添加一个渐变填充，如图 4-95 所示，效果如图 4-96 所示。

3）为了美观，对文字添加两种颜色的描边，如图 4-97 所示，效果如图 4-98 所示。

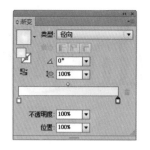

图4-95 设置渐变色

图4-96 渐变填充效果

图4-97 对文字添加两种颜色的描边

图4-98 描边效果

2. 对文字进行弯曲变形

选择文字,执行菜单中的"对象|封套扭曲|用变形建立"命令,然后在弹出的对话框中设置参数,如图 4-99 所示,再单击"确定"按钮,效果如图 4-100 所示。

 提示

弯曲一共有15种标准形状,如图4-101所示,通过它们可以对物体进行方便的变形操作。

图4-99 设置"变形选项"参数

图4-100 变形效果

3. 对文字进行变形

1) 执行菜单中的"对象|封套扭曲|释放"命令,对文字取消弯曲变形。

2) 绘制变形图形。方法:利用工具箱中的"矩形工具"绘制矩形,然后执行菜单中的"对象|路径|添加锚点"命令两次为矩形添加节点,接着利用工具箱中的 (直接选择工具)移动节点,效果如图 4-102 所示。

3) 同时选择文字和变形后的矩形,执行菜单中的"对象|封套扭曲|用顶层对象建立"命令,效果如图 4-103 所示。此时,文字会随着矩形的变形而发生变形。

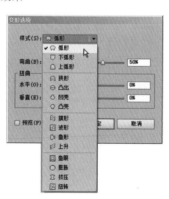

图4-101 15种弯曲类型

图4-102　添加并调整节点位置　　　　　　　　　图4-103　文字会随着矩形的变形发生变形

4．创建一种曲线透视效果

1）选中文字，执行菜单中的"对象|封套扭曲|扩展"命令，将文本进行扩展，效果如图4-104所示。

 提示

封套后文本不能够再次进行封套处理，如果要再次产生变形效果，必须将其"扩展"为图形。

图4-104　将文本进行扩展效果

2）执行菜单中的"对象|封套扭曲|用变形建立"命令，在弹出的对话框中设置参数（见图4-105），单击"确定"按钮，最终效果如图4-106所示。

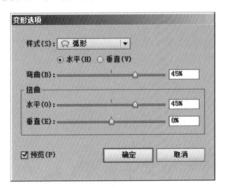

图4-105　设置变形参数　　　　　　　　　　　图4-106　封套扭曲效果

4.3.4　商标

要点

本例将制作一个图标，如图4-107所示。通过本例的学习，应掌握 ▨ （路径文字工具）的使用和对文字进行渐变色处理的方法。

操作步骤

1）执行菜单中的"文件|新建"命令，在弹出的对话框中设置参数（见图4-108），然后单击"确定"按钮，新建一个文件。

图4-107 商标

图4-108 设置"新建文档"参数

2）选择工具箱中的 ◯（椭圆工具），设置描边色为RGB（255, 0, 0），填充色为无色。然后在绘图区单击，在弹出的对话框中设置参数（见图 4-109），单击"确定"按钮，结果如图 4-110 所示。

图4-109 设置椭圆参数

图7-110 绘制椭圆

3）确定圆形为选中状态，双击工具箱中的 ▣（比例缩放工具），在弹出的对话框中设置参数（见图 4-111），然后单击"复制"按钮，结果如图 4-112 所示。

图4-111 设置"比例缩放"参数

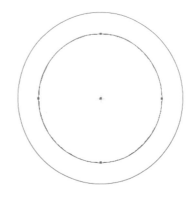

图4-112 缩放复制效果

4）复制一个缩小后的圆形作为文字环绕的路径，为便于操作，下面执行菜单中的"对象|隐藏|所选对象"命令，将其隐藏。

5）同时选择一大一小两个圆形，在"路径查找器"面板中设置参数（见图 4-113），然后用红色填充选区，结果如图 4-114 所示。

6）执行菜单中的"对象｜显示全部"命令，将前面隐藏的作为文字环绕的圆形路径显现出来，然后利用 （路径文字工具）创建白色文字。接着执行菜单中的"文字｜创建轮廓"命令，将文字转换为轮廓，结果如图 4-115 所示。

图4-113　单击 按钮　　　图4-114　与形状区域相减的效果　　　图4-115　将文字转换为轮廓

7）制作文字阴影。其方法为：选择白色轮廓文字，执行菜单中的"编辑｜复制"命令，然后执行菜单中的"编辑｜贴在后面"命令，在白色轮廓文字后面粘贴另一个轮廓文字。接着将粘贴后的轮廓文字的填充更改为黑色，并略微移动一下，以形成位置阴影，结果如图 4-116 所示。

8）同理，制作出其余的环绕图形及阴影效果，结果如图 4-117 所示。

图4-116　制作文字阴影　　　　　　　　图4-117　制作出其余环绕图形及阴影效果

9）绘制一个正圆形，然后设置它的描边色为无色，填充渐变色如图 4-118 所示，结果如图 4-119 所示。

10）创建文字，结果如图 4-120 所示。

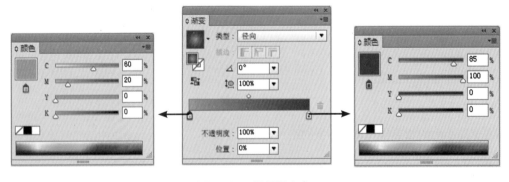

图4-118　设置渐变色

图4-119 绘制正圆形　　　　　　　　　　　　　　　图4-120 创建文字

 提示

　　文字是由Apple和Center两组轮廓文字组成的。其中，轮廓文字Apple的填充色如图4-121所示；轮廓文字Center的填充色如图4-122所示。文字白边效果是通过执行菜单中的"对象|路径|偏移路径"命令来实现的。

　　11）同理，制作文字的阴影效果，结果如图4-123所示。

　　12）在文字右上方添加修饰的图形。方法：利用工具箱中的 ☆（星形工具）绘制五角星，然后用橙黄色渐变填充，结果如图4-124所示。

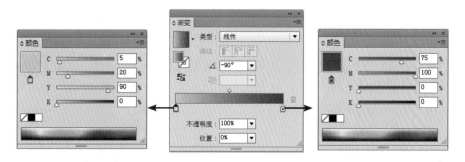

图4-121 设置左侧文字渐变色

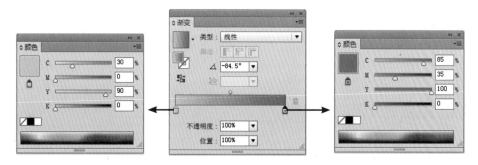

图4-122 设置右侧文字渐变色

　　13）选择五角星，执行菜单中的"效果|扭曲和变换|收缩和膨胀"命令，在弹出的对话框中设置参数，如图4-125所示，然后单击"确定"按钮，结果如图4-126所示。

　　14）利用工具箱中的 ⌇（路径文字工具）制作波浪文字效果，结果如图4-127所示。

　　15）为了美观，在波浪文字下方添加修饰图形，最终结果如图4-128所示。

图4-123　制作文字的阴影效果

图4-124　绘制并填充五角星

图4-125　设置"收缩和膨胀"参数

图4-126　"收缩和膨胀"效果

图4-127　制作波浪文字

图4-128　添加修饰图形

4.3.5　单页广告版式设计

要点

　　Illustrator 不仅是一个超强的绘图软件，还是一个应用范围广泛的文字排版软件。本例选取的是杂志中的一个单页广告的版式案例，如图 4-129 所示。这幅广告的版式设计巧妙地采取了"视觉流线"的方法，在特定的视觉空间里，将文字处理成线乃至流动的块面，按照设计师的刻意安排形成一种引导性的阅读方式，把读者的注意力有意识地引入版面中的重要部位。Illustrator 软件具有使文字沿任意线条和任意形状排列的功能，因此很容易实现这种"视觉流线"的效果。通过本例的学习，应掌握利用 Illustrator CC 2015 制作单页广告版式设计的方法。

操作步骤

1）执行菜单中的"文件｜新建"命令，在弹出的对话框中设置参数，如图 4-130 所示，然后单击"确定"按钮，新建一个文件（该杂志页面尺寸为标准 16 开），并存储为"杂志内页 .ai"。该杂志的版心尺寸为190 mm×265 mm，上、下、左、右的边空为 10 mm。

> **提示**
>
> 本例设置的页面大小只是杂志单页的尺寸，不包括对页。

图4-129　单页广告版式设计

图4-130　设置"新建文档"参数

2）该广告版面为图文混排型，图片元素共 7 张，其中 6 张为配合正文编排的小图片，1 张为占据视觉中心的面积较大的饮料摄影图片。先将这张核心图片置入页面中，其方法为：执行菜单中的"文件｜置入"命令，在弹出的对话框中选择"素材及效果 \4.3.5 单页广告版式设计 \ 广告版面素材 \ 饮料 .tif"，如图 4-131 所示，单击"置入"按钮，将图片原稿置入到"杂志内页 .ai"页面中，如图 4-132 所示。

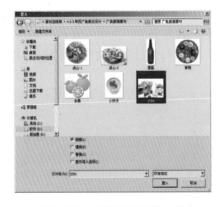

图4-131　选择要置入的图片

图4-132　置入的饮料摄影图片

3）整个广告版面在水平方向上可分为 3 栏，分别有水平线条进行视觉分割。下面先来定义这 3 栏的位置。其方法为：执行菜单中的"视图｜显示标尺"命令，调出标尺。然后将鼠标移至水平标尺内，按住鼠标左键向下拖动，拉出两条水平方向的参考线，且上面一条位于纵坐标 65 mm 处，下面一条位于 255 mm 处，将页面分割为3部分。接着利用工具箱中的 ▶ （选择工具）单击选中刚才置入的饮料摄影图片，将它放置到页面的右下部分（版心之内），使底边与第二条参考线对齐，如图4-133所示。

提示

从标尺中同时拖出4条参考线，分别置于距离四边10 mm的位置，定义版心的范围。

4）目前，一些广告内主要图片的外形为矩形，这样的图片规范但无特色。本例要制作的是色彩明快的饮料与食品广告，因此版面中的趣味性也就是形式美感是非常重要的，要根据广告的整体风格来营造一种活泼的版面语言。下面先来修整图片的外形，使它形成类似杯子轮廓的优美曲线外形。其方法为：利用工具箱中的 ✐ （钢笔工具），在页面中绘制如图4-134所示的闭合路径（类似酒杯上半部分的圆弧形外轮廓）。在绘制完后，还可用工具箱中的 ▶ （直接选择工具）调节锚点及其手柄，以修改曲线形状。然后用工具箱中的 ▶ （选择工具）将它移动到图片上面。

提示

将该路径的"填充"颜色和"描边"颜色都设置为无。

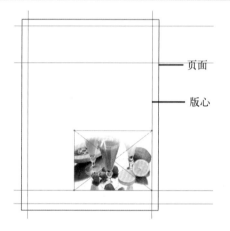

图4-133　用参考线将版面进行水平分割

图4-134　绘制作为剪切蒙版的闭合路径

5）下面利用绘制好的弧形路径作为蒙版形状，在底图上制作剪切蒙版效果，以使底图在路径之外的部分全部被裁掉。其方法为：利用 ▶ （选择工具），按住 <Shift> 键将路径与底图同时选中。然后执行菜单中的"对象｜剪切蒙版｜建立"命令，将超出弧形路径之外的多余图像部分裁掉，效果如图4-135所示。

6）为了与图形边缘的弧线取得和谐统一的风格，使文字排版不显得孤立，需要将主体图形周围的正文也处理成圆弧形状，这就要用到Illustrator中的"区域排文"功能。其方法为：先用工具箱中的 ✐ （钢笔工具），在饮料图形的左侧绘制如图4-136所示的闭合路径，其右侧的弧线与饮料图形边缘要采取相同的弧度。然后，利用工具箱中的 T （文字工具）输入一段文字。接着在"工具"选项栏中设置"字体"为 Times New Roman，"字号"为6 pt，效果如图4-137所示。此段文字数量要多一些，也可以直接将 Word 等文本编辑软件中生成的文本文件通过执行菜单中的"文件｜置入"命令进行置入。

提示

由于主要是学习排版的技巧，因此广告中的文字内容请用户自行输入即可。

7）将文字放置到刚才绘制的（位于图片左侧）闭合路径内，以使文字在路径区域内进行排版，形成一种文本图形化的效果。其方法为：利用工具箱中的 T （文字工具）将文字全部涂黑选中，如图4-138所示。然后按快捷键 <Ctrl+C> 将它进行复制。接着利用 ▶ （选择工具）单击选中闭合路径，再利用工具箱中的 T （区域文字工具）在如图4-139所示的路径边缘单击，此时路径上会出现一个跳动的文本输入光标，最后按快捷键 <Ctrl+V>，将刚才复制的文本粘贴到路径内，即可形成如图4-140所示的"区域内排版"效果。

图4-135　超出弧形路径之外多余的图像部分被裁掉

图4-136　在饮料图片左侧绘制闭合路径

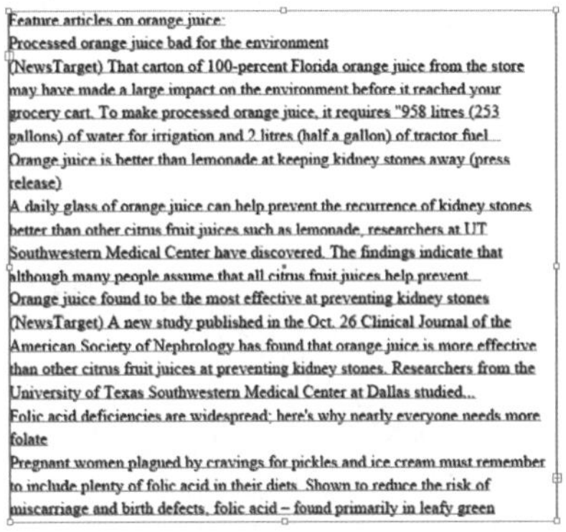

图4-138　将文本全部涂黑选中

图4-137　输入一段文字

图4-139　利用"区域文字工具"在路径边缘单击

8）"区域内排版"功能可以实现文字在任意形状内的排版，这种图形化语言已成为正文编排的一种有效的发展趋势。在这种编排方式中，文字被视为图形化的元素，其排列形式不同程度地传达出广告的情绪色彩。延续这种段落文本的排版风格，下面来处理分散的小标题文字，小标题文字的设计采取的是"沿线排版"思路。先用工具箱中的　（钢笔工具）绘制如图 4-141 所示的一段开放曲线路径。注意，这条曲线的弧度要与区域文本的外形相符。

9）在曲线路径上输入文本，使文字沿着曲线进行排版。其方法为：先选中这段曲线路径，然后应用工具箱中的　（路径文字工具）在曲线左边的端点上单击，此时路径左端出现了一个跳动的文本输入光标，直接输入文本，则所有新输入的字符都会沿着这条曲线向前进行排版，效果如图 4-142 所示。接着，将路径上的文字全部涂黑选中，按快捷键<Ctrl+T>打开"字符"面板，在其中设置如图4-143所示的字符属性（注意，"字符间距"要设为60 pt）。

图4-140　文字在路径区域内的排版效果

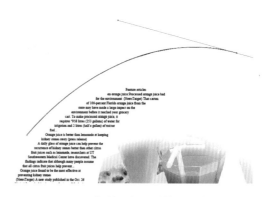

图4-141　绘制一段开放的曲线路径

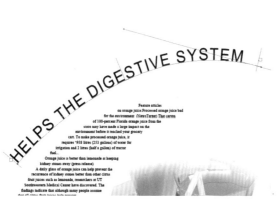

图4-142　文字沿着曲线进行排版的效果

图4-143　"字符"面板

10）再绘制出几条曲线路径，形成如图4-144所示的一种向外发散的线条轨迹。同理，利用工具箱中的 （路径文字工具）在每条曲线左边的端点上单击，当路径左端出现跳动的文本输入光标后，直接输入各行文本，即可形成多条沿线排版的小标题文字。在文字沿线排版效果制作完成后，利用工具箱中的 （直接选择工具）单击选中文字，此时弧形路径便会显示出来，然后调节锚点及其手柄修改曲线形状，此时曲线上排列的文字也会随之发生相应的变化，如图4-145所示。文字属性的具体设置可参见图4-146所示的"字符"面板。

> 提示
>
> 　　沿线排版中的文字小到一定程度，就会在视觉上产生连续的"线"的效果，这是一种采用间接的巧妙手法产生的视觉上的线。线本身就具有卓越的造型力，如图4-147所示，多条弧线文字有节奏地编排在一起，形成了轻松有趣的视觉韵律，引导读者的视线，在阅读过程中产生丰富的感受和自由的联想。

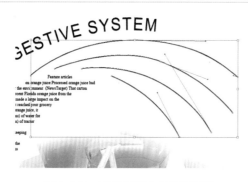

图4-144　再绘制出几条曲线路径

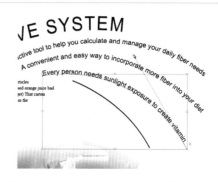

图4-145　文字随曲线形状的调整发生改变

图4-146　"字符"面板设置

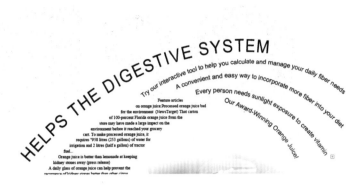

图4-147　多条沿线排版的小标题文字效果

11）为了使"线"的效果更加具有特色，下面利用工具箱中的 T （文字工具）将曲线路径上的局部文字选中，如图 4-148 所示，然后将它们的"填充"颜色设置为草绿色或橘黄色。

12）刚才制作的都是小标题文字，现在来制作醒目的大标题。大标题也是以沿线的形式来排版的，但不同的是，每个字母的摆放角度不同，因此，必须将标题拆分成单个字母来进行艺术化处理。其方法为：利用工具箱中的 T （文字工具）输入文本"SOPRS"，在"工具"选项栏中设置"字体"为 Arial，然后执行菜单中的"文字｜创建轮廓"命令，将文字转换为如图 4-149 所示的由锚点和路径组成的图形。

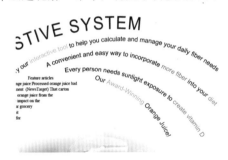

图4-148　将曲线路径上的局部文字设置为草绿色或橘黄色

SOPRS

图4-149　将文字转换为由锚点和路径组成的图形

13）将该单词转换为路径后，每个字母都变为独立的闭合路径，现在需要将其中的字母"O"和"R"宽度增加。其方法为：利用工具箱中的 ▶ （直接选择工具），按住 <Shift> 键逐个选中字母"O"和"R"，然后执行菜单中的"对象｜路径｜偏移路径"命令，在弹出的对话框中设置参数（见图 4-150），单击"确定"按钮，效果如图 4-151 所示。可以看到文字被复制了一份，并且轮廓明显地向外扩展。

图4-150　"偏移路径"对话框

图4-151　"偏移路径"后文字被复制且轮廓明显地向外扩展

14）进行"位移路径"后实际上文字被复制了一份，下面对原来的字母图形进行删除。其方法为：按快捷键 <Shift+Ctrl+A> 取消选取，然后利用 ▶ （直接选择工具），按住 <Shift> 键逐个选中如图 4-152 所示的字母"O"和"R"的原始图形，再按 <Delete> 键将它们删除。

15）利用工具箱中的 ▶ （直接选择工具）选中字母"O"，将其"填充"颜色设置为橘黄色（参考颜色数值为：CMYK（10，50，100，0）），将字母"R"的"填充"颜色设置为橘红色（参考颜色数值为：CMYK（10，70，100，0）），效果如图 4-153 所示。

将原始字母图形删除

将原始字母图形删除

图4-152 选中扩边前的原始路径并将其删除

SOPRS

图4-153 改变字母"O"和字母"R"的颜色

16）标题文字与副标题文字排列风格一致，都是沿着从左下至右上的圆弧线进行编排的。其方法为：利用工具箱中的 （直接选择工具）分别选中每个字母，然后利用 ▦ (自由变换工具) 将它们各自旋转一定角度，调整大小并按如图 4-154 所示的位置关系进行排列，放在前面制作好的沿线排版的小标题文字上面。

17）执行菜单中的"文件 | 置入"命令，在弹出的对话框中选择"素材及效果 \ 4.3.5 单页广告版式设计 \ 广告版面素材 \ 小杯子 .tif"文件，单击"置入"按钮。然后将图片原稿缩小放置到如图 4-155 所示的位置。

> 🔍 提示
>
> 由于本例广告为白色背景，因此所有相关小图片都在Photoshop中事先做了去底的处理。

图4-154 逐个调整标题每个字母的角度和大小

图4-155 再置入一张杯子的小图片

18）前面说过，在水平方向上该广告版面共分为3栏，现在中间面积最大的一栏已大体完成，效果如图 4-156 所示。下面处理最上面的一栏，这部分以文字为主体，且文字内穿插了 3 张食品饮料主题的小图片。先来制作醒目的标题，其方法为：参照如图 4-157 所示的效果，先输入文本"Fresca Mesa"，在"工具"选项栏中设置"字体"为 Arial。然后执行菜单中的"文字 | 创建轮廓"命令，将文字转换为由锚点和路径组成的图形。接着利用工具箱中的 ▢ (矩形工具) 绘制出一个与文字等宽的矩形，将其"填充"颜色设置为一种橙色（参考颜色数值为：CMYK (0，60，100，0)），"描边"颜色设置为无。最后再输入下面的一排小字（如果输入的原文是英文小写字母，可以执行菜单中的"文字 | 更改大小写 | 大写"命令，将其全部转为大写字母）。

图4-156　中间面积最大一栏的整体效果　　　　　　图4-157　最上面一栏醒目的标题

19）利用工具箱中的 ▶（选择工具），将上一步制作的两行文字和一个矩形色块都选中，然后按快捷键 <Shift+F7> 打开"对齐"面板，如图 4-158 所示。在其中单击"水平居中对齐"按钮，使三者居中对齐，然后按快捷键 <Ctrl+G> 将它们组成一组，最后将其放置到版面水平居中的位置，效果如图 4-159 所示。

图4-158　"对齐"面板　　　　　　图4-159　将三者居中对齐，然后放置到版面居中的位置

20）继续制作版面最上面一栏中的正文效果。这一栏内的正文纵向分为 4 部分，也就是 4 个小文本块，其中 3 个都用到了色块内嵌到文字内部（也称为图文互斥）的效果，可以通过修改文本块外形来实现。其方法为：新输入一段文本，在"工具"选项栏中设置"字体"为 Times New Roman，"字号"为 5 pt。然后利用工具箱中的 ▶（直接选择工具）单击文本块，使文本块周围显示出矩形路径。接着利用工具箱中的 （添加锚点工具）在左侧路径上添加 4 个锚点，如图 4-160 所示。最后利用 ▶（直接选择工具）将靠中间的两个新增锚点向右拖动到如图 4-161 所示的位置，则文本块中的文字将随着路径外形的改变而自动调整。

Feature articles on orange juice:Processed orange juice bad for the environment（NewsTarget）That carton of 100-percent Florida orange juice from the store may have made a large impact on the environment before it reached your grocery cart. To make processed orange juice, it requires "958 litres (253 gallons) of water for irrigation and 2 litres (half a gallon) of tractor fuel... Orange juice is better than lemonade at keeping kidney stones away (press release)

Feature articles on orange juice:Processed orange juice bad for the environment（NewsTarget）That carton of 100-percent Florida orange juice from the store may have made a large impact on the environment before it reached your grocery cart. To make processed orange juice, it requires "958 litres (253 gallons) of water for irrigation and 2 litres (half a gallon) of tractor fuel... Orange juice is better than lemonade at keeping kidney stones away (press release)

图4-160　在左侧路径上添加4个锚点　　　　　　图4-161　文字随着路径外形改变而自动调整

21）绘制一个红色的矩形，并将它移至文本块左侧中间空出的位置，然后在上面添加白色文字，效果如图 4-162 所示。同理，制作出如图 4-163 所示的另外两个"图文互斥"的文本块，放置于版面顶部。注意，一定要位于版心之内。

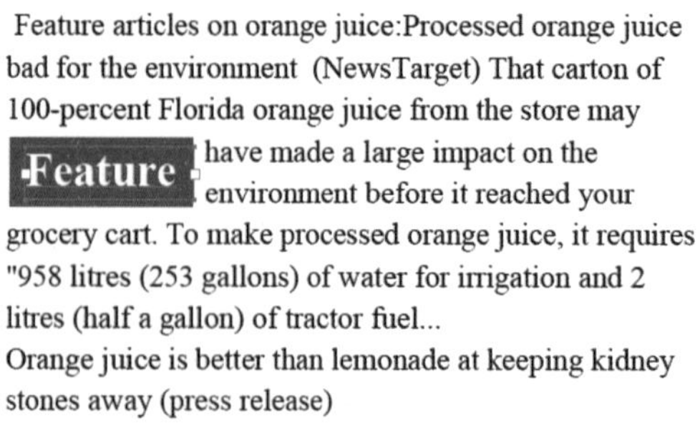
Feature articles on orange juice:Processed orange juice bad for the environment (NewsTarget) That carton of 100-percent Florida orange juice from the store may
Feature
have made a large impact on the environment before it reached your grocery cart. To make processed orange juice, it requires "958 litres (253 gallons) of water for irrigation and 2 litres (half a gallon) of tractor fuel...
Orange juice is better than lemonade at keeping kidney stones away (press release)

图4-162 绘制出一个红色的矩形，然后在上面添加白色文字

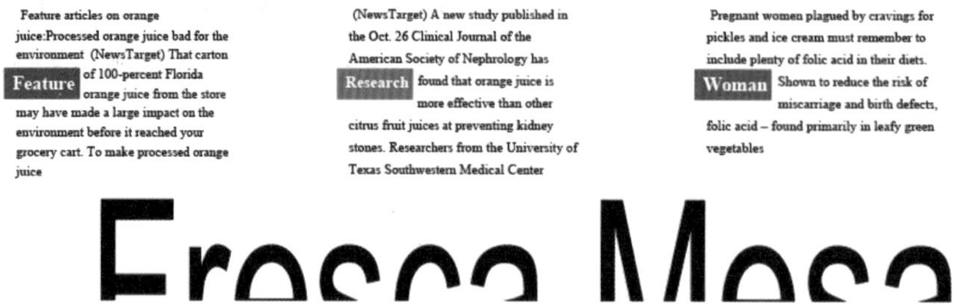
Feature articles on orange juice:Processed orange juice bad for the environment (NewsTarget) That carton of 100-percent Florida orange juice from the store may have made a large impact on the environment before it reached your grocery cart. To make processed orange juice
Feature
(NewsTarget) A new study published in the Oct. 26 Clinical Journal of the American Society of Nephrology has found that orange juice is more effective than other citrus fruit juices at preventing kidney stones. Researchers from the University of Texas Southwestern Medical Center
Research
Pregnant women plagued by cravings for pickles and ice cream must remember to include plenty of folic acid in their diets. Shown to reduce the risk of miscarriage and birth defects, folic acid – found primarily in leafy green vegetables
Woman

图4-163 制作完成的3个“图文互斥”的文本块

22）执行菜单中的“文件｜置入”命令，在弹出的对话框中分别选择“素材及效果\4.3.5 单页广告版式设计\广告版面素材\酒瓶 .tif ”、“水果 .tif”、“点心—1.tif”文件，单击“置入”按钮。然后将置入的图片原稿进行缩小，并放置到如图 4-164 所示的位置。

Feature
Research
Woman
Fresca Mesa
2007 BEST OF FOOD AWARD IN THE JUICE CATEGORY! HERE'S THE REASON

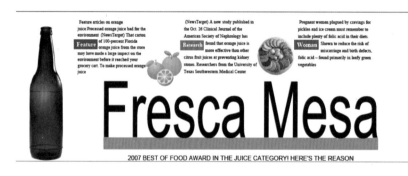

图4-164 加入3张小图片的版面效果

23）上部最右侧还有一个小文本块，设置正文的“字体”为 Times New Roman，“字号”为 5 pt。设置最上面 3 行内容的“字体”为 Arial，“字号”为 7 pt，文字颜色为品红色 CMYK（0，95，30，0）。然后，利用工具箱中的 T（文字工具）将小文本块中的全部文字涂黑选中，接着按快捷键 <Alt+Ctrl+T> 打开“段落”面板，如图 4-165 所示，在其中单击“右对齐”按钮，使文字靠右侧对齐排列。再缩小画面，按快捷键 <Ctrl+；> 暂时隐藏参考线，查看目前的整体效果，如图 4-166 所示。

24）在页面靠下部的第 3 栏版式中包括两张小图片、两个数字和一段文本，其制作方法此处不再赘述，用户可参考图 4-167 所示的效果自行制作。

25）现在版面右侧中部显得有点空，需要在此位置添加一行沿弧线排列的灰色文字，如图 4-168 所示。至此，整幅广告制作完成。

这个例子主要学习了在版面空间中如何将文字处理成线乃至块面，以形成文本图形化的艺术效果。最终完成的效果如图 4-169 所示。

图4-165　右侧文本块排版方式为"右对齐"　　　　图4-166　隐藏参考线，查看目前的整体效果

图4-167　页面靠下部的第3栏版式效果

图4-168　再添加一行沿弧线排列的灰色文字　　　　图4-169　版面的最终效果

4.3.6　立体饼图

 要点

　　本例将制作一个具有立体感的饼图，如图 4-170 所示。通过本例的学习，应熟练掌握图表工具和 ▶（直接选择工具）的使用，熟悉"颜色"面板中不同颜色模式的转换以及隐藏命令的应用。

操作步骤

1. 制做饼图的平面

1）执行菜单中的"文件 | 新建"命令，新建一个大小为 A4，颜色模式为 RGB 的文件。

2）选择工具箱中的 ⊙（饼图工具），在页面上单击，在弹出对话框中设定好饼图的尺寸，单击"确定"按钮，如图 4-171 所示。然后在弹出的表格中输入数值，如图 4-172 所示，输入完成后单击右上角的"✔"按钮，此时一个平面的饼图就制作完成，结果如图 4-173 所示。

提示

此例我们的饼图要分成5份，因此输入5个数值，数值的大小表示每份所占的百分比。

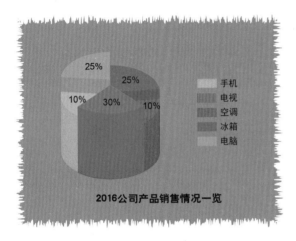

图4-170　立体饼图

图4-171　设置饼图的尺寸

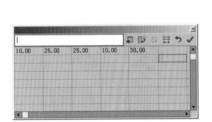

图4-172　输入数值

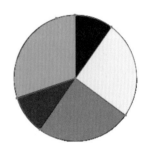

图4-173　平面饼图

3）此时单击这个饼图会发现没有矩形的控制框，这时无法对它进行形状上的编辑，下面就来解决这个问题。方法：执行菜单中的"对象 | 取消编组"命令，然后选择 ⊞（自由变形工具），此时饼图周围就有了控制线，如图 4-174 所示，接着将其压缩变形为一个椭圆形，如图 4-175 所示。

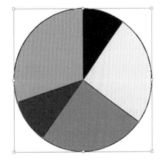

图4-174　饼图周围就有了控制线

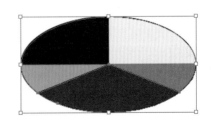

图4-175　将饼图压缩变形为一个椭圆形

4）将饼图的描边色线设为 （无色），并在饼图的下边再复制一个饼图。方法：首先将每个扇形填充上不同的颜色，然后利用 （选择工具）选中填充后饼图，向下拖拉的同时按下 <Alt> 键，为了和上面的饼图垂直还可以同时按下 <Shift> 键，复制的结果如图 4-176 所示。

2．制做饼图的圆柱

1）为了便于绘图，下面执行菜单中的"视图｜智能辅助线"命令，然后选择工具箱中的 （钢笔工具），沿扇形的 4 个端点画一个矩形，如图 4-177 所示。

> **提示**
>
> 使用了"智能辅助线"功能后，当钢笔放在一些特殊的点上（例如一个端点）时，钢笔就会被自动吸附上去。

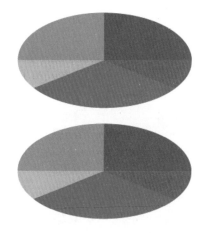

图4-176　复制饼图

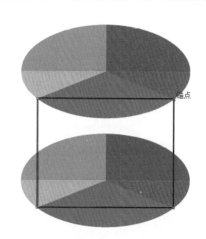

图4-177　沿扇形的4个端点画一个矩形

2）此时钢笔勾画的矩形边线色为 （无色），填充色和扇形的颜色相同，如图 4-178 所示，这样的圆柱体会缺乏立体感，下面要进行一些修改。方法：选中矩形，调出"颜色"面板，如图 4-179 所示。然后单击面板右上角的下拉按钮，在弹出的快捷菜单中将 RGB 模式调整为 HSB 模式，如图 4-180 所示。接着在这种模式下将"B"（亮度）的值减少 10%，结果如图 4-181 所示。

图4-179　RGB模式颜色

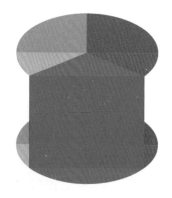

图4-178　填充色和扇形的颜色相同　　图4-180　HSB模式颜色　　图4-181　"B"的值减少10%的效果

3）执行菜单中的"对象｜排列｜置于顶层"命令，将上方的扇形放到矩形的上面，如图 4-182 所示。

4）同理，将黄色和粉色的两部分完成，这样饼图的立体感就明显增强，如图 4-183 所示。

3．制做突出的效果

1）利用工具箱中的 （直接选择工具）选中饼图中的红色部分，然后执行菜单中的"选择｜反向"命令，

将其余的部分全部选中，接着执行菜单中的"对象|隐藏|所选对象"命令，此时饼图就只剩下了红色的部分。

图4-182　将上方的扇形放到矩形的上面

图4-183　立体饼图的主体

2）利用工具箱中的 拖出一个选框，从而将扇形的全部和矩形的上面一条边选中，然后将它们一起向上拖拉，如图4-184所示。完成后执行菜单中的"对象|显示全部"命令，结果如图4-185所示。

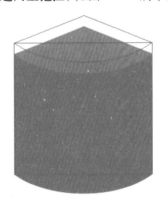

图4-184　选中扇形和矩形的上面一条边向上拖拉

图4-185　全部显示效果

3）制作饼图中绿色的部分。方法：选中绿色的扇形，将其垂直升高一定的距离，如图4-186所示。然后利用 将镂空的部分填补上，并按照上面的方法填充颜色，结果如图4-187所示。

图4-186　将绿色的扇形垂直升高一定的距离

图4-187　镂空的部分填补上

4）同理，将其余的部分完成，如图4-188所示。然后利用手工的方法画出图例说明，如图4-189所示。

5）最后将文字和图例加到饼图上，结果如图4-190所示。

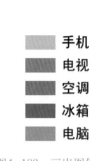

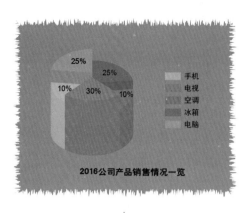

图4-188　完成其他部分　　　图4-189　画出图例说明　　　图4-190　最终效果

4.3.7　自定义图表

要点

　　在大家熟悉的 Office 办公软件中，可以制作出各种类型的图表，但是如果要将自己绘制的图形定义为图表图案，那将是噩梦般的经历，而使用 Illustrator CC 2015 可以轻松完成。本例将教授大家制作自定义的图表，如图 4-191 所示。通过本例学习应掌握工具箱中的图表工具，将图形定义为参考线以及将自定义图案指定到图表中的方法。

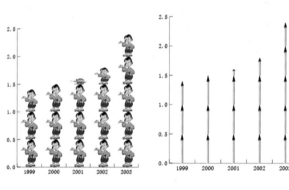
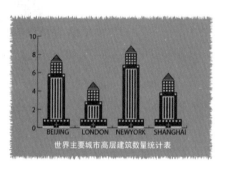

图4-191　自定义图表

操作步骤

1. 制作原始图表

　　1）执行菜单中的"文件 | 新建"命令，在弹出的对话框中设置相关参数，如图 4-192 所示。然后单击"确定"按钮，新建一个文件。

　　2）选择工具箱中的（图表工具），在页面的工作区中单击会弹出一个对话框（见图 4-193），从中可精确地输入长和宽的具体数值，也可以用 拖拉出一个图表区域，然后在弹出的对话框中按如图 4-194 所示进行设置，单击"确定"按钮。此时在刚才拖拉出的图表区域中会产生一个图表，如图 4-195 所示。

2. 将自定义的图案指定到图表中去

　　1）将提供的"素材及结果 \4.3.7 自定义图表 \ 小人 .ai"复制

图4-192　设置"新建文档"参数

到当前文件中，如图 4-196 所示。

图4-193 "图表"对话框

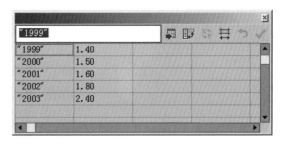

图4-194 输入图表所需信息

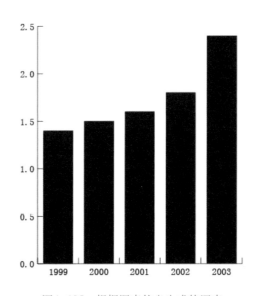

图4-195 根据图表信息生成的图表

2）选中小人图形，执行菜单中的"对象|图表|设计"命令，在弹出的"图表设计"对话框中单击"新建设计"按钮，从而将小人定义为图表图案，接着单击"重命名"按钮，将其重命名为 person，如图 4-197 所示，单击"确定"按钮。

图4-196 复制图形到当前文件

图4-197 将小人定义为图表图案

3）右击工作区中的图表，在弹出的快捷菜单中选择"列"命令，在弹出的"图表列"对话框中设置相关参数（见图 4-198），单击"确定"按钮，结果如图 4-199 所示。

4）同理，还可以将其他图形定义为图表图案，并将定义好的图案指定到图表中，如图 4-200 所示。

图4-198　设置"图表列"参数

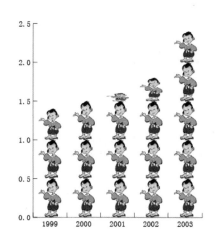

图4-199　生成的图表

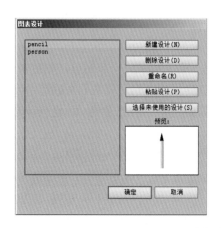
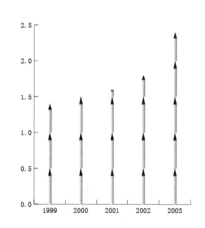

图4-200　将图案指定到图表中

3．修改图表图案在图表中的分布

1）此时铅笔垂直间距过近。为了解决这个问题，可以在铅笔外面绘制一个矩形，并设置它的填充色和描边色均为 ，效果如图 4-201 所示。然后，再将其定义为图表图案指定到图表中即可，结果如图 4-202 所示。

提示

此时铅笔位于矩形内部，重复的图形为矩形。

图4-201　将填充色和描边色均设置为

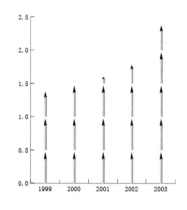

图4-202　将图案指定到图表中

2）此时铅笔水平间距也过大。为了解决这个问题，可以右击图表，在弹出的快捷菜单中选择"类型"命令，然后在弹出的对话框中设置相关参数，如图 4-203 所示，单击"确定"按钮，结果如图 4-204 所示。

图4-203　修改图表参数

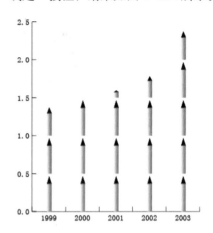

图4-204　修改参数后的图表

4．制作会自动拉伸的图表

1）这个制作过程很容易出错，所以讲得详细一些。首先绘制一个新图形，如图 4-205 所示。

2）在此图形的中间部分绘制一条直线，如图 4-207 所示，然后将它们全部选中后组成群组，接着利用工具箱中的 （编组选择工具）选中这条直线，执行菜单中的"视图|参考线|建立参考线"命令，将其定义为参考线。

💿 提示

　　在Illustrator CC 2015中任意一条曲线都可以定义为参考线，而任意一条参考线也可以转化为直线。

3）选中图 4-206 中所有图形，执行菜单中的"对象|图表|设计"命令，在弹出的"图表设计"对话框中单击"新建设计"按钮，从而将其定义为图表图案，接着单击"重命名"按钮，将其重命名为 building，单击"确定"按钮，如图 4-207 所示。

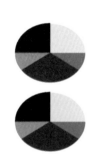

图4-205　绘制图形

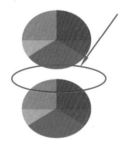

图4-206　绘制直线

图4-207　定义为图表图案

4）将图案应用到新的图表中，如图 4-208 所示，此时会发现结果和前面的例子并没有什么不同，这并不是我们想要的结果，下面进一步进行处理。

5）右击图表在弹出的对话框中按图 4-209 进形修改参数，修改后的结果如图 4-210 所示。

💿 提示

　　将直线定义为参考线的目的是为了以该参考线为标准拉伸图形。

图4-208 图表

图4-209 修改参数

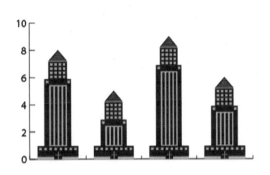

图4-210 修改参数后的图表

6）此时参考线没有消失，下面执行菜单中的"视图 | 参考线 | 隐藏参考线"命令，将其隐藏即可。

7）将文字背景等修饰加到这几张图表上，结果如图4-211所示。

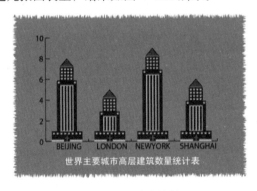

图4-211 最终效果

4.3.8 制作趣味图表

要点

为了获得对各种数据的统计和比较直观的视觉效果，人们通常采用图表来表现数据。Illustrator CC 2015将其强大的绘图功能引入到了图表的制作中，也就是说，在应用丰富的图表类型创建基础图表之后，用户还可以尽情地将创意融入到图表之中，定制出个性化的图表，以使图表的显示生动而富有情趣。本例将制作一个对普通饼图进行设计改造的艺术化图表，如图4-212所示。通过本例的学习，应掌握自定义图案笔刷、创建基础数据图表、创建图案表格、文字的区域内排版和沿线排版等知识的综合应用。

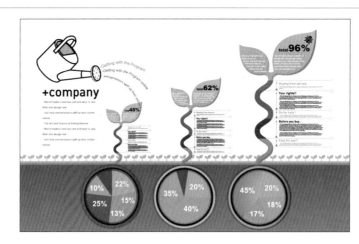

图4-212　艺术化图表

操作步骤

1）执行菜单中的"文件 | 新建"命令，在弹出的对话框中设置参数，如图 4-213 所示。然后单击"确定"按钮，新建一个名称为"图表 .ai"的文件。

2）这是一个以饼状图为主的图表，使图表与周围环境浑然一体是表格趣味化的核心，因此先来设置环境并划分版面中大的板块。方法：选择工具箱中的 ▣（矩形工具），绘制一个与页面等宽的矩形，并使其顶端位于标尺横坐标 100　mm 的位置，使其底端与页面底边对齐。然后按快捷键 <Ctrl+F9> 打开"渐变"面板，设置如图 4-214 所示的从上至下的线性渐变［参考数值分别为：CMYK（28，50，60，0），CMYK（50，60，75，5））］，并将 "描边"设置为无。

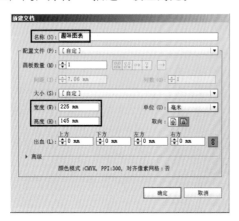

图4-213　设置"新建文档"参数

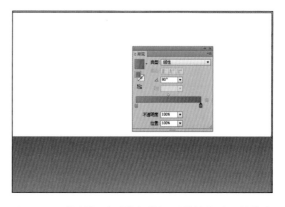

图4-214　绘制与页面等宽的矩形并填充为线性渐变

3）紧靠矩形的上部绘制一个很窄的矩形条，将其填充为从上至下的线性渐变［参考数值分别为：CMYK（35，0，95，0），CMYK（50，60，75，5）］，并将"描边"设置为无，如图 4-215 所示。

4）该艺术化图表通过不断生长的植物来象征网络营销的优势分析，在页面中多次出现了植物形象，下面先利用"自定义画笔"来制作位于页面中部的一排处于萌芽状态的小苗。方法：先利用工具箱中的 ✎（钢笔工具）绘制出如图 4-216 所示的小苗图形，并将其填充为草绿色［参考颜色数值为：CMYK（40，10，100，0）］。

5）利用工具箱中的 ▣（矩形工具）绘制出一个矩形框（"填充"和"描边"都设置为无），然后利用 ▸（选择工具）同时选中该矩形框和小苗图形，再按 <F5> 键打开"画笔"面板，在面板弹出菜单中选择"新建画笔"命令，如图 4-217 所示。此时在弹出的"新建画笔"对话框中列出了 Illustrator 可以创建的 4 种画笔类型，这里选择"图案画笔"单选按钮，单击"确定"按钮，如图 4-218 所示。接着在弹出的"图案画笔选项"对话框中采用默认设置，单击"确定"按钮，如图 4-219 所示。此时新创建的画笔会自动出现在"画笔"面板中，如图 4-220 所示。

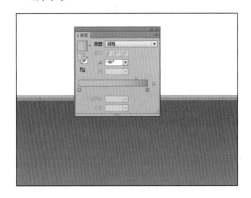

图4-215 紧靠矩形上部绘制一个很窄的矩形条

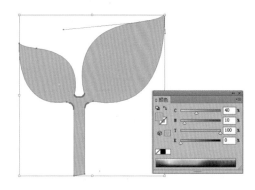

图4-216 绘制出小苗图形

提示

矩形框的宽度及它与小苗图形两侧的距离很重要，它将决定后面自定义画笔形状点的间距，因此矩形框的宽度不能太大。

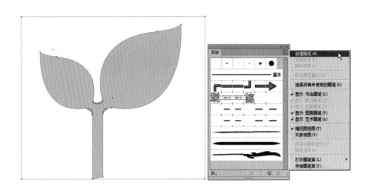

图4-217 在"画笔"面板弹出菜单中选择"新建画笔"命令

图4-218 选择"图案画笔"单选按钮

图4-219 "图案画笔选项"对话框

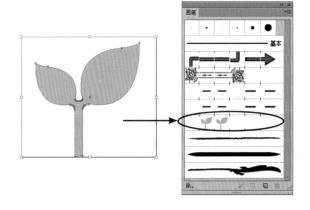

图4-220 新建画笔出现在"画笔"面板中

6）将小苗"种植"在页面中间的矩形框上。方法：先利用工具箱中的 绘制出一条横跨页面的直线，然后在"画笔"面板下方单击 图标，此时小苗图形会沿直线走向进行间隔排列，效果如图 4-221 所示。

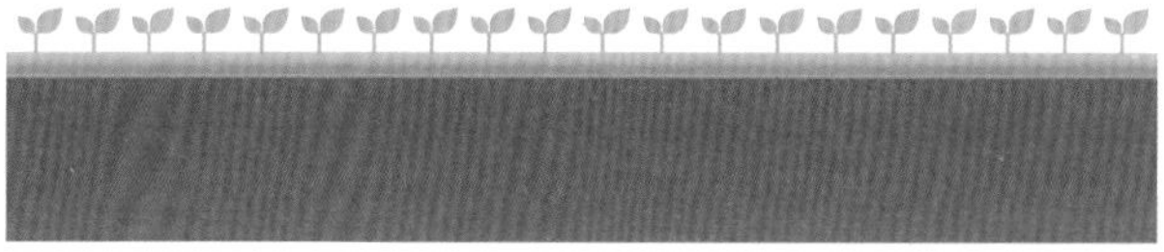

图4-221　小苗图形沿直线走向在矩形上面进行间隔排列

7）下面开始制作饼状图，先输入第一组表格数据，形成基础柱状图表。方法：选择工具箱中的（柱形图工具），在页面上拖动鼠标绘制出一个矩形框来设置图表的大小，然后松开鼠标，此时会弹出图表数据输入框。接着在图表数据输入框中输入第一组比较数据（见图4-222），数据输入完后单击输入框右上方的应用图标，此时会自动生成图表，默认状态下生成的图表是普通的柱形图，如图4-223所示。在此图表中，可以看到网络商店的6项销售额分别以不同灰色的矩形表示。

8）利用工具箱中的（选择工具）选中柱形图，然后在工具箱中的（柱形图工具）上双击，在弹出的“图表类型”对话框中单击（饼图）按钮（图4-224），再单击“确定”按钮，此时柱形图表会转换为如图4-225所示的饼状图表。

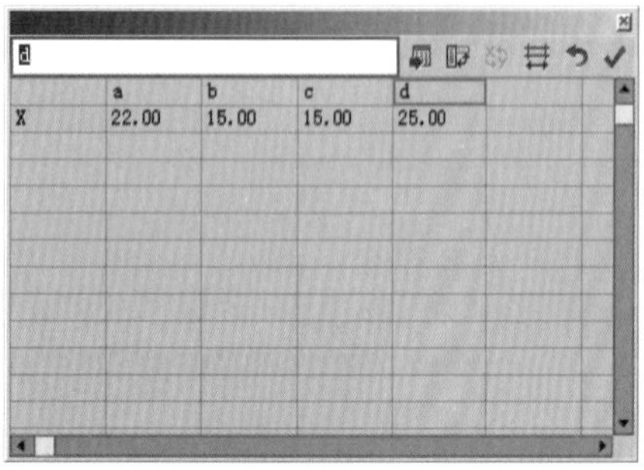

图4-222　在图表数据输入框中输入第一组比较数据

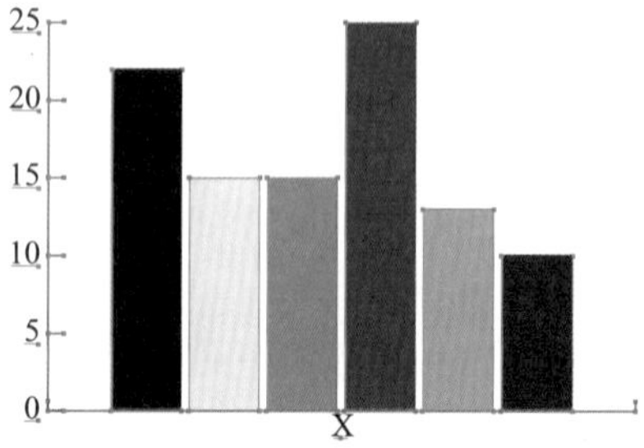

图4-223　自动生成普通的柱形图表

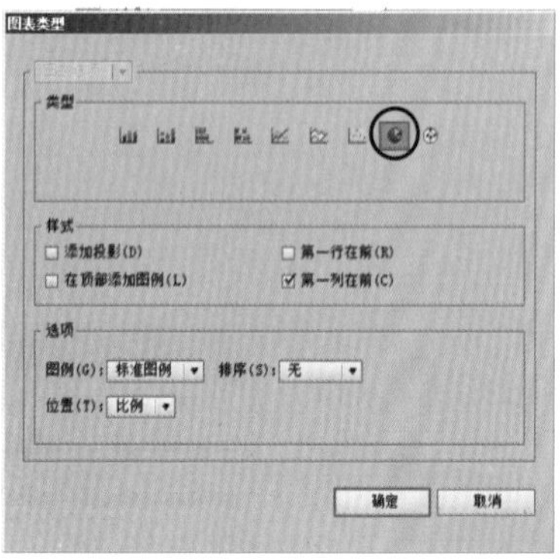

图4-224　在“图表类型”对话框

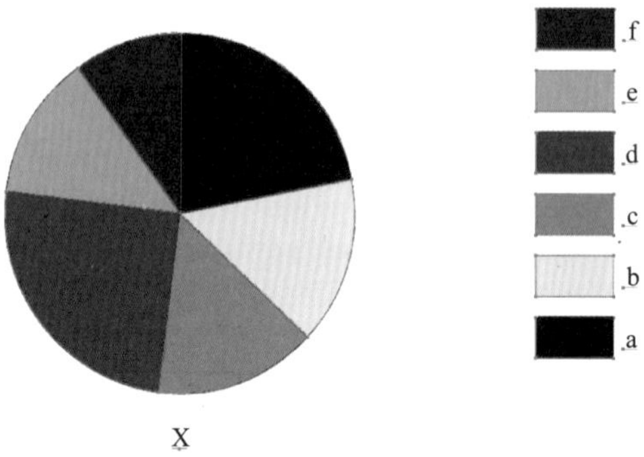

图4-225　柱形图表转换为饼状图表

9）现在的饼图是黑白效果的，要改变其中每一个小块的颜色，必须先将其进行解组。方法为：按3次快捷键<Shift+Ctrl+G>解除表格的组合（第一次按快捷键<Shift+Ctrl+G>时，会弹出如图4-226所示的警告对话框，单击“是”按钮）。在解除表格的组合之后，利用（直接选择工具）分别选中右侧的一列小色块及饼图下面的“X”字母，按<Delete>键将它们删除。然后分别选中饼图中的各分解块，将填充色修改为鲜艳的彩色（颜色请读者自行设置）。最后设置稍微粗一些的轮廓描边，效果如图4-227所示。

10）在饼图下面绘制两个稍微大一些的同心圆形，并分别填充为品红色［参考颜色数值为：CMYK（0，100，0，0）］和深褐色［参考颜色数值为：CMYK（90，85，90，80）］，如图4-228所示。

提示

在饼图圆心位置按住快捷键<Alt+Shift>，可绘制出从同一圆心向外发射的正圆形。

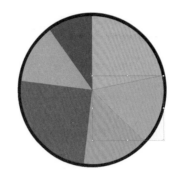

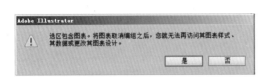

图4-226　解组时会弹出警告对话框　　　　　图4-227　分别选中饼图中的分解块并填充为彩色

11）同理，再绘制一个从同一圆心向外扩展的正圆形，并将其"填充"设置为无，"描边"设置为深褐色（参考颜色数值为：CMYK（90，85，90，80）），"描边粗细"设置为 4 pt，如图 4-229 所示。然后选中该圆形，执行菜单中的"对象｜路径｜轮廓化描边"命令，将描边转换为圆环状图形。接着按快捷键 <Shift+Ctrl+F10> 打开"透明度"面板，将 "不透明度"设置为40%，此时，几圈描边的颜色使饼图形成了按钮般的卡通效果，如图 4-230 所示。

12）选择工具箱中的 T （文字工具），分别输入百分比数据文本，然后在工具选项栏中设置"字体"为 Arial Black，字体颜色为白色，接着将它们分别放置到饼图上相应的分区，如图 4-231 所示。

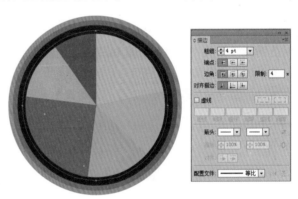

图4-228　在饼图下面绘制两个稍微大一些的同心圆形　　　图4-229　再绘制出一个从同一圆心向外扩展的圆环形

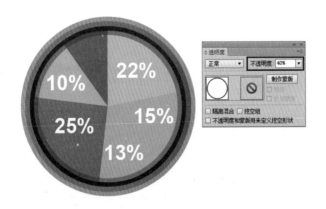

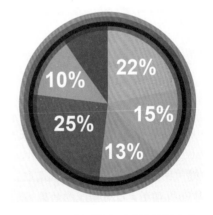

图4-230　改变圆环状图形的不透明度　　　　　图4-231　分别输入百分比数据文本

13）继续制作另外两个饼图，它们都只具有 4 组比较数据，请用户参照图 4-232 和图 4-233 中所提供的数据表来分别创建两个柱形图，再将它们转换为饼图。在生成黑白的饼状图表后，按 3 次快捷键 <Shift+Ctrl+G> 解除组合，然后就可以自由地进行块的上色、描边等操作 [具体步骤可参看本例步骤9）和步骤10）的讲解]。最后将完成的 3 个饼状图表放置到页面中，效果如图 4-234 所示。

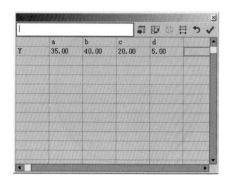

图4-232　第二个饼图的参考数据

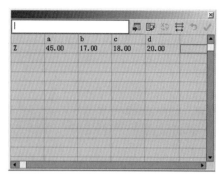

图4-233　第三个饼图的参考数据

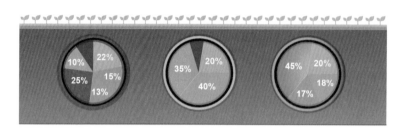

图4-234　将完成的3个饼状图表放置到页面中

14）制作位于页面视觉中心位置的小树苗，然后使小树苗的生长高度依据表格数据而变化。先来绘制一棵小树苗图形，方法：利用工具箱中的 ![钢笔工具图标]（钢笔工具）绘制出如图 4-235 所示的小苗形状的闭合路径，并将它填充为草绿色［参考颜色数值为：CMYK（40，10，100，0）］，然后沿如图 4-236 所示的位置绘制出 5 条水平线段，下面将用这些线段把下部的图形截断裁开。

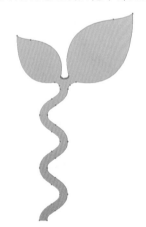

图4-235　绘制小苗图形并填充为草绿色

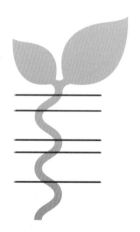

图4-236　绘制出5条水平直线段

15）利用 ![选择工具图标]（选择工具），在按 <Shift> 键同时选中树苗图形和 5 条直线段，然后按快捷键 <Shift+Ctrl+F9> 打开"路径查找器"面板，如图 4-237 所示。单击 ![分割图标]（分割）按钮，此时图形被裁成许多局部块，再按快捷键 <Shift+Ctrl+A> 取消选取。接着利用 ![直接选择工具图标]（直接选择工具）重新选中裁开的局部图形，改变其填充颜色，从而得到图 4-238 所示的效果。最后沿着小树苗的右侧边缘，利用 ![钢笔工具图标]（钢笔工具）绘制出一些曲线图形，并将它们填充为"浅绿—草绿"的线性渐变，如图 4-239 所示，以增加小树苗的图形复杂度和视觉上的立体效果。

16）选中刚才绘制的曲线图形，按快捷键 <Shift+Ctrl+F10> 打开"透明度"面板，改变"混合模式"为"正片叠底"。色彩在经过处理后会整体变暗，形成一道窄窄的阴影，如图 4-240 所示。

17）至此，小树苗图形绘制完成。下面利用 ![选择工具图标]（选择工具）选中组成小树苗的所有图形，然后按快捷键 <Ctrl+G> 组成群组。

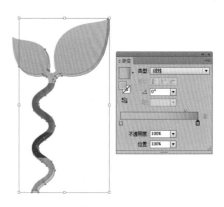

图4-237　"路径查找器"面板　　　　图4-238　点选小苗茎部裁开的　　　　图4-239　绘制一些曲线图形并将其
　　　　　　　　　　　　　　　　　　　　　图形改变填充颜色　　　　　　　　　　填充为"浅绿—草绿"的渐变

18）在小树苗图形绘制完成后，要将它定义为图表的设计单元，以便与图表数据发生关联。方法：利用 （选择工具）选中树苗图形组，然后执行菜单中的"对象|图表|设计"命令，在弹出的"图表设计"对话框中单击"新建设计"按钮，此时可以看到列表中多了一个（树苗）选项（下面的预览框中出现了该图案的预览图），如图 4-241 所示。接着单击"重命名"按钮，在弹出的对话框中输入新的名称 tree。最后单击"确定"按钮，将小树苗作为图表图案单元存储起来。

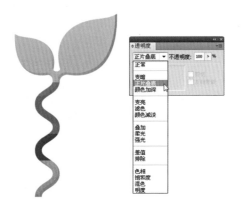

图4-240　色彩经过处理后整体变暗，形成一道窄窄的阴影　　　　图4-241　小树苗被作为图表图案单元存储起来

19）创建另一个基础柱状图表。方法：选择工具箱中的 （柱形图工具），在页面上拖动鼠标绘制出一个矩形框，用来设置图表的大小，然后松开鼠标，在弹出的图表数据输入框中输入一组 3 个季度营业增长率的数据，如图 4-242 所示。在数据输入完成后，单击输入框右上方的 按钮，此时会生成柱形图表，如图 4-243 所示。

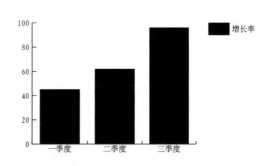

图4-242　输入一组比较增长率的数据　　　　　图4-243　自动生成的柱形图表

20）用小树苗图案替换柱形图。方法：利用工具箱中的 （编组选择工具）选中所有的黑色柱形（在一个柱形内连续单击鼠标 3 次），然后执行菜单中的"对象|图表|柱形图"命令，在弹出的"图表列"对话框

中选择tree选项，如图4-244所示。在"列类型"右侧的下拉列表框中选择"一致缩放"选项（这个选项的功能是将图案单元按柱形图高度进行等比例缩放），单击"确定"按钮，得到如图4-245所示的非常形象生动的增长率图表。

图4-244 "图表列"对话框

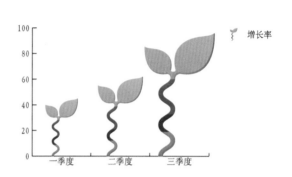

图4-245 图案单元按柱形图高度进行等比例缩放

21）为了使版面美观，同时保持图表的数据属性（也就是还可以不断地更改数据），下面将图表中的文字与轴都暂时隐藏起来。方法：利用工具箱中的 ↖⁺（编组选择工具）选中所有要隐藏的内容，然后将它们的"填充"与"描边"都设置为无，效果如图4-246所示。接着将图表移至页面中如图4-247所示的位置，此时树苗与前面做好的饼状图还拼接不上，下面还需利用 ↖⁺（编组选择工具）进行位置的细致调整，从而得到如图4-248所示的上下衔接效果。

提示

如果要再次修改图表原始数据，则可以利用 ▶（选择工具）选中整个（已替换为图案的）图表，然后执行菜单中的"对象|图表|数据"命令，在弹出的图表数据输入框中重新修改数据，然后单击输入框右上方的 ✔按钮。

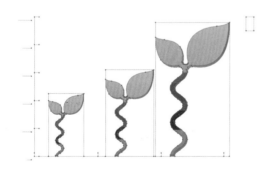

图4-246 将图表中的文字与轴都暂时隐藏起来

图4-247 树苗与前面做好的饼状图还拼接不上

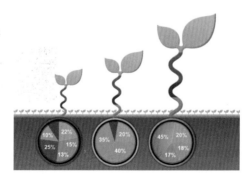

图4-248 对树苗和饼状图的位置进行细致调整

22）打开"素材及效果 \4.3.8　制作趣味图表 \ 喷壶 .ai"文件，如图 4−249 所示，然后将喷壶的黑白卡通图形复制粘贴到目前的图表页面中。接着利用 （钢笔工具）绘制出如图 4−250 所示的 3 条曲线路径，以模仿从喷壶中喷出的水流形状。

图4−249　光盘中提供的素材图"喷壶.ai"

图4−250　绘制出3条曲线路径

23）制作文字沿线排版的效果。方法：选择工具箱中的 （路径文字工具），在最上面的一条路径左侧端点上单击，然后直接输入文本，并在属性栏内设置"字体"为 Arial，"字号"为 8 pt，文字颜色为蓝绿色，此时输入的文本会自动沿曲线路径排列，如图 4−251 所示。同理，在另外两条曲线路径上也输入文字，得到如图 4−252 所示的效果。最后，在喷壶的下方添加标题文字和几行小字，字体和字号请读者自行设定，完成后的效果如图 4−253 所示。

24）由于树苗图表中影响观感的轴与数据等都被隐藏了，因此需要直接将文字置入树叶内部，以取得醒目的效果。方法：先将前面绘制的树苗图形复制一份，然后选择工具箱中的 （刻刀工具），按住 <Alt> 键，以直线的方式将树叶与茎裁断，如图 4−254 所示。接着按快捷键 <Shift+Ctrl+A> 取消选择，再利用工具箱中的 （直接选择工具）选中下面的茎部，按 <Delete> 键将其删除。

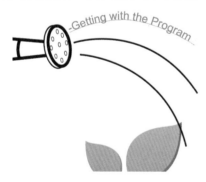

图4−251　输入的文本自动沿路径排列

图4−252　在另外两条曲线路径上也输入文字

图4−253　在喷壶的下方添加标题文字和几行小字

图4−254　应用"美工刀工具"将树叶与茎裁断

25）按快捷键＜F7＞打开"图层"面板，然后单击"图层"面板下方的 (创建新图层) 按钮，新建"图层 2"。接着将刚才裁切后剩下的树叶图形移至图表（最右侧）树苗上，再进行适当放缩。最后利用 (直接选择工具) 调整锚点与方向线，使它比图表树苗中的叶形稍微小一圈，如图 4-255 所示。

提示

在调整"图层2"中的树叶形状时，可以先将"图层1"暂时锁定。

26）下面将文字置入树叶内部，也就是所谓的图形内排文。方法：选中树叶路径，然后利用工具箱中的 (区域文字工具) 在路径边缘单击，此时光标会出现在路径内部。接着输入文字，文字将出现在树叶路径内部，修改文字的大小与颜色，从而得到如图 4-256 所示的效果。同理，制作另外两片树叶中的区域内文字，最后效果如图 4-46 所示。

图4-256　将文字置入树叶内部

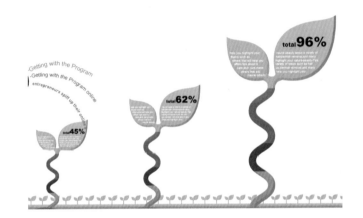

图4-255　将裁切后的路径调整到比图表树苗中的叶形稍微小一圈

图4-257　制作3片树叶中的区域内文字

27）在树苗的附近需要添加标注文字。首先绘制一些虚线作为段落的分隔线。方法：选择工具箱中的 (直线段工具)，按住＜Shift＞键，绘制出 6 条水平线条，然后打开"描边"面板，在其中设置参数，如图 4-258 所示（注意虚线参数的设置），从而将 6 条水平线条都转换为虚线，如图 4-259 所示。

图4-258　在"描边"面板中设置虚线参数

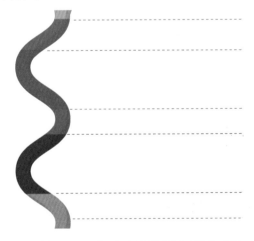

图4-259　将6条水平线条都转换为虚线

28）在每条虚线的右侧末端绘制一个圆形框，并调整圆形的边线为黑色的虚线，如图 4-260 所示，然后制作纵向分隔线。方法：利用工具箱中的 (直线段工具) 绘制出一条直线段（在第 1、2 条水平虚线之间左侧），然后设置"描边粗细"为 0.35 pt，描边颜色为灰色 [参考颜色数值为：CMYK（0，0，0，60）]，如

图 4-261 所示。接着在"描边"面板中分别选取箭头"起点"和"终点"的形状（起点为三角形，终点为圆形），如图 4-262 所示，单击"确定"按钮，从而得到如图 4-263 所示的箭头图形。

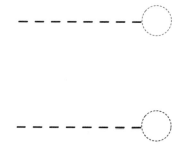

图4-260　在每条虚线的右侧末端绘制一个圆形虚线框

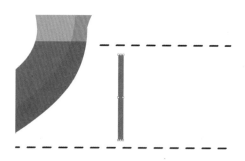

图4-261　制作纵向分隔线

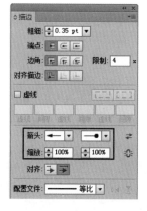

图4-262　设置箭头图形

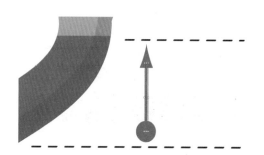

图4-263　箭头两端分别被添加上三角形和圆形

29）将箭头图形复制几份，然后分别进行纵向垂直对齐的排列，效果如图 4-264 所示。

30）现在水平与垂直的框架结构已搭建好，下面开始添加文字内容。方法：利用工具箱中的 🅣 （文字工具）输入文本（标题与正文都是独立的文本块），字体字号请读者自行设定，但为了版面的美观与统一，文字段落的颜色主要为灰色［参考颜色数值为：CMYK（0，0，0，60）］和黑色交替出现。最右侧树苗旁的文字整体排版效果如图 4-265 所示。

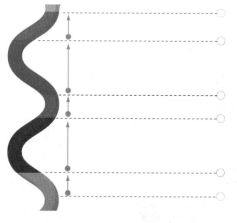

图4-264　纵向垂直对齐的排列

图4-265　最右侧树苗旁的文字整体排版效果

31）同理，制作另外两棵树苗右侧的文字与线条框架，字号和线条的粗细要随着树苗宽高的缩小而减小，以使文字与图表构成一个息息相关、共同增长的整体，如图 4-266 所示。

32）最后，再增添一些图形小细节，例如树叶上的甲壳虫等，如图 4-267 所示。至此，艺术化图表制作完毕，下面缩小图形以显示全页，效果如图 4-268 所示。

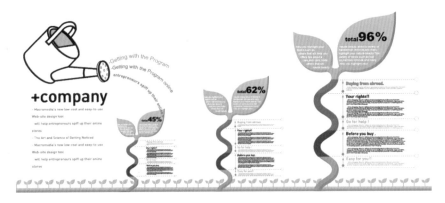

图4-266　使文字与图表构成一个息息相关、共同增长的整体

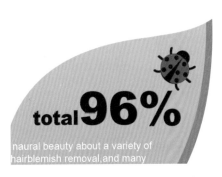

图4-267　添加到树叶上的甲壳虫

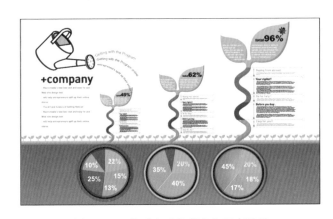

图4-268　最后完成的艺术化图表效果

课后练习

1. 制作图 4-269 所示的液体滴落效果。
2. 制作图 4-270 所示的水底世界效果。

图4-269　液体滴落效果

图4-270　水底世界效果

渐变、网格和混合 第5章

在 Illustrator CC 2015 中，实现一种颜色到另外一种颜色过渡的方法有 3 种：渐变、网格和混合。这 3 种工具有各自的应用范围，其中渐变工具是对单个对象进行线性或圆形渐变填充；网格工具是对单个对象的不同部分进行颜色填充；混合工具是对多个对象之间进行形状和颜色的混合。通过本章学习，应掌握渐变、网格和混合的具体应用。

5.1 使用渐变填充

渐变填充是指在一个图形中从一种颜色变换到另一种颜色的特殊的填充效果。在 Illustrator CC 2015 中应用渐变填充，既可以使用工具箱中的 ▣（渐变工具），也可以使用"色板"面板中的渐变色板。图 5-1 所示为使用渐变工具制作的杯子上的高光效果。

如果需要对渐变填充的类型、颜色以及渐变的角度等属性进行精确的调整控制，必须使用"渐变"面板进行相关设置。执行菜单中的"窗口|渐变"命令，即可调出"渐变"面板，如图 5-2 所示。

提示

> 如果单击"渐变"面板标签上的双向小三角符号，"渐变"面板将会简化显示，如图 5-3 所示。

图5-1　制作杯子上的高光效果

图5-2　"渐变"面板

图5-3　简化显示"渐变"面板

5.1.1　线性渐变填充

线性渐变填充是一种沿着线性方向使两种颜色逐渐过渡的效果，这是一种最常用的渐变填充方式。使用线性渐变填充的具体操作步骤如下：

1）如果要对图形应用线性渐变填充，必须选中需要进行线性渐变填充的图形，然后选择工具箱中的 （渐变工具），如图5-4所示。

2）在选取了 ◪（渐变工具）后，所选的图形还不能自动实现渐变填充。此时，必须在"渐变"面板的"类型"下拉列表中，选取渐变类型为"线性"。此时，所选的图形才呈现出线性渐变填充的效果，如图5-5所示。

图5-4　选择"渐变工具"　　　　　　　　　　　　　　　　图5-5　线性渐变效果

3）如果想要改变直线渐变的渐变程度，只要选择 ◪（渐变工具）后，在应用了线性渐变填充的图形上拖出一条直线，此时直线的起点表示渐变效果的起始点，而直线的终点表示渐变效果的终止点。拖出直线的位置和长短将直接影响渐变的效果，如图5-6所示。

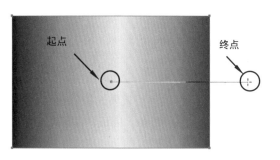

图5-6　拉出渐变

4）如果想要改变直线渐变的渐变方向，只要选取 ◪（渐变工具）（渐变工具），然后在应用了线性渐变填充的图形上拖出一条直线，此时直线的方向即表示渐变效果的渐变方向，如图5-7所示。

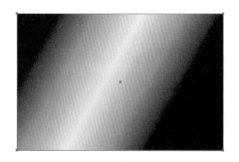

图5-7　改变渐变方向

5）如果需要精确地控制线性渐变的方向，可以在"渐变"面板的"角度"文本框中输入相应的数值。

提示

系统的默认值是0°，当输入的角度值大于180°或者小于-180°时，系统将会自动将角度转换成-180°~180°之间的相应角度。例如，输入280°，则系统将会将它转为-80°。

6）如果需要改变改变线性渐变填充的起始颜色和终止颜色，可以单击"渐变"面板中的起始颜色标志或终止颜色标志（即面板色彩条下面的两个滑块），将会弹出"颜色"面板。此时，可以从"颜色"面板中选取颜色作为起始颜色或终止颜色。当颜色选定之后，该颜色将会自动应用于选定的对象上。

5.1.2　径向渐变填充

径向渐变填充是一种沿着径向方向使两种颜色逐渐过渡的效果。使用径向渐变填充的具体操作步骤如下：

1）如果要对图形应用径向渐变填充，首先必须选中需要进行径向渐变填充的图形，然后选择工具箱中的▣（渐变工具）。

2）此时，所选的图形还不能自动实现渐变填充。下面还必须在"渐变"面板的"类型"下拉列表中选取渐变类型为"径向"，这样，所选图形才呈现出渐变填充的效果，如图 5-8 所示。

> 💾 **提示**
>
> 与线性渐变填充不同的是，径向渐变填充不存在渐变角度的问题，因为径向填充的方向对于中心点而言是对称的。

5.2　使用网格

虽然 Illustrator CC 2015 的▣（渐变工具）可以产生很奇妙的效果，但是渐变工具的应用中有一个很大的缺陷，即渐变填充的颜色变化只能按照预先设置的方式，而且同一个图形中的渐变方向必须是相同的。不过 Illustrator 还提供了一个渐变网格工具来弥补这样的缺陷，利用渐变网格可以对单个对象的不同部分进行颜色填充。图 5-9 所示为使用渐变网格制作的效果。

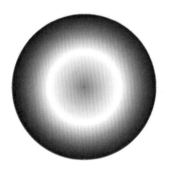

图5-8　径向效果　　　　　　　　　　　　　　图5-9　利用渐变网格制作的花朵

5.2.1　创建网格

使用▣（网格工具）或者执行菜单中的"对象|创建渐变网格"命令都能用来将一个对象转换成网格对象，下面分别进行讲解：

1．利用▣（网格工具）创建网格

利用网格工具创建网格的具体操作步骤如下：

1）在画布上绘制一个需要实施网格效果的图形并将其选中，如图 5-10 所示。然后选择工具箱中的▣（网格工具）（见图 5-11），此时，光标将变为一个带有网格图案的箭头形状，如图 5-12 所示。

2）将光标移到图形上，在需要制作纹理的地方单击即可添加一个网格点，多次单击之后可以生成一定数量的网格点，从而也就形成了一定形状的网格，如图 5-13 所示。

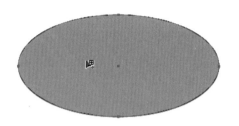

图5-10　创建图形　　　　图5-11　选择网格工具　　　　图5-12　网格工具的光标显示

3）选择工具箱中的 ▶ （直接选择工具），然后选中需要上色的网格点，接着在"颜色"面板上选择相应的颜色后，选中的网格点就应用了所需的颜色，如图 5-14 所示。

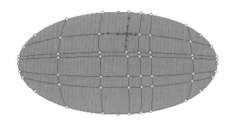
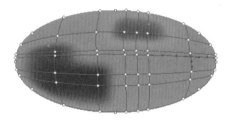

图5-13　手动创建网格　　　　　　　　　　　　图5-14　对网格点应用所需颜色

2. 利用"创建渐变网格"命令创建网格

利用"创建渐变网格"命令创建网格的具体操作步骤如下：

1）在画布上绘制一个需要实施网格效果的图形并将其选中。

2）执行菜单中的"对象|创建渐变网格"命令，此时会弹出图 5-15 所示的对话框。

在该对话框中，可以在"行数"和"列数"文本框中设置图形网格的行数和列数，从而也就设置了网格的单元数。

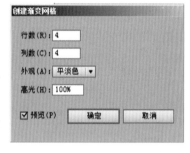

图5-15　"创建渐变网格"对话框

在"外观"下拉列表中有"平淡色""至中心"和"至边缘"3 个选项可供选择。其中，"至中心"表示从图形的边缘向中心进行渐变；"至边缘"表示从图形的中心向边缘进行渐变。图 5-16 所示为两种外观方式的对比。

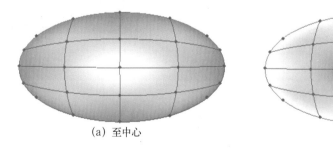

（a）至中心　　　　　　　　　　　　（b）至边缘

图5-16　两种外观方式的对比

"高光"文本框中的值表示图形创建渐变网格之后高光处的光强度。值越大，高光处的光强度越大，反之则越小。

5.2.2　编辑渐变网格

无论是利用网格工具还是"创建渐变网格"命令创建的网格，一般情况下都不会一次达到所需的效果，这就需要对网格进行编辑。下面具体讲解网格的添加、删除和调整的方法。

1）添加网格。方法：选择工具箱中的 ▦（网格工具），如果要添加一个用当前填充色上色的网格点，可单击网格对象上任意一点，相应的网格线将从新的网格点延伸至图形的边缘，如图5-17所示；如果单击的是一条已存在的网格线，则可增加一条与之相交的网格线，如图5-18所示。

图5-17　单击网格对象上任意一点　　　　　　　图5-18　在已有的网格线上单击

2）删除网格。方法：如果要删除一个网格点及相应的网格线，可以选中工具箱中的 ▦（网格工具）后直接按住〈Alt〉键，然后单击该网格点即可。

3）调整网格。方法：选择工具箱中的 ▦（网格工具），然后在网格图形上单击网格点，此时该网格点将显示其控制柄，可以拖动控制柄对通过该网格点的网格线进行调整，如图5-19所示。

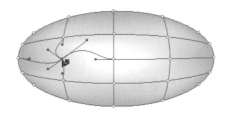

图5-19　通过拖动控制柄对网格线进行调整

5.3　使用混合

混合是Illustrator CC 2015中比较有特色的一个功能，利用它可以混合线条、颜色和图形。使用 ▣（混合工具）可以在两个或者多个图形之间产生一系列连续变换的图形，从而可以实现色彩和形状的渐进变化。

混合具有下列3个特点：

1）混合可以用在两个或者两个以上的图形之间。图形可以是封闭的，也可以是开放的路径，甚至群组图形、复合路径以及蒙版图形都可以使用混合功能。

2）混合适用于单色填充或者渐变填充的图形，对于使用图案填充的图形则只能做形状的混合，而不能做填充的混合。

3）进行过混合操作的图形会自动结合成为一个新的混合图形，并且其特征是可以被编辑修改的，但更改混合图形中的任何一个图形，整个混合图形都会自动更新。

5.3.1　创建混合

在Illustrator CC 2015中，混合是在两个不同路径之间完成的，单击同一区域内不同路径上的定位点就可以创建出匀称平滑的混合效果。如果单击相反区域内的定位点，混合就会变得扭曲。创建混合的具体操作步骤如下：

1）如果要创建混合效果，首先必须绘制两个图形，这两条图形可以是封闭的路径，也可以是开放的路径。然后为这两条路径设置不同的画笔或者填充属性，如图5-20所示。

2）选择工具箱中的 ▣（混合工具），分别单击两个图形，就会产生混合效果，如图5-21所示。

图5-20　创建两个混合基础图形

3）同样，也可以利用菜单命令完成混合。方法：选中要进行混合的图形，执行菜单中的"对象|混合|建立"命令，即可完成混合。

4）混合分为两种：平滑混合和扭曲混合。选取两个图形上相应的点生成的混合是平滑混合（见图 5-21）；而选取一个图形上的起点，再选取另一条路径上的终点生成的混合是扭曲混合，如图 5-22 所示。

图5-21　平滑混合效果

图5-22　扭曲混合效果

5.3.2　设置混合参数

利用"混合选项"对话框，可以设置混合效果的各项参数，如图 5-23 所示。设置混合参数的具体操作步骤如下：

1）打开"混合选项"对话框。打开"混合选项"对话框的方法有两种：

• 选中需要混合的图形，然后双击工具箱中的 ![混合工具图标]（混合工具）。

• 执行菜单中的"对象|混合|混合选项"命令。

2）在"混合选项"对话框中，"间距"下拉列表中有"平滑颜色""指定的步数"和"指定的距离"3 个选项可供选择。

图5-23　"混合选项"对话框

3）如果选择"平滑颜色"选项，表示系统将按照混合的两个图形的颜色和形状来确定混合步数。一般情况下，系统内定的值会产生平滑的颜色渐变和形状变化。

4）如果选择"指定的步数"选项，就可以控制混合的步数。选中此项后，在后面的文本框中可以输入 1 ~ 300 的数值。数值越大，混合的效果越平滑。图 5-24 所示为不同步数的混合效果。

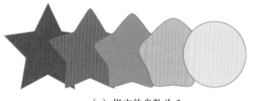

(a) 指定的步数为 3

(b) 指定的步数为 6

图5-24　不同的"指定的步数"的混合效果

5）如果选择"指定的距离"选项，可以控制每一步混合间的距离。选中此项后，可以输入 0.1 ~ 1 300 pt 的混合距离。

6）在"混合选项"对话框的"取向"选项用于设置混合的方向。其中 ![图标] 表示以对齐页的方式混合；![图标] 表示以对齐路径的方式进行混合。图 5-25 所示为两种对齐方式的比较。

图5-25　不同"取向"的效果比较

5.3.3　编辑混合图形

编辑混合图形的方法如下：

1) 在生成了混合效果之后，如果需要改变混合效果中起始图形和终止图形的前后位置，不必重新进行混合操作，只需执行菜单中的"对象|混合|反向混合轴"命令即可。

2) 如果对执行了混合操作的效果不满意，或者需要单独编辑混合效果中起始和终止两个图形，可以执行菜单中的"对象|混合|释放"命令，将混合对象释放，从而得到混合前的两个独立图形。

3) 调整混合后图形之间的脊线。一般情况下脊线为直线，两端的节点为直线节点。但是，可以使用工具箱中的 ↖（转换锚点工具）将直线点转换为曲线点，这样就可以对混合图形之间的脊线进行编辑，如图 5-26 所示。

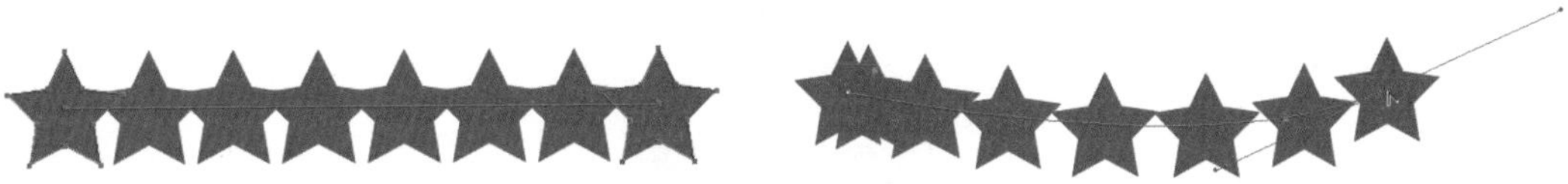

图5-26　将直线点转换为曲线点

4) 如果要混合的图形按照一条已经绘制好的开放路径进行混合，可以首先绘制出一条路径，如图 5-27 所示，然后选中混合图形，如图 5-28 所示。接着执行菜单中的"对象|混合|替换混合轴"命令。此时混合图形就会依据绘制的路径进行混合，如图 5-29 所示。

图5-27　绘制路径　　　　　　　　　　　　　　　图5-28　选中混合图形

图5-29　依据绘制的路径进行混合

5.3.4　扩展混合

混合后的图形是一个整体，不能对单独某一个图形进行填充等操作。此时可以通过扩展命令，将其扩展为单个图形，然后再进行相应操作。扩展混合的具体操作步骤如下：

1) 选中要扩展的混合图形，然后执行菜单中的"对象|扩展"命令，此时会弹出图 5-30 所示的对话框。

2）在"扩展"对话框的"扩展"选项组中有"对象""填充"和"描边"3个选项，设置完毕后单击"确定"按钮，即可将混合图形展开。

3）混合图形展开后，它们还是一组对象，此时可以使用 （编组选择工具）选取其中的人和图形进行复制、移动、删除等操作。

5.4 实 例 讲 解

本节将通过 7 个实例来对渐变、渐变网格和混合的相关知识进行具体应用，旨在帮助读者能够举一反三，快速掌握渐变、渐变网格和混合在实际中的应用。

图5-30 "扩展"对话框

5.4.1 制作立体五角星效果

要点

本例将制作一个立体五角星效果，如图 5-31 所示。通过本例学习，应掌握 （混合工具）与 （比例缩放工具）的综合应用。

图5-31 立体五角星效果

操作步骤

1）执行菜单中的"文件|新建"命令，新建一个文件。

2）选择工具箱中的 （星形工具），设置描边色为无色，填充色为红色，配合〈Shift〉键，绘制一个正五角星，结果如图 5-32 所示。

3）选中五角星，双击工具箱中的 （比例缩放工具），在弹出的对话框中设置相关参数（见图 5-33），单击"复制"按钮，复制出一个大小为原来 20% 的星形。然后用将填充色改为黄色，结果如图 5-34 所示。

图5-32 绘制正五角星

图5-33 设置"比例缩放"参数

图5-34 将小五角星填充为黄色

4）选择工具箱中的 （混合工具），分别点击两个五角星，即可产生立体的五角星效果，如图 5-35 所示。

5）此时如果要改变立体五角星的颜色，可以利用工具箱中的 （编组选择工具）选择混合后的五角星，然后更改其填充颜色即可，如图 5-36 所示。

图5-35 立体的五角星效果

图5-36 更改其填充颜色

5.4.2 制作蝴蝶结

要点

本例将制作一个逼真的蝴蝶结效果，如图 5-37 所示。通过本例学习，应掌握"混合"命令和"自由扭曲"滤镜的应用。

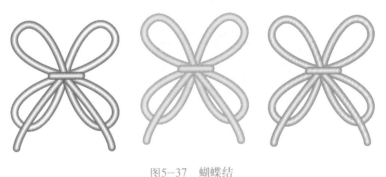

图5-37 蝴蝶结

操作步骤

1）执行菜单中的"文件 | 新建"命令，在弹出的对话框中设置相关参数，然后单击"确定"按钮，新建一个文件，如图 5-38 所示。

2）选择工具箱中的 （椭圆工具），设置描边色为黑色，填充为无色，绘制一个椭圆，结果如图 5-39 所示。

图5-38 设置"新建文档"参数

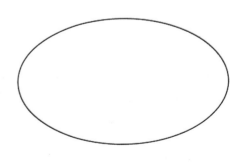

图5-39 绘制椭圆

3）选中椭圆，执行菜单中的"效果|扭曲和变换|自由扭曲"命令，弹出图5-40所示的对话框。然后将上下控制点的位置进行调换（见图5-41），单击"确定"按钮，结果如图5-42所示。

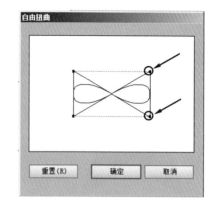

图5-40 "自由变换"对话框   图5-41 将上下控制点的位置进行调换

图5-42 自由扭曲效果

4）选择变形后的图形，将线条粗细设置为15 pt，描边颜色设置为60%灰色，如图5-43所示。

图5-43 调整线条粗细和描边颜色

5）选择变形后的图形，执行菜单中的"编辑|复制"命令，然后执行菜单中的"编辑|贴在前面"命令，在原图形上方复制一个图形。接着将它的线条粗细设置为0.5 pt，描边颜色设置为白色，结果如图5-44所示。

6）将两个图形进行混合。方法：全选这两个图形，执行菜单中的"对象|混合|建立"命令，结果如图5-45示。

图5-44 调节复制后的图形线条粗细和描边颜色   图5-45 混合效果

提示

如果图形混合后不够圆滑，可执行菜单中的"对象|混合|混合选项"命令，在弹出的"混合选项"对话框中加大"指定的步数"的数值，然后单击"确定"按钮即可，如图5-46所示。

7）选择工具箱中的 🔄（旋转工具）对其进行旋转，结果如图5-47所示。此时蝴蝶结发生了变形，这是不正确的。为了解决这个问题，下面按快捷〈Ctrl+Z〉，

图5-46 设置混合选项

回到上一步，然后执行菜单中的"对象 | 扩展外观"命令，结果如图 5-48 所示。然后，再利用 （旋转工具）对其进行旋转，即可产生正确的变形效果，如图 5-49 所示。

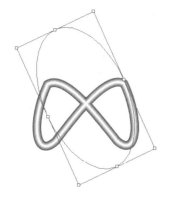

图5-47　直接旋转效果

图5-48　扩展外观效果

图5-49　旋转后效果

8）确认图形处于选择状态，选择工具箱中的 （旋转工具），按住〈Alt〉键，在变形图形的中心点上单击，在弹出的"旋转"对话框中设置相关参数，如图 5-50 所示。单击"复制"按钮，结果如图 5-51 所示。

图5-50　设置"旋转"参数

图5-51　旋转复制效果

9）同理，利用工具箱中的 （钢笔工具）绘制蝴蝶结的"结"和"飘带"图形，并分别进行混合，结果如图 5-52 所示。

图5-52　绘制"结"和"飘带"图形

提示

需要注意的是"结"和"飘带"的端点均为圆头端点，如图5-53所示。

10）如果要改变蝴蝶结的颜色，可以执行菜单中的"对象 | 混合 | 释放"命令，将混合后的图形解除混合，结果如图 5-54 所示。然后，更改线条颜色后再执行菜单中的"对象 | 混合 | 建立"命令，即可产生缤纷的蝴蝶

结效果，如图 5-55 所示。

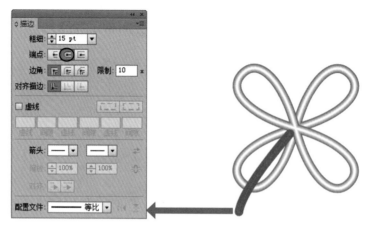

图5-53 "结"和"飘带"的端点均为圆头端点

提示

利用工具箱中的 ![图标] （编组选择工具）分别选择线条后更改颜色也可以达到同样的效果。

图5-54 将混合后的图形解除混合

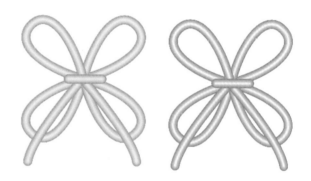

图5-55 缤纷的蝴蝶结效果

5.4.3 制作玫瑰花

要点

本例将制作一朵逼真的玫瑰花，如图 5-56 所示。通过本例学习，应掌握通过利用 ![图标] （渐变网格工具）对同一物体的不同部分进行上色的方法。

图5-56 玫瑰花

操作步骤

1．创建背景

1）执行菜单中的"文件 | 新建"命令，在弹出的对话框中设置相关参数，如图 5-57 所示。然后单击"确定"按钮，新建一个文件。

2）为了衬托玫瑰花，绘制一个黑色矩形作为背景。然后执行菜单中的"对象 | 锁定 | 所选对象"命令，将其锁定，以便于以后绘制玫瑰花，结果如图 5-58 所示。

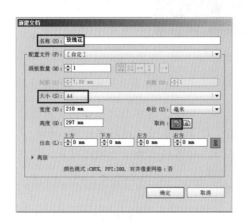

图5-57　设置"新建文档"参数

图5-58　绘制黑色矩形作为背景

2．利用渐变网格工具绘制玫瑰花花瓣

绘制玫瑰花的原则是由内向外绘制。

1）选择工具箱中的 （钢笔工具），然后在绘图区绘制图形，并将其填充为白色，结果如图 5-59 所示。

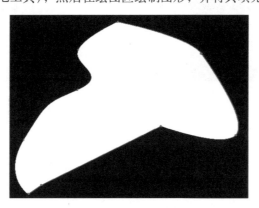

图5-59　绘制图形

2）选择工具箱中的 （网格工具），对图形添加渐变网格。然后利用 （套索工具）对相应位置上的节点分别进行上色，并利用 （直接选择工具）改变节点的位置，从而形成自然的颜色过渡，结果如图 5-60 所示。

> 提示
>
> 　将渐变网格应用到单色或渐变填充的对象上，可以对多点创建平滑颜色过渡（但不能将复合路径转换为网格对象）。

3）同理，制作其余的花瓣，并调整它们的先后顺序，最终结果如图 5-61 所示。

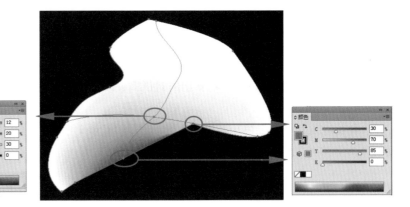

图5-60　对花瓣不同部分上色

对于使用单色填充的对象执行菜单中的"对象|创建渐变网格"命令（这样用户能够指定网格结构的细节）或使用 🔲（渐变网格）工具单击，都可以转换为渐变网格；对于渐变填充的对象，可以执行菜单中的"对象|扩展"命令,在弹出的对话框中设置相关参数（见图5-62），将其转化为一个网格对象。这样渐变色就会被保留下来，而且网格的经纬线还会根据渐变色方向进行排布。

图5-61　最终效果

图5-62　设置"扩展"参数

5.4.4　杯子效果

 要点

本例将制作一黑一白带有标记的两个杯子，如图 5-63 所示。通过本例的学习，应掌握"路径查找器"面板和 🔲（渐变工具）的综合应用。

🖋 **操作步骤**

1. 创建背景

1）执行菜单中的"文件|新建"命令，在弹出的对话框中设置参数，如图 5-64 所示，然后单击"确定"按钮，新建一个文件。

2）为了衬托杯子，绘制了一个线性渐变矩形作为背景，其渐变色的参数设置如图 5-65 所示，效果如图 5-66 所示。然后执行菜单中的"对象|锁定|所选对象"命令，将其锁定，以便以后操作。

图5-63　杯子

图5-64　设置"新建文档"参数

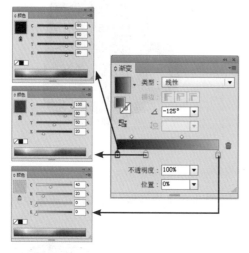

图5-65　设置渐变色

图5-66　渐变效果

2. 绘制黑色杯子

1）利用工具箱中的 ✐（钢笔工具）绘制杯子外形，如图 5-67 所示。然后绘制杯子柄，如图 5-68 所示。接着将它们移动到如图 5-69 所示的位置。

图5-67　绘制杯子外型

图5-68　绘制杯子柄

图5-69　移动位置

2）同时选中杯子和杯子柄图形，单击"路径查找器"面板中的 ▣（联集）按钮（见图 5-70）将它们组成一个整体，效果如图 5-71 所示。

3）制作杯子上的高光。方法为：利用工具箱中的 ✐（钢笔工具），根据实际情况绘制高光图形，并用如图 5-72 所示的渐变色填充高光图形，效果如图 5-73 所示。

图5-70　单击▣按钮

图5-71　将杯子和杯子柄组成一个整体

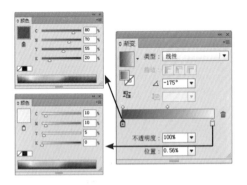

图5-72　设置渐变色

图5-73　填充高光图形

4）同理，绘制其余的高光区域，效果如图 5-74 所示。

5）绘制一个图标，如图 5-75 所示。由于此方法比较简单，这里不再进行介绍。然后将其放置到相应位置，效果如图 5-76 所示。

图5-74　绘制其余的高光区域

图5-75　绘制图标

图5-76　将图标放置到相应位置

3．绘制白色杯子

1）复制一个黑色杯子造型，然后调出"渐变"面板（见图 5-77），对杯子进行填充，效果如图 5-78 所示。

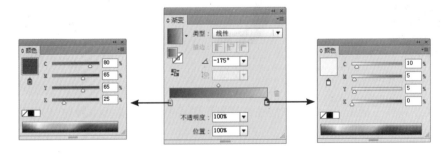

图5-77　设置渐变色

2）绘制杯子底部，如图 5-79 所示。

图5-78　对杯子进行填充

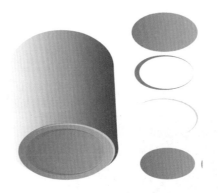
图5-79　绘制杯子底部

3）同理，绘制杯子柄上的高光部分，效果如图 5-80 所示。

4）为了美观，在其上放置一个图标，效果如图 5-81 所示。

图5-80　绘制杯子柄上的高光部分

图5-81　放置图标

4．将杯子和背景融合在一起

分别将黑色和白色杯子放置到适当的位置，最终效果如图 5-82 所示。

图5-82　最终效果

5.4.5　手表

要点

　　本例将制作一块带光晕的手表，如图 5-83 所示。通过本例的学习，应掌握 ![图标]（光晕工具）、![图标]（渐变工具）和"透明度"面板的综合应用。

操作步骤

1．绘制背景

1）执行菜单中的"文件 | 新建"命令，在弹出的对话框中设置参数，然后单击"确定"按钮，新建一个文件，如图 5-84 所示。

图5-83 手表

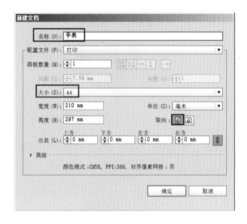

图5-84 设置"新建文档"参数

2）为了衬托手表，使用工具箱中的 ▢（矩形工具）创建一个矩形，作为背景，并用黑—白—黑线性渐变进行填充，结果如图 5-85 所示。然后执行菜单中的"对象 | 锁定 | 所选对象"命令，将其锁定，以便于以后的操作。

2．制作表盘

1）逐层绘制表盘的大体结构，如图 5-86 所示。

图5-85 用黑—白—黑线性渐变填充背景

图5-86 绘制表盘的大体结构

2）制作表盘上的反光。首先绘制一个表盘大小的圆形，并用线性渐变色进行填充，结果如图 5-87 所示。

图5-87 用线性填充表盘

3）为了将表盘上的反光与表盘有机结合，下面将渐变填充的圆形的图层混合模式设为"滤色"，如图 5-88 所示，结果如图 5-89 所示。

图5-88　将混合模式设为"滤色"

图5-89　滤色效果

4）此时发光过于强烈，下面在"透明度"面板中适当降低"不透明度"的数值（见图 5-90），结果如图 5-91 所示。

图5-90　将"不透明度"设置为30%

图5-91　降低"不透明度"的效果

3．制作表带和其余零件

1）利用工具箱中的 ✎（钢笔工具）绘制表带造型，并用黑—白—黑线性渐变色进行填充，结果如图 5-92 所示。

2）同理，制作出手表的其余部分，结果如图 5-93 所示。

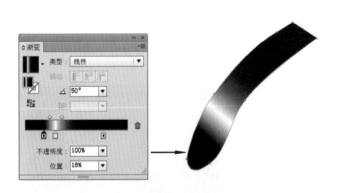

图5-92　绘制并填充表带造型

图5-93　制作出手表的其余部分

4．制作阴影

1）利用工具箱中的 ✎（钢笔工具），绘制阴影形状并用渐变色进行填充，结果如图 5-94 所示。

2）对表带阴影进行模糊处理。其方法为：执行菜单中的"效果 |Photoshop 效果｜模糊｜高斯模糊"命令，在弹出的对话框中设置参数，如图 5-95 所示。然后单击"确定"按钮，结果如图 5-96 所示。

图5-94 绘制并填充阴影形状　　　图5-95 设置"高斯模糊"参数　　　图5-96 高斯模糊效果

3）此时阴影过于明显，需要在"透明度"面板中将阴影的"不透明度"设置为50%，如图 5-97 所示。

5．添加镜头光晕效果

将制作好的手表放入背景中，然后选择工具箱中的 （光晕工具），在表盘上添加镜头光晕，最终结果如图 5-98 所示。

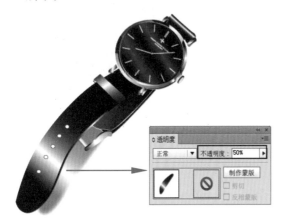

图5-97 将阴影的不透明度更改为50%　　　　　　图5-98 最终效果

5.4.6 手提袋的制作 1

要点

本例制作的是一个手提纸袋在虚拟环境中的立体展示效果图，如图 5-99 所示。制作在一定环境之中的立体效果必须要考虑透视变化、光线方向、投影效果等因素，因此，本例手提袋表面的图形设计虽然简单（主要以多色渐变为主），但制作的难点主要在于：立体造型的构成；文字的透视变形；手提袋不同部位的投影（侧面、提绳以及整体在地面上的投影）等。通过本例学习，应重点掌握利用灰度渐变和"透明度"面板的混合模式来制作"淡出投影"的方法。

图5-99 手提袋效果

操作步骤

1）执行菜单中的"文件｜新建"命令，在弹出的对话框中设置如图5-100所示，然后单击"确定"按钮，新建一个文件，存储为"手提袋.ai"。

2）设置一个深灰色的背景。方法：选择工具箱中的 （矩形工具），绘制一个与页面等大的矩形，将其"填充"颜色设置为深灰色［参考颜色数值为：ＣＭＹＫ（70，65，60，35）］，将"边线"设置为无，从而得到如图5-101所示的效果。

图5-100　建立新文档

图5-101　绘制与页面等大矩形填充为深灰色

3）先绘制出手提袋的基本造型，这个窄长的手提袋主要由3个侧面构成。方法：选用工具箱中的 （钢笔工具），用直线段的方式绘制出如图5-102所示的正侧面，将其暂时填充为白色，"边线"设置为无，然后利用 （钢笔工具）勾画出其余两个侧面。为了使纸袋展示效果生动，可将侧上方凹陷处绘制为曲线形，并暂时填充为不同深浅的灰色以暗示造型，如图5-103和5-104所示。

图5-102　绘制出正侧面图形

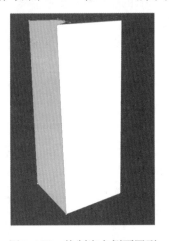

图5-103　绘制出左侧面图形

图5-104　纸袋侧上方凹陷处绘制为曲线形

4）这个包装袋没有具体的装饰图形，主要以大面积底色（多色渐变）填充为主，是一种较为简洁与大气的设计。下面先添加两个侧面的多色渐变。方法：利用工具箱中的 （选择工具）选中包装袋正侧面图形，然后按快捷键〈Ctrl+F9〉打开"渐变"面板，设置如图5-105所示的5色线性渐变，这是一种颜色色相变化较大的渐变（5色参考数值分别为：白色、ＣＭＹＫ（0，85，95，0）、ＣＭＹＫ（30，100，60，0）、ＣＭＹＫ（80，90，0，0）、ＣＭＹＫ（100，95，40，0），渐变的角度为-83°。

5）另外，渐变的起始和终止位置以及渐变方向都可以手动调节。

图5-105　在"渐变"面板中设置5色渐变

方法：选择工具箱中的（渐变工具），在正侧面图形内部从上向下拖动鼠标拉出一条直线，直线的方向和长度分别控制渐变的方向与色彩分布，合适的渐变分布需要多次调节（最好是手动与数值相结合）才可以得到。调节完成后的渐变效果如图 5−106 所示。最后，将“渐变”面板中调节好的渐变色拖动到“色板”中保存起来，如图 5−107 所示。

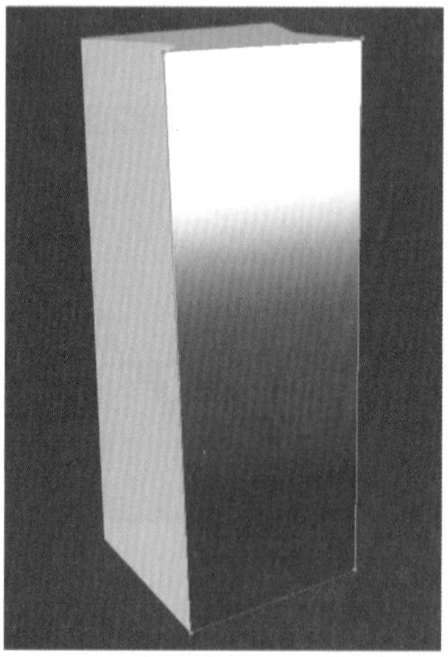

图5−106　从上向下填充渐变颜色

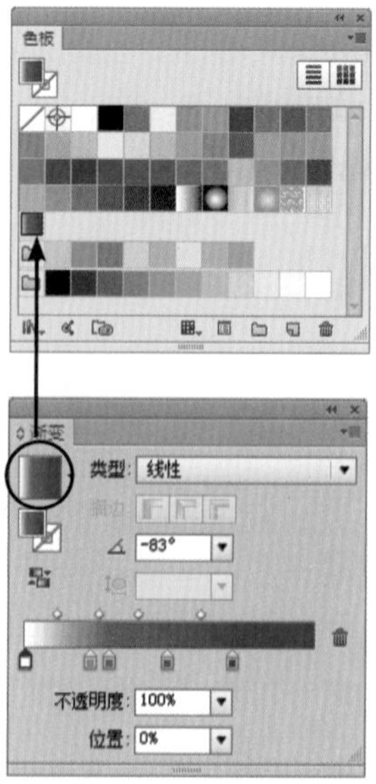

图5−107　将渐变色存储在“色板”中

6）利用工具箱中的（选择工具）选中手提袋的左侧面，然后在“色板”中单击刚才保存的多色渐变，即可将同样的渐变自动填充到左侧面内，但由于形状的差异，渐变色需要重新设置方向和角度，这一次渐变的角度为 −115°，效果如图 5−108 所示。

7）为了形成立体的视觉效果，假定手提袋的正面为受光面，左侧面为背光面，那么左侧面颜色必须整体调暗一些。方法：利用工具箱中的（选择工具）点中左侧面，先按快捷键〈Ctrl+C〉复制，然后再按快捷键〈Ctrl+F〉原位粘贴，即可在原侧面图形上得到一个新的复制单元，接着将它的“填色”设置为浅灰色［参考颜色数值：CMYK（0，0，0，40）］，效果如图 5−109 所示。

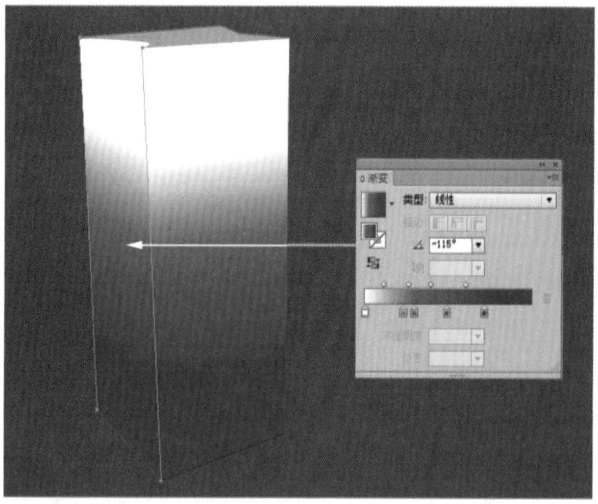

图5−108　在左侧面中填充相同的 5色渐变

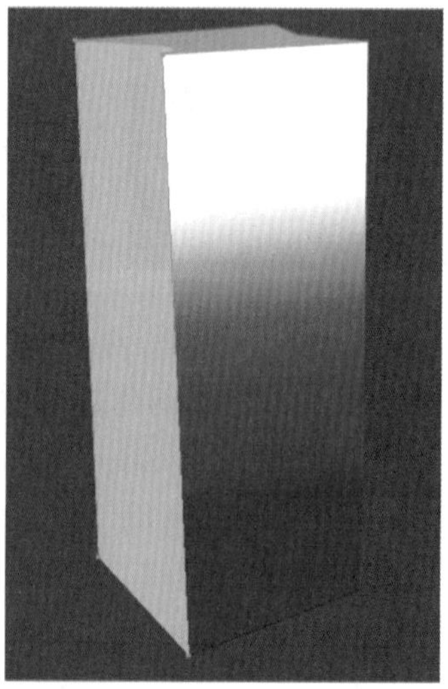

图5−109　将左侧面复制一份填充为浅灰色

8）按快捷键〈Shift+Ctrl+F10〉打开“透明度”面板，改变透明“混合模式”为“变暗”，如图 5−110 所示，此时灰色块经过透叠使左侧面颜色产生了加暗的效果，如图 5−111 所示。

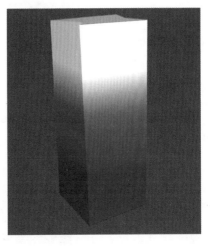

图5-110 "透明度"面板中改变混合模式　　　　　图5-111 灰色块经过透叠使左侧面颜色获得了加暗的效果

9）再进一步处理左侧面转折处的微妙光线。方法：选择工具箱中的 （钢笔工具），用直线段的方式绘制出如图 5-112 所示的侧面光影形状，然后按快捷键〈Ctrl+F9〉打开"渐变"面板，设置如图 5-113 所示的 4 色灰度线性渐变（4 色灰度参考数值分别为：K80，K90，K80，K0），渐变的角度为 -96°，渐变方向从右上向左下稍微倾斜，效果如图 5-114 所示。

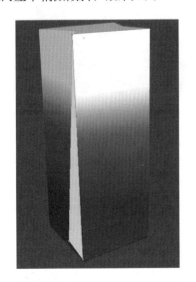

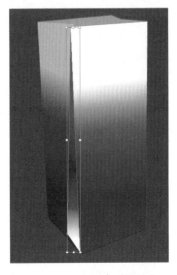

图5-112 绘制出侧面光影形状　　　图5-113 设置4色灰度渐变　　　图5-114 填充灰度渐变后的效果

10）按快捷键〈Shift+Ctrl+F10〉打开"透明度"面板，改变透明"混合模式"为"变暗"（见图 5-115），"不透明度"设置为 30%，灰度渐变的色块经过透叠在左侧面形成一道投影，如图 5-116 所示。

11）此时投影边缘过于生硬，下面对投影边缘进行虚化处理。方法：执行菜单中的"效果 | 模糊 | 高斯模糊"命令，在弹出的对话框中设置模糊"半径"为 3 像素，单击"确定"按钮，效果如图 5-117 所示。

12）对纸袋内侧面的光影处理。由于纸袋内侧面较小，只需填充一个由"深灰—浅灰"的线性渐变即可，效果如图 5-118 所示。

13）手提袋正面和侧面都分别有少量文字，文字必须沿纸袋方向发生不同程度的透视变形。方法： 选择工具箱中的 T （文字工具），输入文本"GBC"，然后在工具选项栏中设置"字体"为 Times New Romen，"字体样式"为 Bold，文本填充颜色为深蓝色〔参考颜色数值：CMYK（100，100，50，10）〕。

14）由于本例的文字要进行透视变形等图形化的处理，下面执行"文字 | 创建轮廓"命令，将文字转换为如图 5-119 所示由锚点和路径组成的图形。

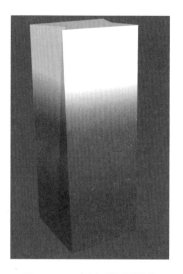

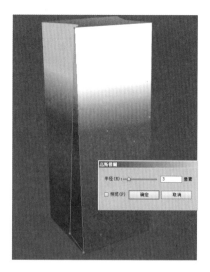

图5-115　改变混合模式　　　　图5-116　半透明投影效果　　　　图5-117　将投影进行模糊处理

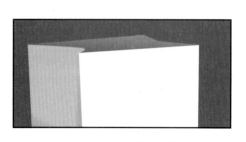

图5-118　纸袋内侧面光影处理

图5-119　输入正面标题文字

15）选择工具箱中的 ⊞ （自由变换工具），利用鼠标按住变换框右上角的控制手柄，然后按下〈Ctrl〉键，此时光标变为一个黑色的三角，接着向上拖动鼠标使文字发生自由变形，符合透视变形规律。同理，再将文字其余控制点都进行调整（调整程度不可太大），从而得到如图 5-120 所示效果。

16）选择工具箱中的 T （文字工具），输入另外两行文本，然后在工具选项栏中设置"字体"为 Times New Romen，"字体样式"为 Regular，文本填充颜色为深红色［参考颜色数值：CMYK（40，85，55，20）］，如图 5-121 所示。接着执行菜单中的"文字｜创建轮廓"命令，将文字转换为普通图形。

图5-120　应用"自由变换工具"使文字发生透视变形

图5-121　再输入两行深红色文本

17）选择工具箱中的 ⊞ （自由变换工具），利用鼠标按住变换框右上角的控制手柄，再按下〈Ctrl〉键，此时光标变为一个黑色的三角，接着向上拖动鼠标使文字发生自由变形。最后按住变换框右下角的控制手柄，向上拖动得到如图 5-122 所示效果。此时文字沿包装袋表面具有一定的走向，变形后的文字才能与手提袋在视觉上成为一个整体。

18）下面来制作手提袋左侧面上的一段变形文本。方法：　选择工具箱中的 T （文字工具），输入段落文本，然后在工具选项栏中设置"字体"为 Times New Romen，"字体样式"为 Regular，文本填充颜色为白色，并且在工具选项栏中将"段落对齐方式"改为"居中对齐"，得到如图 5-123 所示居中排列的段落文本。接着执行菜单中的"文字 | 创建轮廓"命令，将文字转换为普通图形，以便于完成后面的扭曲变形。

图5-122　深红色文本发生透视变形

图5-123　居中对齐的段落文本

19）将转换为图形的段落文字缩小后移至手提袋左侧面下部位置，并沿顺时针方向进行一定角度的旋转，如图 5-124 所示。然后选择工具箱中的 ▦（自由变换工具），具体操作方法请读者参照前面步骤 13）和步骤 15），使文字沿手提袋侧面走向发生透视变形，效果如图 5-125 所示。

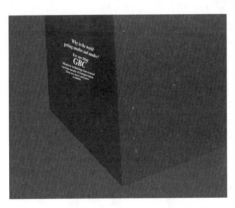

图5-124　将段落文字缩小并沿顺时针方向旋转

图5-125　应用"自由变换工具"使文字发生透视变形

20）由于文字位于背光的阴暗面下部位置，因此在明度上也要稍微降低一些。方法：按快捷键〈Shift+Ctrl+F10〉打开"透明度"面板，将"不透明度"设置为 60%，从而使文字透明度下降，与手提袋整体光影相协调，如图 5-126 所示。

21）制作手提袋提手处的红色软绳。方法：利用工具箱中的 ✎（钢笔工具）象征性地绘制出一条曲线，如图 5-127 所示。然后按快捷键〈Ctrl+F10〉打开"描边"面板，将线条的"粗细"设置为 2 pt，另外，注意要将"线端"设置为"圆头端点"，如图 5-128 所示。接着在"颜色"面板中将线条"描边"设置为红色［参考颜色数值为：CMYK（10，100，100，0）］。

22）下面通过添加内发光给线条增加一定的立体凸起感。方

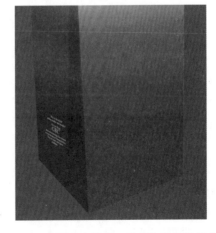

图5-126　降低文字明度，使其与整体协调统一

法：执行菜单中的"对象｜路径｜轮廓化描边"命令，将刚才绘制的曲线路径转为闭合图形，如图 5-129 所示。然后执行菜单中的"效果｜Illustrator 效果｜风格化｜内发光"命令，在弹出的对话框中设置相关参数，如图 5-130 所示，单击"确定"按钮。增加了（稍暗一些颜色的）内发光后，线条增添了立体的感觉，如图 5-131 所示。

图5-127　绘制一条曲线路径

图5-128　将线条设为圆头端点

提示

线条内发光的参考颜色数值为：CMYK（55，90，90，50）。

图5-129　将路径转换为闭合图形

图5-130　"内发光"对话框

图5-131　添加内发光后线条增加了立体感

23）在制作立体展示效果图的时候，细节部分的处理是至关重要的。接下来，还要为红色提手添加一个左下方的投影，这样的处理会使画面细节生动许多。方法：利用工具箱中的 ✐（钢笔工具），沿红色提手形状再绘制出一条曲线（位置比红色线向左下方偏移），然后按快捷键〈Ctrl+F10〉打开"描边"面板，将线条的"粗细"设置为 2 pt。接着在"颜色"面板中将线条"描边"设置为中灰色［参考颜色数值为：CMYK（0，0，0，

70）］。最后执行菜单中的"对象｜排列｜后移一层"命令，将灰色线移至红色线的后面，效果如图 5-132 所示。

24）利用"高斯模糊"功能对投影的边缘进行虚化处理。方法：执行菜单中的"效果｜Photoshop 效果｜模糊｜高斯模糊"命令，在弹出的对话框中设置模糊"半径"为 4 像素，单击"确定"按钮，如图 5-133 所示。此时投影边缘得到虚化处理，如图 5-134 所示。现在缩小显示全图，观看手提袋的效果，如图 5-135 所示。

图5-132　再绘制一条作为投影的灰色线条

图5-133　"高斯模糊"对话框

图5-134　红色提手下的虚影效果

图5-135　手提袋目前的全图效果

25）最后一个步骤，是为手提袋制作一个在环境中的投影。方法：利用工具箱中的 🖊（钢笔工具）绘制出如图 5-136 所示的闭合四边形（整体光影形状），然后按快捷键〈Ctrl+F9〉打开"渐变"面板，设置如图 5-137 所示的 3 色灰度线性渐变表示光影变化（3 色参考数值分别为：K0，K75，K100），渐变的角度为 -62°，渐变方向从左上向右下方向倾斜，注意靠近手提袋底部的位置颜色要稍重一些，效果如图 5-138 所示。

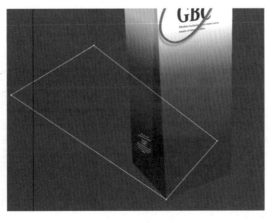

图5-136　绘制出一个闭合四边形作为光影形状

图5-137　设置3色灰度线性渐变

图5-138　在四边形中填充黑白灰的线性渐变

26）按快捷键〈Shift+Ctrl+F10〉打开"透明度"面板，改变透明"混合模式"为"正片叠底"（见图5-139），"不透明度"设置为50%。灰度渐变的色块经过透叠仿佛在地面形成一道投影，远处逐渐淡出到深灰色的背景之中，如图5-140所示。

图5-139　改变混合模式

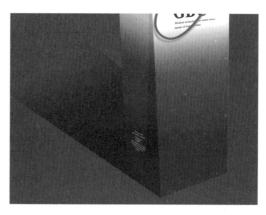

图5-140　灰度渐变的色块经过透叠仿佛在地面形成一道投影

27）下面再来处理投影边缘过于生硬的问题。方法：执行菜单中的"效果｜Photoshop 效果｜模糊｜高斯模糊"命令，在弹出的对话框中设置模糊"半径"为10像素，单击"确定"按钮，如图5-141所示。此时投影边缘得到虚化的处理，如图5-142所示。

提示

　　本例中多次讲到制作虚化、半透明和淡入淡出的投影的制作方法，读者在今后的设计制作工作中可以参考。

图5-141　"高斯模糊"对话框

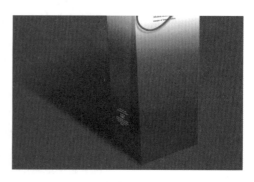

图5-142　投影边缘得到虚化的处理

28）至此，手提袋的立体展示效果图制作完成，最后的效果如图 5-143 所示。

图5-143　最后完成的手提袋立体展示效果图

5.4.7　手提袋的制作 2

要点

　　本例将制作两个手提纸袋在虚拟环境中的立体展示效果图，如图 5-144 所示。制作在一定环境中的立体效果必须要考虑透视变化、光线方向、投影效果等因素，因此，本例手提袋表面的图形设计虽然简单（主要以渐变色为主），但制作的难点主要在于立体造型的构成和纸袋表面图形的透视变形，以及一些细节（如折痕、提手、绳结等）的制作与手提袋不同部位投影（侧面、提绳及整体在地面上的投影）的制作。通过本例的学习，读者应掌握手提袋立体展示效果图的制作方法。

操作步骤

　　1）执行菜单中的"文件 | 新建"命令，在弹出的对话框中设置参数，如图 5-145 所示，然后单击"确定"按钮，新建一个名称为"手提袋 2.ai"的文件。

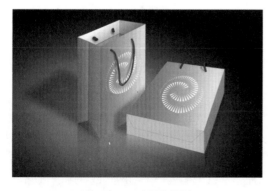

图5-144　手提袋设计

图5-145　建立新文档

　　2）设置一个深灰色渐变的背景，也就是本例中的虚拟环境。方法：选择工具箱中的 ▣（矩形工具），绘制一个与页面等大的矩形，然后按快捷键〈Ctrl+F9〉，打开"渐变"面板，设置如图 5-146 所示的 3 色径向渐变［3色参考数值从左至右分别为：CMYK（15，40，80，0）、CMYK（25，15，30，80）、CMYK（80，75，80，80）］。

3）对渐变的起始和终止位置以及渐变方向进行手动调节。方法：选择工具箱中的 （渐变工具），在矩形内部从中心向外拖动鼠标拉出一条直线，此时会出现一个渐变控制框。然后调节椭圆形边缘上的控制手柄改变颜色的渐变范围，如果移动椭圆中心可改变渐变的中心点，如图5-147所示。

图5-146　设置3色径向渐变

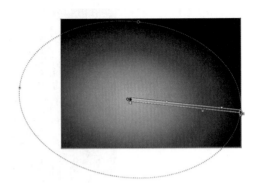

图5-147　调节渐变控制框

4）绘制手提袋的基本造型。先设计一个摆放商品时很常见的视角，在这个视角中手提纸袋主要由4个侧面构成，下面开始进行绘制。方法：选择工具箱中的 （钢笔工具），以直线段的方式绘制出如图5-148（左图）所示的两个侧面，并将其暂时填充为深浅不同的灰色，以暗示造型，再将"边线"设置为无。然后利用 （钢笔工具）勾画出其余两个侧面（右图）。接着按快捷键〈Ctrl+[〉，将这两个侧面移至后面一层。

5）此时纸袋的边缘锚点没有对齐，因此线条会出现锯齿状，下面将纸袋中（控制垂直线）的锚点进行对齐。方法：利用 （直接选择工具）选择位于垂直方向上的锚点（按住〈Shift〉键可同时点选多个锚点），然后单击工具选项栏内的 （水平左对齐）按钮，修整纸袋中的垂直线段，如图5-149所示。

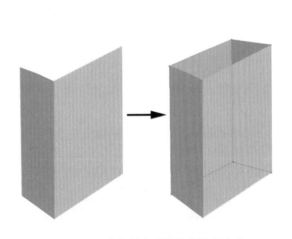

图5-148　先绘制出手提袋的基本造型

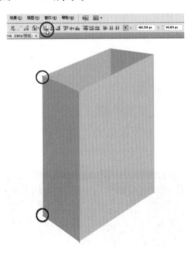

图5-149　先将纸袋中（控制垂直线）的锚点对齐

6）这个纸袋在设计上没有特别细碎烦琐的文字与图形，主要以大面积渐变底色填充（辅以简单标志）为主，是一种较为简洁与大气的设计。下面先来添加正侧面的渐变并将它存储起来。方法：利用工具箱中的 （选择工具）选中纸袋正侧面图形，然后在"渐变"面板中设置一种"米色—橘黄色"的两色线性渐变［颜色参考数值分别为：CMYK（0，10，30，0）、CMYK（0，70，90，0）］，效果如图5-150所示。接着将"渐变"面板中调整好的渐变色拖动到"色板"中保存起来，如图5-151所示。

7）选中纸袋的左侧面图形，在"色板"中单击刚才保存的渐变，将其填充到左侧面内。

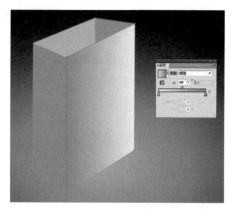

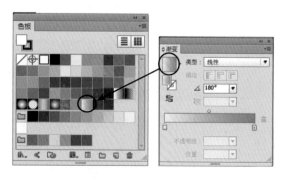

图5-150　在包装袋正侧面图形内填充渐变颜色　　　　　　图5-151　将渐变色拖动到"色板"中保存起来

8）为了形成立体的视觉效果，此时假定手提袋的正面为受光面，左侧面为背光面，因此必须将左侧面的颜色整体调暗一些。下面将"渐变"面板中的起始颜色分别增加30%的K值（但保持色相不变），效果如图 5-152 所示。

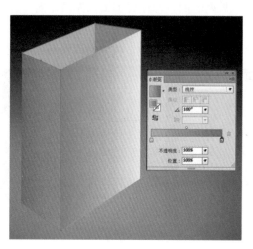

图5-152　将左侧面渐变颜色整体调暗一些

9）进一步处理左侧面由于折叠而引起的微妙光效。方法：选择工具箱中的 ![钢笔] （钢笔工具），以直线段的方式绘制出如图 5-153 所示的侧面折叠形状，并将它的"填充"颜色设置为浅灰色 [参考颜色数值为：CMYK（0，0，0，30）]，然后按快捷键〈Shift+Ctrl+F10〉打开"透明度"面板，改变透明"混合模式"为"正片叠底"，如图 5-154 所示。此时，灰色块经过透叠使左侧折叠面颜色获得了变暗的效果，如图 5-155 所示。

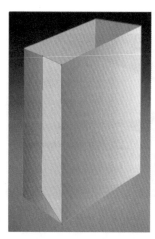

图5-153　绘制折叠形状并填充为浅灰色　图5-154　"透明度"面板中改变混合模式　图5-155　左侧面折叠部分的颜色变暗

10）选择工具箱中的 （钢笔工具），以直线段的方式再绘制出如图5-156所示的三角形折叠形状，并将它的"填色"设置为浅灰色（参考颜色数值为：CMYK（0，0，0，40））。然后在"透明度"面板中改变透明"混合模式"为"正片叠底"，此时，三角形折叠面颜色也变暗了一些，从而表现出了纸袋侧面折叠的痕迹。

图5-156　三角形折叠面颜色经过透叠变暗

11）左侧面处理完成后，再对纸袋两个内侧面进行加工，先制作内部折边的效果。方法：利用工具箱中的 （钢笔工具）绘制出如图5-157所示的两个四边形，并将它们分别填充为深浅不同的灰色渐变，且左侧图形比右侧图形要亮一些，然后多次按快捷键〈Ctrl+[〉，将它们调整到如图5-158所示的位置。

图5-157　绘制出两个四边形并分别填充为深浅不同的灰色渐变

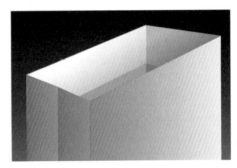

图5-158　将两个四边形后翻几层

12）利用工具箱中的 （直线段工具）在两个四边形的底边位置绘制出两条斜线，并设置线条的颜色为深灰色（左边的线条比右边的线条颜色稍浅一些），设置描边"粗细"为0.3 pt，效果如图5-159所示。

13）这是一个打眼穿绳作为提手的纸袋，因此提手部分也需要精心绘制并强调光影。下面先来制作内侧面上的绳结。方法：利用工具箱中的 （铅笔工具）绘制两个外形随意的绳结形状，并填充"黑色—深褐色"的线性渐变，设置描边"粗细"为0.25 pt，设置描边颜色为深褐色 [参考颜色数值为：CMYK（0，30，0，90）]，效果如图5-160所示。

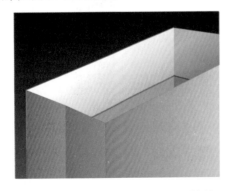

图5-159　添加边线后的纸袋侧面效果

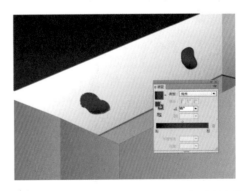

图5-160　绘制两个外形随意的绳结形状并填充渐变

14）在制作立体展示效果图时，细节部分的真实感处理是至关重要的，下面为绳结制作投影效果。方法：

先选中左侧绳结，执行菜单中的"效果│Illustrator 效果│风格化│投影"命令，在弹出的对话框中设置参数，如图 5-161 所示。然后单击"确定"按钮，此时绳结左下方将出现虚化的投影。同理，参照如图 5-162 所示的"投影"对话框中的参数，为右侧绳结也添加一个偏左下方的投影。两个绳结的投影效果如图 5-163 所示，这样的处理会使画面细节生动许多。现在缩小全图，查看目前的整体效果，如图 5-164 所示。

图5-161　左侧绳结的"投影"设置

图5-162　右侧绳结的"投影"设置

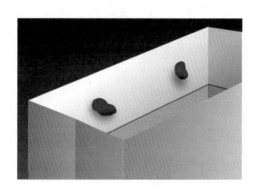

图5-163　两个绳结的投影效果

图5-164　目前的整体效果

15）下面继续制作手提袋正侧面上的褐色软绳提手。方法：利用工具箱中的 ![钢笔工具] （钢笔工具）象征性地绘制出一条曲线，如图 5-165 所示。然后按快捷键〈Ctrl+F10〉打开"描边"面板，将线条的"描边粗细"设置为 2 pt，将线条的颜色设置为深褐色［参考颜色数值为：CMYK（60，70，90，50）］。另外，注意要将"线端"设置为"圆头端点"，如图 5-166 所示。

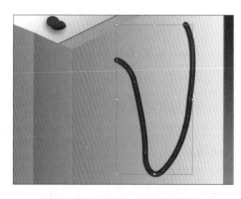

图5-165　绘制一条曲线路径

图5-166　将线条设为圆头端点

16）现在看起来，线条粗细过于均等而显得生硬，与自然的绳带效果不符，下面制作图形边缘的随意性。方法：首先执行菜单中的"对象│路径│轮廓化描边"命令，将路径变为普通的闭合图形，如图 5-167 所示。然

后利用工具箱中的 （铅笔工具）在路径边缘拖动，随意地修改路径外形，且可以自动增加锚点以使形状复杂化。同时，还可以利用工具箱中的 （平滑工具）对线条进行修饰，效果如图 5-168 所示。

图5-167　将路径转换为闭合图形

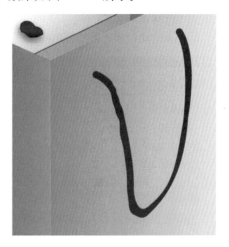

图5-168　使图形边缘产生随意性

17）在随意性的基础上，为了给线条增加一定的立体凸起感，下面对其添加内发光效果。方法：选中曲线路径，执行菜单中的"效果｜Illustrator 效果｜风格化｜内发光"命令，在弹出的对话框中设置参数，然后单击"确定"按钮，如图 5-169 所示。增加了（稍亮一些的颜色的）内发光后，线条增添了立体的感觉，　如图 5-170 所示。

> 提示
>
> 线条内发光的参考颜色数值为CMYK（25，45，65，0）。

图5-169　"内发光"对话框

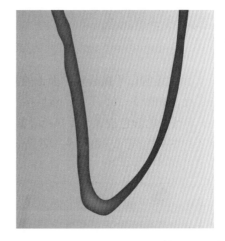

图5-170　添加内发光后线条增加了立体感

18）软绳投影往往是手提袋中比较生动和重要的细节，下面为软绳提手添加一个左下方的投影。方法：利用工具箱中的 （选择工具）选中提绳图形，将其原位复制一份（复制后按快捷键〈Ctrl+F〉进行原位粘贴），然后将复制图形旋转一定的角度。还可以利用 （自由变换工具）对图形进行变形处理，从而得到如图 5-171 所示的效果。然后，按快捷键〈Shift+F6〉打开"外观"面板，将其中列出的"内发光"选项拖动到右下角垃圾桶内删除，如图 5-172 所示。最后打开"渐变"面板，在其中设置"黑色—透明背景"的渐变色彩模式，如图 5-173 所示。

19）调整投影渐变的方向。方法：选择工具箱中的 （渐变工具），设置渐变方向如图 5-174 所示，使提绳投影的图形下部逐渐隐入到背景之中，这样做主要是为了在提绳与纸袋之间形成一定的空间感。

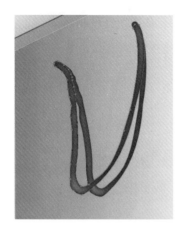

图5-171　将复制图形旋转一定的角度

图5-172　"外观"面板

图5-173　"渐变"面板设置

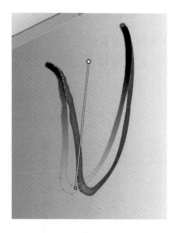

图5-174　设置"黑色—透明背景"的渐变

20）对投影进行模糊化处理。方法：执行菜单中的"效果｜Photoshop 效果｜模糊｜高斯模糊"命令，在弹出的对话框中设置模糊"半径"为 3 像素，如图 5-175 所示。然后单击"确定"按钮，则投影边缘得到虚化的处理。然后，执行菜单中的"对象｜排列｜后移一层"命令，将虚影图形移至褐色提绳的后面，如图 5-176 所示。现在缩小显示全图，观看纸袋的整体效果，如图 5-177 所示。

图5-175　"高斯模糊"对话框

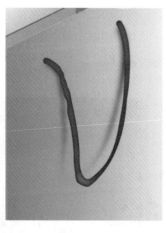

图5-176　添加提手下的虚影效果

图5-177　纸袋的整体效果

21）手提袋正面印有一个白色标志，请打开"素材及结果 \5.4.7 手提袋设计 2\ logo.ai"文件（该 logo 的绿色圆形上的白色锯齿状图形是通过图案笔刷制作而成的），如图 5-178 所示。然后利用工具箱中的 ▶（选择工具）选中白色图形，将其复制粘贴到手提袋页面中，接着执行菜单中的"对象｜扩展外观"命令，再利用

工具箱中的 （自由变换工具），将白色锯齿状图形缩放到合适的大小，如图 5-179 所示。

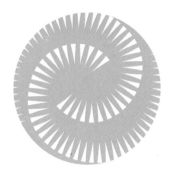

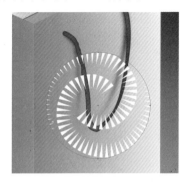

图5-178　白色锯齿状图形　　　　　　　　　　图5-179　将白色锯齿状图形缩放到合适的大小

22）对标志图形进行透视变形，以便与手提袋在视觉上成为一个整体。方法：先用鼠标按住变换框右侧中间的控制手柄，再按住〈Ctrl〉键，此时光标变为一个黑色的三角，然后向上拖动鼠标使图形发生透视变形，如图 5-180 所示。接着经过不断的调整，使图形与手提袋在视觉上成为一个整体。最后多次按快捷键〈Ctrl+[〉，将变形后的标志图形移至提绳的后面，如图 5-181 所示。

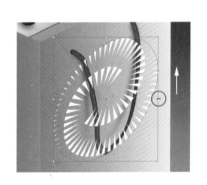

图5-180　自由变换工具使图形发生透视变形　　　　图5-181　将标志图形移至提绳的后面

23）至此，第一个手提纸袋制作完成。下面制作另外一个仰放在桌面上的相同的纸袋。首先绘制手提袋的基本造型，这个视角的手提纸袋主要由 3 个侧面构成。方法：选择工具箱中的 （钢笔工具），以直线段方式绘制出如图 5-182 所示的四边形，然后在"色板"中单击前面保存的渐变色，此时纸袋的标准渐变色（"米色—橘黄色"的两色线性渐变）会自动填充到四边形内。接着利用 （钢笔工具）勾画出其余两个侧面，这两个侧面中的颜色请自行设置，效果如图 5-183 所示。

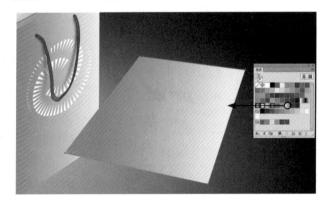

图5-182　绘制出一个四边形并填充"色板"中存储的渐变色

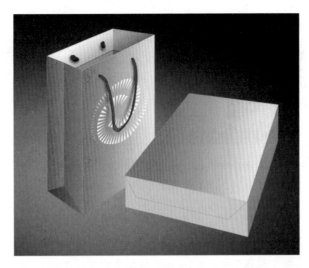

图5-183　制作仰放的纸袋其余两个侧面

24）这个仰放的纸袋要处理的重要部分依然是提绳的效果，其提绳露出的部分不多，可以先利用 （钢笔工具）绘制出简单的曲线形状，然后在"描边"面板中将线条的描边"粗细"设置为2 pt，将线条的颜色设置为深褐色［参考颜色数值为：CMYK（60，70，90，50）］。另外，注意要将"线端"设置为"圆头端点"，如图5-184所示。最后执行菜单中的"对象｜路径｜轮廓化描边"命令，将线条路径转变为普通的闭合图形。

25）通过添加内发光，为线条增加一定的立体凸起感。方法：选中曲线路径，执行菜单中的"效果｜Illustrator效果｜风格化｜内发光"命令，在弹出的对话框中设置参数，如图5-185所示，然后单击"确定"按钮，效果如图5-186所示。

图5-184　绘制出提带形状并转换为闭合路径

 提示

线条内发光的参考颜色数值为CMYK（25，45，65，0）。

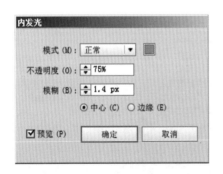

图5-185　"内发光"对话框

图5-186　增添了立体感的线条效果

26）为了防止提绳与环境相孤立，下面制作提绳的投影。方法：利用 （钢笔工具）绘制出简单的投影形状，如图5-187所示。然后执行菜单中的"效果｜Photoshop效果｜模糊｜高斯模糊"命令，在弹出的对话框中设置模糊"半径"为3像素，单击"确定"按钮，此时投影边缘得到了虚化处理，效果如图5-188所示。

27）下面将logo.ai中的白色标志图形复制粘贴到手提袋页面中，然后执行菜单中的"对象｜扩展外观"命令，经过这样转换后的笔刷图形才可以自由地沿纸袋方向发生透视变形。接着利用工具箱中的 （自由变换工具），将白色锯齿状图形缩放到合适的大小，再利用鼠标按住变换框一个边角的控制手柄，按〈Ctrl〉键，此时光标变为一个黑色的三角，这样就可以通过任意拖动鼠标使图形发生透视变形。同理，调整变换框中的每一个边角上的控制手柄，直到获得理想的效果为止，如图 5-189 所示。

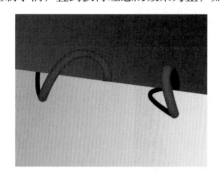

图5-187　绘制出简单的投影形状并填充为黑色

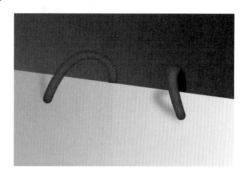

图5-188　应用"高斯模糊"处理投影边缘

28）最后一个重要的步骤，是为两个手提袋设计在环境中的投影与倒影，下面先制作左侧纸袋在桌面上的投影。方法：利用工具箱中的 绘制出如图 5-190 所示的闭合四边形（整体光影形状），然后将其填充为深灰色［颜色参考数值为：CMYK（0，0，0，80）］，接着执行菜单中的"效果｜Photoshop 效果｜模糊｜高斯模糊"命令，在弹出的对话框中设置模糊"半径"为 3 像素，如图 5-191 所示。单击"确定"按钮，则投影的边缘得到了虚化处理，如图 5-192 所示。

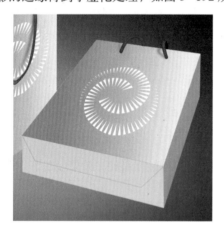

图5-189　使标志图形沿纸袋方向发生透视变形

图5-190　绘制出投影形状并填充为深灰色

图5-191　"高斯模糊"对话框

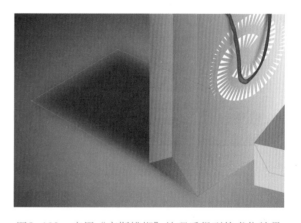

图5-192　应用"高斯模糊"处理后得到的虚化效果

29）现在地面投影颜色过实，而自然中的投影往往都是半透明的，下面就解决这个问题。方法：按快捷键〈Shift+Ctrl+F10〉打开"透明度"面板，改变透明"混合模式"为"正片叠底"，如图 5-193 所示，将"不透明度"设置为 50%，这样深灰色的色块与渐变背景自然地融合在一起，效果如图 5-194 所示。

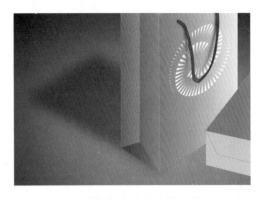

图5-193 在"透明度"面板中改变混合模式　　　　　　图5-194 阴影与渐变背景自然地融合在一起

30）由于假定光线是从右侧射来的，因此仰放在桌面上的纸袋必然会产生向左的投影，只是面积稍小而且有一部分投射在左侧纸袋上。下面利用工具箱中的 （钢笔工具）绘制出如图 5-195 所示的光影形状， 然后将其填充为深灰色［颜色参考数值为：CMYK（0，0，0，80）］。接着执行菜单中的"效果｜Photoshop 效果｜模糊｜高斯模糊"命令，在弹出的对话框中设置模糊"半径"为 8 像素，最后打开"透明度"面板，改变透明"混合模式"为"正片叠底"，将"不透明度"设置为 50%，此时两个纸袋间的投影效果如图 5-196 所示。

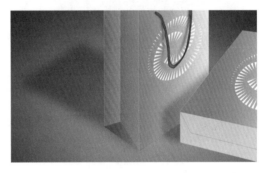

图5-195 绘制另一个投影形状并填充为深灰色　　　　图5-196 经过模糊和半透明处理后的投影效果

31）假定桌面材质是反光性的材料，这样就还需要为纸袋制作在桌面上的倒影。制作倒影的方法很简单，下面以仰放的纸袋为例来制作倒影。方法：先利用工具箱中的（钢笔工具）绘制出如图 5-197 所示的倒影形状，然后在"渐变"面板中设置（从上至下）由"黑色—渐隐"的渐变方式。接着在"透明度"面板中改变透明"混合模式"为"滤色"（纸袋底部的颜色较浅，因此倒影也要稍微亮一些），将"不透明度"设置为 60%，如图 5-198 所示。从而得到如图 5-199 所示的效果（对于仰放纸袋右侧的倒影请用户自行制作，颜色稍暗一些即可）。

图5-197 绘制倒影形状并填充为"黑色—渐隐"的渐变色

图5-198 在"透明度"面板中改变混合模式

图5-199 制作完两侧倒影后的效果

32）同理，绘制出如图 5-200 所示的（立放纸袋）的倒影形状，并填充为由"黑色—渐隐"的线性渐变。然后在"透明度"面板中保持"混合模式"为"正常"，再将"不透明度"设置为 40%，效果如图 5-201 所示。

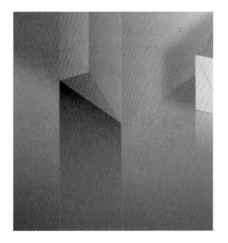

图5-200 绘制倒影形状并填充渐变

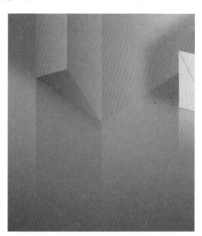

图5-201 将不透明度设置为40%的效果

33）至此，两个手提纸袋在虚拟环境中的立体展示效果图制作完成，最后的效果如图 5-202 所示。

提示

　　本例所讲解的包装纸袋造型方法、半透明和淡入淡出投影的制作方法，读者可以在今后的设计制作工作中进行参考。

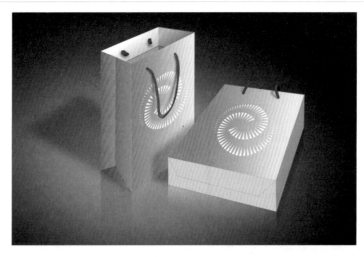

图5-202 最后完成的手提袋立体展示效果图

课 后 练 习

1. 制作图 5-203 所示的水滴效果。

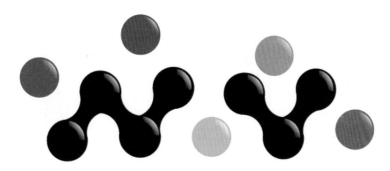

图5-203　水滴效果

2. 制作图 5-204 所示的 Apple 标志效果。

3. 制作图 5-205 所示的放大镜效果。

图5-204　Apple标志效果

图5-205　放大镜效果

透明度、外观属性、图
形样式、滤镜与效果

第6章

 本章重点

　　在 Illustrator CC 2015 中使用"透明度"面板可以调整对象的不透明度和混合模式；使用"外观"面板可以查看对象的填充、描边和效果等属性；使用"图形样式"面板可以为对象添加各种丰富的图形样式；使用"滤镜"可以对图形调整颜色、处理成素描画、浮雕效果等；使用"效果"还可以对图形应用高斯模糊、投影和外发光等效果。通过本章学习，应掌握透明度、外观属性、样式、滤镜与效果的具体应用。

6.1 透 明 度

　　透明度是 Illustrator CC 2015 中一个较为重要的图形外观属性。通过在"透明度"面板进行设置，可以将 Illustrator CC 2015 中的图形设置为完全透明的、半透明的或不透明的 3 种状态。

　　此外，在"透明度"面板中还可以对图形间的混合模式进行设置。所谓混合（Blending）模式，就是指当两个图形重叠时，Illustrator CC 2015 提供的上下图层颜色间多种不同的颜色演算方法。不同的混合模式会带给图形完全不同的合成效果，适当地应用混合模式将使作品增色不少。

　　执行菜单中的"窗口|透明度"命令，可以调出"透明度"面板，如图 6-1 所示。

- 混合模式：用于设置图形间的混合属性。

图6-1　"透明度"面板

- 不透明度：用于设置图形的透明属性。
- 隔离混合：选择该复选框，能够使透明度设置只影响当前组合或图层中的其他对象。
- 挖空组：选择该复选框，能够使透明度设置不影响当前组合或图层中的其他对象，但背景对象仍然受透明度的影响。
- 不透明度和蒙版用来定义挖空形状：选择该复选框，可以使用不透明蒙版来定义对象的不透明度所产生的效果有多少。

6.1.1 混合模式

Illustrator CC 2015 一共提供了 16 种混合模式，分别是：

- 正常：将上一层的图形直接完全叠加在下层的图形上，这种模式上层图形只以不透明度来决定与下层图形之间的混合关系，是最常用的混合模式。

- 正片叠底：将两种颜色的像素相乘，然后再除以 255 得到的结果就是最终色的像素值。通常执行正片叠底模式后颜色比原来的两种颜色都深，任何颜色和黑色执行正片叠底模式得到的仍然是黑色，任何颜色和白色执行正片叠底模式后保持原来的颜色不变。简单地说：正片叠底模式就是突出黑色的像素。
- 滤色：与"正片叠底"相反的模式，它是将两个颜色的互补色的像素值相乘，然后再除以 255 得到最终色的像素值。通常执行屏幕模式后的颜色都较浅。任何颜色和黑色执行屏幕模式，原颜色不受影响；任何颜色和白色执行滤色模式得到的是白色。而与其他颜色执行此模式都会产生漂白的效果。简单地说，"滤色"模式就是突出白色的像素。
- 叠加：图像的颜色被叠加到底色上，但保留底色的高光和阴影部分。底色的颜色没有被取代，而是和图像颜色混合体现原图的亮部和暗部。
- 柔光：根据图像的明暗程度来决定最终色是变亮还是变暗。如果图像色比 50% 的灰亮，则底色图像变亮；如果图像色比 50% 的灰暗，则底色图像就变暗。
- 强光：根据图像色来决定执行叠加模式还是滤色模式。如果图像色比 50% 的灰亮，则底色变亮，就像执行滤色模式一样；如果图像色比 50% 的灰暗，则就像执行叠加模式一样；当图像色是纯白或者纯黑时，得到的是纯白或者纯黑色。
- 颜色减淡：通过查看每个通道的颜色信息来降低对比度，使底色的颜色变亮，从而反映绘图色。与黑色混合没有变化。
- 颜色加深：通过查看每个通道的颜色信息来增加对比度，使底色的颜色变暗，从而反映绘图色。与白色混合没有变化。
- 变暗：通过查看各颜色通道内的颜色信息，并按照像素对比底色和图像色，哪个更暗，便以这种颜色作为最终色，比底色浅的颜色被替换，暗于底色的颜色保持不变。
- 变亮：与"变暗"模式相反。
- 差值：通过查看每个通道中的颜色信息，比较图像色和底色，用较亮的像素点的像素值减去较暗的像素点的像素值，差值作为最终色的像素值。与白色混合将使底色反相，与黑色混合则不产生变化。
- 排除：与"差值"模式类似，但是比"差值"模式生成的颜色对比度略小，因而颜色较柔和。与白色混合将使底色反相，与黑色混合则不产生变化。
- 色相：是采用底色的亮度、饱和度以及图像色的色相来创建最终色。
- 饱和度：采用底色的亮度、色相以及图像色的饱和度来创建最终色。
- 混色：采用底色的亮度以及图像色的色相、饱和度来创建最终色。它可以保护原图的灰阶层次，对于图像的色彩微调，给单色和彩色图像着色都非常有用。
- 明度：与"混色"模式正好相反，"明度"模式采用底色的色相和饱和度以及绘图色的亮度来创建最终色。

6.1.2　透明度

Illustrator CC 2015 是用"不透明度"来描述图形的透明程度，可以通过调整滑块或者直接输入数值的方式设置补透明度值，如图 6-2 所示。

图6-2　调整不透明度数值及效果

在默认情况下，Illustrator CC 2015 中新创建的图形的"不透明度"值为 100%。当图形的"不透明度"值为 100% 时，图形是完全不透明的，此时不能透过它看到下方的其他对象；当图形的"不透明度"值为 0 时，图形则是完全透明的；当图形"不透明度"值介于 0 ~ 100% 时，图形是半透明的。图 6-3 所示为不同透明度的比较。

<table>
<tr><td>(a) 不透明度为 0</td><td>(b) 不透明度为 50</td><td>(c) 不透明度为 100</td></tr>
</table>

图6-3 不同透明度的效果比较

"透明度"面板中包含一个将图形制作为"不透明蒙版"的设置。它同下一节讲到的普通蒙版一样，不透明度蒙版也是不可见的，但它可以将自己的不透明设置应用到它所覆盖的所有图形中。制作"不透明蒙版"的具体操作步骤如下：

1）选中需要作为蒙版的图形。

2）单击"透明度"面板右上角的下拉按钮，在弹出的快捷菜单中选择"建立不透明蒙版"命令即可。

6.2 外 观 面 板

在 Illustrator CC 2015 中，图形的填充色、描边色、线宽、透明度、混合模式和效果等均属于外观属性。执行菜单中的"窗口|外观"命令，即可调出"外观"面板，如图 6-4 所示。

"外观"面板显示了下列 4 种外观属性的类型：

- 填色：列出了填充属性，包括填充类型、颜色、透明度和效果。
- 描边：列出了边线属性，包括边线类型、笔刷、颜色、透明度和效果。
- 不透明度：列出了透明度和混合模式。
- 效果：列出了当前选中图形所应用的效果菜单中的命令。

图6-4 "外观"面板

6.2.1 使用"外观"面板

利用"外观"面板可以浏览和编辑外观属性。

1. 通过拖拉将外观属性施加到物体上

通过拖拉将外观属性施加到物体上的具体操作步骤如下：

1）确定图形没有被选择。

2）拖拉"外观"面板左上角的外观属性图标到该图形上（见图 6-5），结果如图 6-6 所示。

2. 记录外观属性

记录外观属性的具体操作步骤如下：

1）选择一个要改变外观属性的图形，如图 6-7 所示。

2）在"外观"面板中选择要记录的外观属性，如图 6-8 所示。

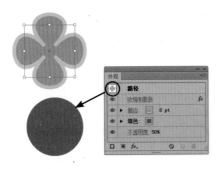

图6-5 将图标拖到图形上

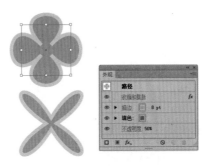

图6-6 施加外观后的效果

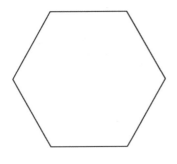

图6-7 选择要改变外观属性的图形

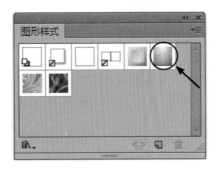

图6-8 选择要记录的外观属性

3）在"外观"面板中向上或向下拖动外观属性到想要的位置后松开鼠标，即可将样式赋予图形，效果如图 6-9 所示。此时，可以从"外观"面板中查看相关参数，如图 6-10 所示。

图6-9 将样式赋予图形的效果

图6-10 "外观"面板

4）在"外观"面板中将不透明度改为 50%（见图 6-11），则图形对象随之发生改变，如图 6-12 所示。然后将其拖入"图形样式"面板中，从而产生一个新的样式，如图 6-13 所示。

图6-11 将黄色填充向上移动

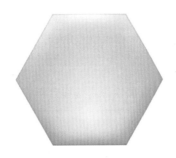

图6-12 更改外观属性后的物体

图6-13 产生新的样式

3．修改外观属性

修改外观属性的具体操作步骤如下：

1）选择一个要改变外观属性的图形。

2）在"外观"面板中，双击要编辑的外观属性，打开其对话框后编辑其属性，如图6-14所示。

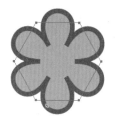

(a) 原物体　　　　　　(b) 更改"收缩和膨胀"后的对象　　　　　　(c) 外观面板

(d) 原物体的"收缩和膨胀"对话框　　　　(e) 更改后的"收缩和膨胀"对话框

图6-14　编辑外观属性

4．增加另外的填充和描边

增加另外的填充和描边的具体操作步骤如下：

1）在"外观"面板中选择一个填充或者描边，然后单击面板下方的▣（复制所选项目）按钮，从而增加一个填充或描边属性（此时复制的是描边属性），如图6-15所示。

2）对复制后的填色和描边属性进行设置（此时设置的是描边属性），结果如图6-16所示。

图6-15　复制描边属性　　　　　　　　　　图6-16　设置复制后的描边属性

6.2.2　编辑"外观"属性

利用"外观"面板，还可以进行复制、删除外观属性等操作。

1．复制外观属性

复制外观属性的具体操作步骤如下：

1）选择一个要复制外观属性的图形。

2）在"外观"面板中选择要复制的外观属性，直接拖到面板下方的▣（复制所选项目）按钮上。

2．删除一个外观属性

删除一个外观属性的具体操作步骤如下：

1）选择一个要删除外观属性的图形。

2）在"外观"面板中选择要复制的外观属性，单击 🗑 （删除所选项目）按钮即可。

3．删除所有的外观属性

删除所有的外观属性的具体操作步骤如下：
1）选择一个要改变外观属性的图形。
2）在"外观"面板中，单击 ⊘ （清除外观）按钮，删除包括填充和边线在内的所有的外观属性。

6.3　图　形　样　式

图形样式是外观属性的集合。Illustrator CC 2015 中的图形样式被存储在"图像样式"面板中，执行菜单中的"窗口 | 图形样式"命令，可以打开 / 隐藏"图形样式"面板，如图 6-17 所示。

- ▮▴ （图形样式库菜单）：单击该按钮将弹出"图形样式"菜单，如图 6-18 所示，从中可以调出和保存图形样式。

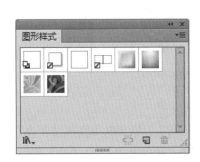

图6-17　"图形样式"面板

图6-18　"图形样式"菜单

- ⟲ （断开图形样式链接）：单击该按钮，对象中所用的图形样式将与"图形样式"面板解除链接关系。
- 🗅 （新建图形样式）：单击该按钮，可以将选中的对象作为图形样式添加到"图形样式"面板中。
- 🗑 （删除图形样式）：单击该按钮，将删除所选"图形样式"面板的样式。

6.3.1　为对象添加图形样式

使用"图形样式"面板添加样式的操作很简单，只需选择要添加样式的对象，然后单击"图形样式"面板中需要的样式即可为对象添加图形样式，如图 6-19 所示。

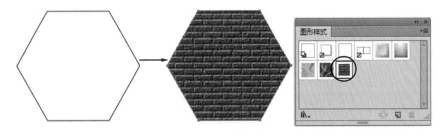

图6-19　添加图形样式

6.3.2　新建图形样式

在 Illustrator CC 2015 中用户将制作好的图形定义为图形样式，以便于重复使用。具体操作步骤如下：

选择要定义为图形样式的图案，然后单击"图形样式"面板下方的（新建图形样式）按钮，即可新建图形样式。

6.4 效 果

在 Illustrator CC 2015 中效果位于"效果"菜单中，分为 Illustrator 效果和 Photoshop 效果两种类型，如图 6-20 所示。使用它们可以制作出变化多端的特殊效果。

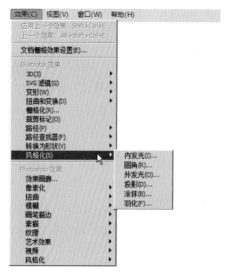

图6-20 "效果"菜单

6.5 实 例 讲 解

本节将通过 5 个实例来对透明度、外观属性、图形样式、滤镜与效果的相关知识进行具体应用，旨在帮助读者能够举一反三，快速掌握透明度、外观属性、图形样式、滤镜与效果在实际中的应用。

6.5.1 半透明的气泡

要点

本例将制作半透明的气泡效果，如图 6-21 所示。通过本例的学习，读者应掌握"渐变"面板中的"径向"渐变和"透明度"面板中"不透明蒙版"命令的综合应用。

图6-21 半透明的气泡

操作步骤

1）执行菜单中的"文件|新建"命令，在弹出的对话框中设置参数，如图 6-22 所示，然后单击"确定"按钮，新建一个文件。

2）选择工具箱中的 （椭圆工具），设置描边色为无色，填充色为"黑—白"径向渐变，如图 6-23 所示。然后，在绘图区中绘制一个将作为蒙版的圆形，效果如图 6-24 所示。

图6-22　设置"新建文档"参数　　　　图6-23　"黑—白"径向渐变　　　　图6-24　绘制圆形

3）选择该圆形，执行菜单中的"编辑|复制"命令，然后执行菜单中的"编辑|贴在前面"命令，在原图形上方复制一个圆形。

4）改变渐变颜色。其方法为：在"渐变"面板中单击黑色滑块，然后在"颜色"面板中将其改为天蓝色，如图 6-25 所示。

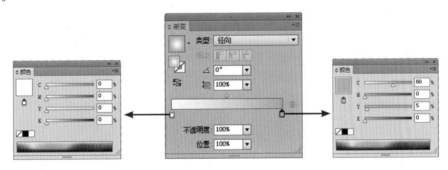

图6-25　改变渐变颜色

5）选择蓝—白渐变的圆形，执行菜单中的"对象|排列|置于底层"命令，将其放置到作为蒙版的黑—白渐变圆形的下方。

6）利用工具箱中的 （选择工具），同时框选两个圆形，然后执行菜单中的"窗口|透明度"命令，调出"透明度"面板。接着单击"制作蒙版"按钮，如图 6-26 所示。此时"透明度"面板如图 6-27 所示，效果如图 6-28 所示。

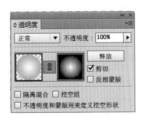

图6-26　单击"制作蒙版"按钮　　　　图6-27　"透明度"面板　　　　图6-28　不透明蒙版效果

提示

Illustrator中有剪切蒙版和不透明蒙版两种类型的蒙版。这里使用的是不透明蒙版，它是在"透明度"面板中设置的。

7）此时半透明气泡的渐变色与所需要的是相反的。解决这个问题的方法很简单，只要在"透明度"面板中选中"反相蒙版"复选框即可，如图 6-29 所示，效果如图 6-30 所示。

8）至此，半透明的气泡制作完毕。为了便于观看半透明效果，下面执行菜单中的"视图|显示透明度网格"命令，显示透明栅格，效果如图 6-31 所示。

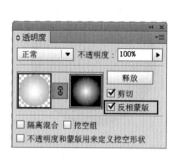

图6-29 选中"反相蒙版"复选框

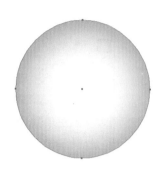

图6-30 "反相蒙版"效果

图6-31 显示透明栅格

6.5.2 扭曲练习

要点

本例制作各种花朵效果，如图 6-32 所示。通过本例的学习，读者应掌握"粗糙化"、"收缩和膨胀"效果及"动作"面板的综合应用。

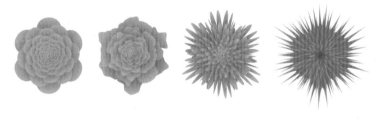

图6-32 花朵效果

操作步骤

1）执行菜单中的"文件|新建"命令，在弹出的对话框中设置参数，如图 6-33 所示，然后单击"确定"按钮，新建一个文件。

图6-33 设置"新建文档"参数

2）选择工具箱中的 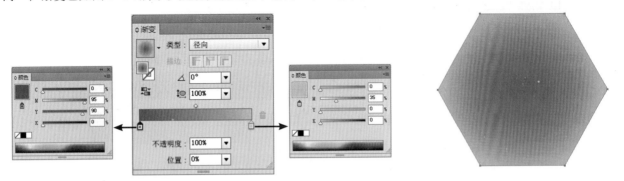（多边形工具），设置描边色为 ☑（无色），在"渐变"面板中设置渐变"类型"为"径向"，渐变色如图 6-34 所示。然后在绘图区中绘制一个五边形，效果如图 6-35 所示。

图6-34　设置为径向渐变　　　　　　　　　　　　图6-35　径向渐变效果

3）将五边形处理为花瓣。其方法为：执行菜单中的"效果|扭曲和变换| 收缩和膨胀"命令，在弹出的对话框中设置参数，如图 6-36 所示，单击"确定"按钮，效果如图 6-37 所示。

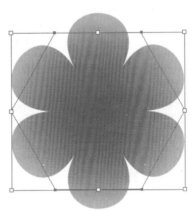

图6-36　设置"收缩和膨胀"参数　　　　　　　图6-37　"收缩和膨胀"效果

4）通过"缩放并旋转"动作制作出其余花瓣。方法：执行菜单中的"窗口|动作"命令，调出"动作"面板，如图 6-38 所示。然后单击面板下方的 （新建动作）按钮，在弹出的"新建动作"对话框中设置名称为"缩放并旋转"，如图 6-39 所示。接着单击"记录"按钮，开始录制动作。

图6-38　"动作"面板　　　　　　　　　　图6-39　设置名称为"缩放并旋转"

5）选中花瓣图形，然后双击工具箱中的 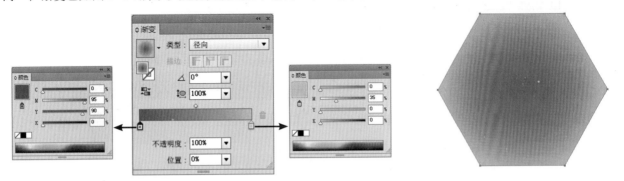（比例缩放工具），在弹出的"比例缩放"对话框中设置参数，如图 6-40 所示，单击"复制"按钮。接着双击工具箱中的 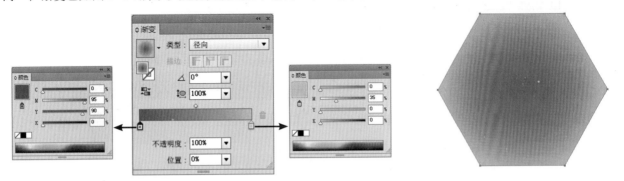（旋转工具），在弹出的"旋转"对话框中设置参数，如图 6-41 所示。单击"确定"按钮，效果如图 6-42 所示。

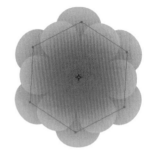

图6-40　设置"比例缩放"参数　　　　图6-41　设置旋转参数　　　　图6-42　旋转后的效果

6）此时"动作"面板如图 6-43 所示。单击该面板下方的 ■（停止记录）按钮，停止录制动作。然后选择"缩放并旋转"动作，单击面板下方的 ▶（播放当前所选动作）按钮，如图 6-44 所示，反复执行该动作，从而制作出剩余的花瓣，效果如图 6-45 所示。

图6-43　"动作"面板　　　　图6-44　停止录制后的"动作"面板　　　　图6-45　制作出剩余的花瓣

7）制作牡丹花。方法为：选中所有的图形，执行菜单中的"效果｜扭曲和变换｜粗糙化"命令，在弹出的对话框中设置参数，如图 6-46 所示，单击"确定"按钮，效果如图 6-47 所示。

提示

　　此时"外观"面板如图6-48所示。如果要调节"粗糙化"参数，可直接双击"外观"面板中的"粗糙化"，再次调出"粗糙化"面板。

图6-46　设置"粗糙化"参数　　　　图6-47　"粗糙化"效果　　　　图6-48　"外观"面板

8）制作菊花。其方法为：选中所有的图形，执行菜单中的"效果｜扭曲和变换｜收缩和膨胀"命令，在弹出的对话框中设置参数，如图 6-49 所示，单击"确定"按钮，效果如图 6-50 所示。此时"外观"面板如图 6-51 所示。

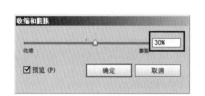

图6-49　设置"收缩和膨胀"参数　　　　图6-50　"收缩和膨胀"效果　　　　图6-51　"外观"面板

提示

1）如果将"收缩和膨胀"参数调整为-40%（见图6-52），效果如图6-53所示。

2）在"滤镜"菜单中同样存在"收缩和膨胀"命令，只不过执行"滤镜"中的该命令后，在"外观"面板中是不能够再次进行编辑的。

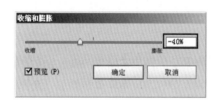

图6-52　设置"收缩和膨胀"参数　　　　　　　图6-53　"收缩和膨胀"效果

6.5.3　制作立体半透明标志

要点

使用 Illustrator 中的不透明度特性，可以模拟玻璃等透明材质上的高光。将不透明度、混合模式和渐变结合在一起可创建出精致的透明与反光效果。本例将制作有一定立体造型与光感的标志，如图6-54所示。通过本例的学习应掌握不透明度、混合模式和渐变的综合应用。

图6-54　立体透明球形标志

操作步骤

1）执行菜单中的"文件｜新建"命令，在弹出的对话框中设置相关参数，如图 6-55 所示。然后单击"确定"按钮，新建一个文件。接着执行菜单中的"文件｜存储"命令，将其存储为"透明球形标志 .ai"文件。

2）标志是以 1 个深蓝色正圆形为主体，然后通过逐步应用渐变与透明度变化等功能形成立体反光效果。下面先从最下层图形开始制作。其方法为：选择工具箱中的 ⬭ （椭圆工具），按住〈Shift〉键拖动鼠标，绘制出一个正圆形。然后，按快捷键〈F6〉打开"颜色"面板，在面板右上角弹出的菜单中选择 CMYK 命令，将这个正圆形的"填色"设置为深蓝色 [参考颜色数值为：CMYK (100，80，45，10)]，"描边"设置为无，如图 6-56 所示。

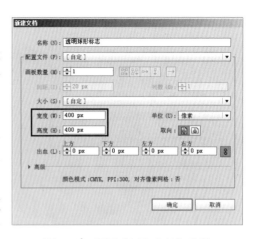

图6-55 设置"新建文档"参数

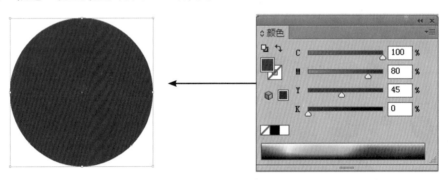

图6-56 绘制1个深蓝色正圆形

3）继续绘制一个小一些的正圆形，然后按快捷键〈Ctrl+F9〉，调出"渐变"面板，设置如图 6-57 所示的白色—深蓝紫色线性渐变 [深蓝紫色参考数值为：CMYK (100，100，50，10)]。然后，选择工具箱中的 ▣ （渐变工具），在圆形内部从左上方向右下方拖动鼠标拉出一条直线，直线的方向和长度分别控制渐变的方向与色彩分布。

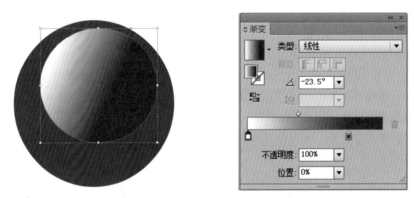

图6-57 在第2个圆形内设置两色径向渐变

4）利用工具箱中的 ▶ （选择工具）选中第 2 个正圆形，然后按快捷键〈Ctrl+Shift+F10〉打开"透明度"面板，将"不透明度"设置为 50%，如图 6-58 所示。

> **提示**
>
> 当"不透明度"设置为0%时，选中的图形对象完全透明而不可见；而当"不透明度"设置为100%时，图形对象正常显示，完全覆盖下层图形。

图6-58　"不透明度"设置为50%

5）应用层层递进的图形构成方法，再绘制如图 6-59 所示的第 3 个椭圆形，并设置为白色—深蓝色［深蓝色参考数值为：CMYK（100，80，10，0）］的线性渐变，第 3 个椭圆形设置的渐变颜色比第 2 个圆形在明度和饱和度上有所提高，这样有助于形成球形的浮凸感。

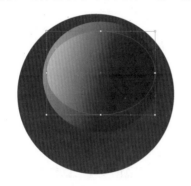

图6-59　绘制第3个椭圆形并填充两色径向渐变

6）为了使第 3 个椭圆形与前面两个圆形形成更加整体和谐的效果，先在"透明度"面板中将它的"不透明度"设置为 70%，然后单击打开如图 6-60 所示的混合模式下拉菜单，选择"柔光"选项，此时第 3 个椭圆的蓝色渐变在"柔光"模式下自动降低对比度，与下面的图形颜色和谐统一，效果如图 6-61 所示。

图6-60　将混合模式设为"柔光"　　　　图6-61　"柔光"模式下自动降低对比度

 提示

"透明度"面板中的混合模式控制着重叠图形颜色间的相互作用。

7）下面要在圆形上进一步添加几个填充渐变色的曲线图形，一来是为强调球体的弧形凸起感，二来是要借助曲线图形中的多色渐变来描绘球体反光。先绘制第 1 个曲线图形。其方法为：选用工具箱中的 （钢笔工具），绘制如图 6-62 所示的封闭曲线路径，然后设置一种在浅蓝色间微妙变化的四色线性渐变［四色参考数值分别为：CMYK（80，40，0，0）、CMYK（0，0，0，0）、CMYK（80，35，0，0）、CMYK（50，40，10，0）］。绘制完之后，还可选用工具箱中的 [图标] （直接选择工具）调节锚点及其手柄以修改曲线形状。

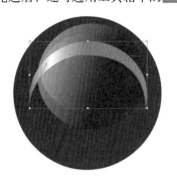
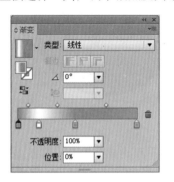

图6-62　绘制第一个填充为四色渐变的曲线图形

提示

　　由于本例绘制的图形曲线弧度变化较大，在弧形转折处设置的锚点如果是角点，可利用选项栏中的 [图标] （将所选锚点转换为平滑）工具将角点快速转换为平滑点，在调节路径形状时比使用 [图标] （转换锚点工具）更方便。

　　8）在"透明度"面板中保持这个圆弧状图形的"不透明度"为100%，设置混合模式为"柔光"，从而使这个多色渐变图形也柔和地融入标志整体色调之中，效果如图 6-63 所示。

　　9）在标志下部绘制第 2 个曲线图形，设置为图 6-64 所示的三色渐变［三色参考数值分别为：CMYK（100，85，35，0），CMYK（50，30，15，0），CMYK（95，75，20，0）］，这个图形的高光部分颜色要设置得比上一个曲线图形稍暗一些。然后，在"透明度"面板中将它的"不透明度"设置为55%，混合模式为"正常"。

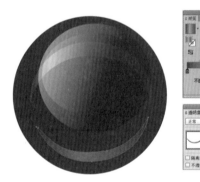

图6-63　设置"柔光"模式后的效果　　　　　图6-64　设置图形填充为"不透明度"为55%的三色渐变

　　10）将第一个曲线图形复制一份，然后利用工具箱中的 [图标] （直接选择工具），向下拖动如图 6-65 所示的位于该路径下侧的控制锚点及其手柄，但保持曲线上侧形状不变。如果需要，还可以应用工具箱中的 [图标] （添加锚点工具）在扩大的路径上增加控制点。调整完形状之后，在"渐变"面板中设置相关参数（见图 6-66），将"填色"设置为一种比较明亮的浅蓝—白色间的多色渐变（读者可选择自己喜好的浅蓝色，渐变中包含的几种浅蓝色间应具有微妙的差别）。

　　11）利用工具箱中的 [图标] （选择工具）选中这个新绘制的圆弧状图形，然后在"透明度"面板中设置"不透明度"为100%，混合模式为"柔光"，从而使它也以相同的方式柔和地与下层图形相融，如图 6-67 所示。到此步骤为止，标志上大块面的图形已拼接完成。一系列圆形与圆弧状图形以半透明的方式层叠在一起，形成一种仿佛光线从左上方照射而来的奇妙效果。但要注意调节各图形中渐变颜色的相对位置，尽量使较浅的颜色位于图形左侧。完整的效果如图 6-68 所示。

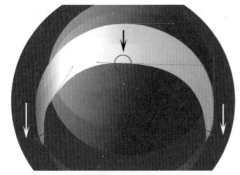

图6-65　向下拖动位于新复制路径下侧的控制锚点

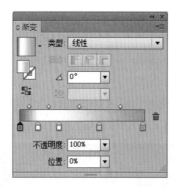

图6-66　设置多色渐变

图6-67　选择"柔光"模式

图6-68　标志中大块面图形拼接完成的效果

12）标志上主要的块面绘制完成后，下面添加 3 条白色圆弧线，以丰富标志图形的构成元素。其方法为：选取工具箱中的　（椭圆工具），按住〈Shift〉键分别绘制出 3 个填充为"无"，"描边"为白色的正圆形。然后，用工具箱中的　（选择工具）将这 3 个圆形都选中，按快捷键〈Ctrl+F10〉打开"描边"面板，将"粗细"设置为 2 pt，结果如图 6-69 所示。

13）将白色线条也以半透明的方式与下面的图形合成。其方法为：保持 3 个圆形在被选中的状态下，在"透明度"面板中将"不透明度"设置为 50%，混合模式设置为"正常"，结果如图 6-70 所示。

14）由于白色圆弧线是用　（椭圆工具）绘制完整的圆圈而形成的，因此，还需要把超出标志之外的多余的圆弧部分裁掉。下面使用"剪切蒙版"的方式来进行裁切。其方法为：利用工具箱中的　（选择工具）选中位于标志最下面的深蓝色正圆形［本例步骤 2）绘制］，执行菜单中的"编辑｜复制"命令将其复制一份。然后再执行菜单中的"编辑｜贴在前面"命令，将复制的图形进行原位粘贴。接着在保持新粘贴的圆形被选中的状态下，将其"填色"和"描边"都设置为"无"（即转变为纯路径）。最后执行菜单中的"对象｜排列｜置于顶层"命令，将其置于所有图形的最上层。

图6-69　添加三道白色圆弧线

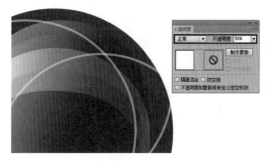

图6-70　将白色线条的"不透明度"设置为50%

15）利用 （选择工具）按住〈Shift〉键依次选择刚才绘制的3个白色圆圈，将它们与上一步骤制作的路径全都选中。然后执行菜单中的"对象｜剪切蒙版｜建立"命令，超出标志之外的多余的圆弧部分被裁掉。可以把标志放置到黑色的背景上，这样能清楚地看出白色圆弧线被裁切的效果，如图6-71所示。

16）到此步骤为止，标志中包含的图形元素基本完成，接下来要制作与图形搭配的艺术字体。其方法为：选择工具箱中的 （文字工具），输入英文"CIGHOS"，然后在"工具"选项栏中设置"字体"为Impact，文本填充颜色为白色。接着执行"文字｜创建轮廓"命令，将文字转换为由锚点和路径组成的图形。最后按图6-72调整文字图形的大小并将其放置到标志中心的位置。

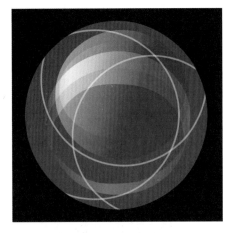

图6-71　超出标志之外的多余的圆弧部分被裁掉　　　图6-72　输入白色文字并将其放置到标志中心位置

17）为文字添加半透明投影。其方法为：利用 （选择工具）选中文字图形，执行菜单中的"效果｜Illustrator效果｜风格化｜投影"命令，在弹出的对话框中设置相关参数，如图6-73所示。单击"确定"按钮，结果如图6-74所示，文字右下方向出现透明的黑色投影效果。

18）在白色文字的左侧再添加上一行蓝色文字"NEXT"，文字颜色参考数值为：CMYK（100，100，30，0）。然后，利用工具箱中的 （选择工具）将所有的图形都选中，按快捷键〈Ctrl+G〉将它们组成一组。整个标志制作完成，最后的效果如图6-75所示。

图6-73　"投影"对话框中设置参数　　图6-74　在文字右下方添加半透明投影　　图6-75　最后制作完成的标志效果图

6.5.4　报纸的扭曲效果

要点

　　本例将制作报纸的扭曲效果，如图6-76所示。通过本例的学习，读者应掌握"封套扭曲"中"用变形建立"、"用网格建立"和"用顶层对象建立"3种变形命令的应用。

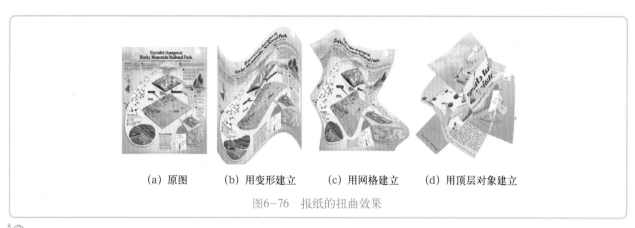

(a) 原图　　　(b) 用变形建立　　　(c) 用网格建立　　　(d) 用顶层对象建立

图6-76　报纸的扭曲效果

操作步骤

　　"蒙版"与"封套扭曲"从某种角度上来说，就像一个剪裁遮色片，物体 B 通过物体 A 显现出来。其中，加"蒙版"后物体 B 的形状不发生变化，如图 6-77 所示；而进行"封套扭曲"后，物体 B 会随着物体 A 被扭曲，如图 6-78 所示。

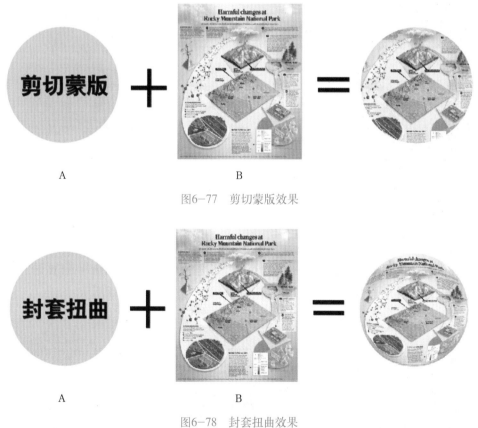

图6-77　剪切蒙版效果

图6-78　封套扭曲效果

　　Illustrator　CS6 提供了"用变形建立""用网格建立"和"用顶层对象建立"3 种"封套扭曲"的方法，下面具体进行说明。

　　1. 用变形建立

　　1）执行菜单中的"文件|新建"命令，在弹出的对话框中设置参数，如图 6-79 所示。然后单击"确定"按钮，新建一个文件。

　　2）执行菜单中的"文件|置入"命令，导入"素材及效果 \ 第 6 章　透明度、外观属性、图形样式、滤镜

与效果 \6.5.5 报纸的扭曲效果 \ 报纸 .jpg"图片作为变形对象，如图 6-80 所示。

图6-79 设置"新建文档"参数

图6-80 导入图片

3）选中导入的图片，按键盘上的〈Alt〉键水平复制出 3 幅图片，以便分别进行扭曲处理。

4）选中复制出的第一幅图片，执行菜单中的"对象|封套扭曲|用变形建立" 命令，在弹出的"变形选项"对话框中设置参数，如图 6-81 所示。然后单击"确定"按钮，效果如图 6-82 所示。

图6-81 设置"变形选项"参数

图6-82 变形效果

2. 用网格建立

1）选中复制出的第二幅图片，执行菜单中的"对象|封套扭曲|用网格建立"命令，然后在弹出的"封套网格"对话框中指定网格的具体数值，如图 6-83 所示。再单击"确定"按钮，效果如图 6-84 所示。

2）利用工具箱中的 ▷（直接选择工具）调整节点的位置，效果如图 6-85 所示。

图6-83 设置"封套网格"参数

图6-84 "封套网格"效果

图6-85 调整节点位置

3. 用顶层对象建立

在 3 种"封套扭曲"方法中，这种方法是最灵活的。它以一个自定义的物体作为封套，然后确定该物体的堆叠顺序在最上层，执行菜单中的"对象｜封套扭曲｜用顶层对象建立"命令，则形成皱巴巴的变形效果。

具体操作步骤如下：

1）利用工具箱中的 （钢笔工具）绘制一个封闭的路径作为封套，如图 6-86 所示。

2）将封闭的路径放到复制出的第三幅图片上方，如图 6-87 所示。

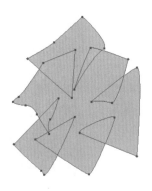

图6-86　绘制封套路径　　　　　　　　图6-87　将封套路径放到图片上方

3）同时选中图片和自定义的路径，执行菜单中的"对象|封套扭曲|用顶层对象建立"命令，即可产生变形效果，效果如图 6-88 所示。

提示

可以通过工具箱中的 （直接选择工具）对变形后的对象进行修改，如图6-89所示。

图6-88　变形效果　　　　　　　　　　图6-89　对变形后的对象进行修改

课 后 练 习

1．制作图 6-90 所示的花朵效果。

2．制作图 6-91 所示的盘子中的鸡蛋效果。

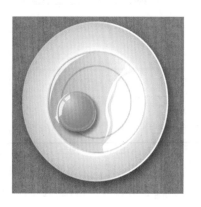

图6-90　花朵效果　　　　　　　　　　图6-91　盘子中的鸡蛋效果

图层与蒙版 第7章

在创建复杂的作品时，需要在绘图页面创建多个对象，为了便于管理，通常会将不同对象放置到不同图层中。蒙版的工作原理与面具一样，就是将不想看到的地方遮挡起来，只透过蒙版的形状来显示想要看到的部分。通过本章学习，应掌握图层与蒙版的使用方法。

7.1 认识"图层"面板

图层就像是一叠含有不同图形图像的透明纸，按照一定的顺序叠放在一起，最终形成一幅图形图像。图层在图形处理的过程中具有十分重要的作用，创建或编辑的不同图形通过图层来进行管理，既可以方便用户对某个图形进行编辑操作，也可使图形的整体效果更加丰富。

在 Illustrator CC 2015 中，图层的操作与管理是通过"图层"面板来实现的，因此，若要操作和管理图层，首先必须要熟悉"图层"面板。执行菜单中的"窗口|图层"命令，或按快捷键〈F7〉，即可调出"图层"面板。图 7-1 所示为图像及对应的图层面板。

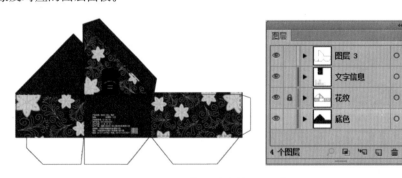

图7-1 图像及对应的图层面板

该面板的主要选项、按钮的含义如下：

图层名称：用于区分每个图层。

可视性图标👁：用于设置显示或隐藏图层。

· 锁定图标🔒：用于锁定图层，避免错误操作。

· 建立/释放剪切蒙版▣：用于为当前图层中的图形对象创建或释放剪切蒙版。

· 创建新子图层▣：单击该按钮，可在当前工作图层中创建新的子图层。

- 创建新图层 ：单击该按钮，即可创建一个新图层。
- 删除所选图层 ：单击该按钮，即可删除当前选择的图层。
- ：单击该按钮，将弹出快捷菜单，如图7-2所示。利用快捷菜单可以对图层进行相关操作。

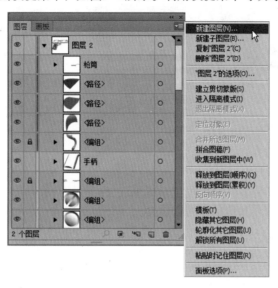

图7-2　图层快捷菜单

7.2　图层的创建与编辑

图层的操作主要包括创建新图层、设置图层选项、调整图层秩序、复制图层、删除图层和合并图层这几项，下面具体进行讲解。

7.2.1　创建新图层

在Illustrator CC 2015中，创建新图层的操作方法有3种：

1）单击"图层"面板下方的 （创建新图层）按钮，即可快速创建新图层。

2）按住〈Alt〉键的同时，单击"图层"面板下方的 （创建新图层）按钮，在弹出的图7-3所示的对话框中设置相应的选项后，单击"确定"按钮，即可创建一个新的图层。

"图层选项"对话框中的各选项含义如下：

- 名称：该选项用于显示当前图层的名称，在其右侧的文本框中可以为当前选择的图层重新命名。
- 颜色：在其右侧的颜色下拉列表中选择一种预设的颜色，即可定义当前所选图层中被选择的图形的变换控制框的颜色。另外，若双击其右侧的颜色图标，将弹出"颜色"对话框，如图7-4所示。可在该对话框中选择或创建自定义的颜色，从而设置当前所选图层中被选择的图形的变换控制框的颜色。
- 模板：选中该复选框，即可将当前图层转换为模板。当图层转

图7-3　"图层选项"对话框

换为模板后，其 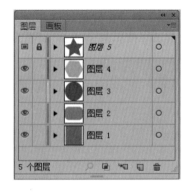 图标将变为 图标，同时该图层将被锁定，并且该图层名称的字体将呈倾斜状，如图7-5所示。

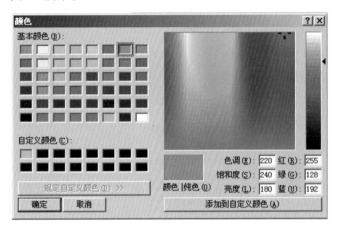

图7-4　"颜色"对话框　　　　　　　　　　　　图7-5　图层显示模式

- 显示：选中该复选框，即显示当前图层中的图形对象；若取消选中该复选框，则将隐藏当前图层中的图形对象。
- 预览：选中该复选框，将以预览的形势显示当前工作图层中的图形对象；若取消选中该复选框，则将以线条的形式显示当前图层中的图形对象（见图7-6），并且当前图层名称前面的 图标将变为 图标。

(a) 选中"预览"选项　　　　　　　　　　　(b) 未选中"预览"选项

图7-6　选中与取消选中"预览"复选框时图形显示效果

- 锁定：选中该复选框，将锁定当前图层中的图形对象，并在图层名称的前面显示锁定图标 。当图层被锁定后，将不可对该图层中的图形进行编辑或选择操作。
- 打印：选中该复选框，在输出打印时，将打印当前图层中的图形对象；若取消选中该复选框，该图层中的图形对象将无法打印，并且该图层名称的字体将呈倾斜状。
- 变暗图像至：选中该复选框，将使当前图层中的图像变淡显示，其右侧的文本框用于设置图形变淡显示的程度。当前，"变暗图像至"选项之前图层中的图形变淡显示，但在打印和输出时，其效果不会发生变化。

3) 单击"图层"面板右上角的 按钮，在弹出的面板菜单中选择"新建图层"选项，弹出"图层选项"对话框，在该对话框中设置相应的选项，然后单击"确定"按钮，即可创建一个新图层。

7.2.2 调整图层顺序

"图层"面板中的图层是按照一定的顺序进行排列的，图层排列的顺序不同，所产生的效果也就不同。因此，在使用 Illustrator CC 2015 绘制或编辑图层时，需要调整图层顺序。

调整图层顺序的具体步骤如下：在"图层"面板中选择需要调整的图层（此时选择的是"图层 5"），然后按住鼠标左键向上或向下拖动，即可改变当前所选图层的排列顺序，如图 7-7 所示。

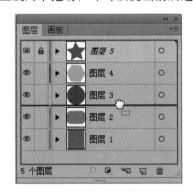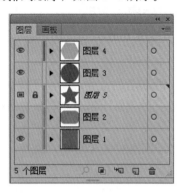

图7-7　调整图层顺序

7.2.3 复制图层

如果复制某个图层，必须首先选择该图层，然后单击"图层"面板右上角的 按钮，在弹出的快捷菜单中选择"复制图层"命令［或将其拖到图层面板下方 （创建新图层）按钮上］，即可快速复制选择的图层。

7.2.4 删除图层

对于"图层"面板中不需要的图层，可以在面板中将其进行删除。删除图层的方法有两种：

1）在"图层"面板中，选择需要删除的图层（若要删除多个不相邻的图层，可按住〈Ctrl〉键的同时，依次删除；若要删除多个相邻的图层，可以按住〈Shift〉键进行选择），然后单击图层面板下方的 （删除所选图层）按钮，此时会弹出图 7-8 所示的对话框，提示是否删除此图层。单击"是"按钮，即可删除所选择的图层。

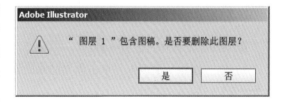

图7-8　提示对话框

2）在"图层"面板中选择需要删除的图层，将其直接拖到图层面板下方的 （删除所选图层）按钮上，即可快速删除所选择的图层。

提示

如果要删除图层中的某个图形，可以在工作区选择该图形，然后按〈Delete〉键即可删除该图层对象，此时不会弹出提示对话框。

7.2.5 合并图层

在使用 Illustrator CC 2015 绘制或编辑图层时，过多的图层将会占用许多内存资源，影响应用软件的使用，因此经常要将多个图层进行合并。

合并图层的具体步骤如下：在图层面板中选择需要合并的图层，然后单击图层面板右上角的 按钮，在弹出的快捷菜单中选择"合并所选图层"命令，即可合并所选择的图层。

7.3 编 辑 图 层

在 Illustrator CC 2015 中，不仅可以通过"图层"面板中的各相关组件和按钮进行图层的相关操作，还可以通过"图层"面板进行其他的操作。例如，隐藏或显示图层以及更改"图层"面板的显示模式。

7.3.1 选择图层及图层中的对象

对于每个对象，Illustrator CC 2015 都对应着相应的图层，因此可以直接通过"图层"面板选择所需操作的对象。

如果要选择图层中所包含的某个对象，只需单击该对象所在图层名称右侧的 ○ 图标即可。此时选择的对象图层名称右侧的图标将呈◎形状，并且其后面将显示一个彩色方块，如图 7-9 所示。

除了可以在"图层"面板中选择单个对象外，还可以使用同样的方法选择面板中群组或整个主图层、次级主图层、子图层所包含的对象。

当选择图层中所包含的对象时，其右侧都将显示一个彩色方块 ■，选择并拖动该彩色方块，使其在"图层"面板中任意上下移动，即可移动该图层对象的排列顺序。

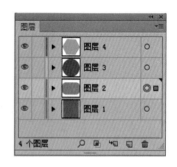

图7-9 选择图层中的对象

> 提示
>
> 在拖动彩色方块 ■ 至所需图层位置时，如果按住〈Alt〉键，则可以复制的方式进行拖动操作；如果按住〈Ctrl〉键，则可将其拖动至锁定状态的主图层或次级图层、

7.3.2 隐藏 / 显示图层

为了便于在窗口中绘制或编辑具有多个元素的图形对象，可以通过隐藏图层的方法隐藏图层中的图形对象。

1. 隐藏图层

隐藏图层的操作方法有 3 种：

1）在"图层"面板中，单击需要隐藏的图层名称前面的 ◉ 可视性图标，即可快速隐藏该图层，此时 ◉ 图标变为 ▨ 形状。

2）在"图层"面板中，选择不需要隐藏的图层，然后单击面板的 ▾▤ 按钮，在弹出得快捷菜单中选择"隐藏其他图层"选项，即可隐藏未选择的其他图层。

3）在"图层"面板中，选择不需要隐藏的图层，然后按住〈Alt〉键的同时，单击该图层名称前面的 ◉ 可视性图标，即可隐藏所选择的图层以外的其他图层。

2. 显示隐藏的图层

显示隐藏的图层的操作方法有 3 种：

1）如果需要显示隐藏的图层，可在"图层"面板中单击其图层名称前面的 ▯ 图标，即可显示该图层。

2）在"图层"面板中选择任意一个图层，单击面板右侧的 ▾▤ 按钮，在弹出的面板菜单中选择"显示所有图层"选项，即可显示所有隐藏的图层。

3）在"图层"面板中，按住〈Alt〉键的同时在任意一个图层的 ▨ 图标处单击，即可显示所有隐藏的图层。

7.4 创建与编辑蒙版

蒙版的工作原理与面具一样，就是将不想看到的地方遮挡起来，只透过蒙版的形状来显示想要看到的部分。

7.4.1 创建剪切蒙版

蒙版可以使用线条、几何形状及位图图像来创建，也可以通过复合图层和文字来创建。创建剪切蒙版的具体操作步骤如下：

1）将作为蒙版的图形和要被蒙版的对象放置在一起，如图 7-10 所示。

2）利用工具箱中的 同时框选它们，然后执行菜单中的"对象 | 剪切蒙版 | 建立"命令，此时透过蒙版的图形可以看到下面的图像，而蒙版图形以外的区域被遮挡，如图 7-11 所示。

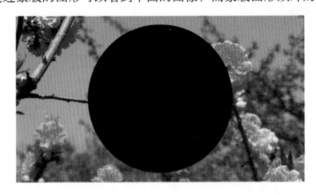 

图7-10　将作为蒙版的图形和要被蒙版的对象放置在一起　　　图7-11　剪切蒙版的效果

7.4.2 释放蒙版效果

如果对创建的蒙版效果不满意，需要重新对蒙版中的对象进行进一步编辑时，需要先释放蒙版效果，才可以进行编辑。

释放蒙版效果的方法有 3 种：

1）选择工具箱中的 ，然后在绘图区选择需要释放的蒙版，单击图层面板下方的 按钮，即可释放创建的剪切蒙版。

2）选择工具箱中的 ，然后右击在绘图区选择需要释放的蒙版，从弹出的快捷菜单中选择"释放剪切蒙版"命令，即可释放创建的剪切蒙版。

3）选择工具箱中的 ，然后在绘图区选择需要释放的蒙版，执行菜单中的"对象 | 剪切蒙版 | 释放"命令，即可释放创建的剪切蒙版。

7.5 实 例 讲 解

本节将通过 6 个实例来对图层与蒙版的相关知识进行具体应用，旨在帮助读者能够举一反三，快速掌握图层与蒙版在实际中的应用。

7.5.1 彩色光盘

要点

　　本例将制作一张彩色光盘，如图7-12所示。通过本例的学习，应掌握 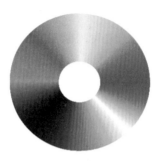（混合工具）、"路径查找器"面板和"剪切蒙版"的应用。

图7-12　彩色光盘

操作步骤

　　1）执行菜单中的"文件 | 新建"命令，在弹出的对话框中设置参数，如图7-13所示。然后单击"确定"按钮，新建一个文件。

　　2）选择工具箱中的 ▱（直线段工具），将线条色设置为红色，在绘图区中绘制一条直线，如图7-14所示。

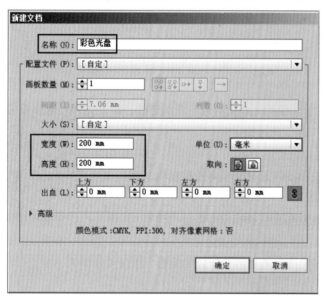

图7-13　设置新建文档属性　　　　　　　　　图7-14　绘制直线

　　3）选择工具箱中的 ↻（旋转工具），然后在直线的左端单击，从而确定旋转的轴心点，如图7-15所示。接着在弹出的"旋转"对话框中设置参数，如图7-16所示。单击"复制"按钮，效果如图7-17所示。

　　4）按快捷键〈Ctrl+D〉6次，重复上次的旋转操作，效果如图7-18所示。

　　5）分别选择每条直线，赋给它们"红、橙、黄、绿、青、蓝、紫、白"8种颜色，效果如图7-19所示。

提示

　　此时，应调节线条色而不是填充色。

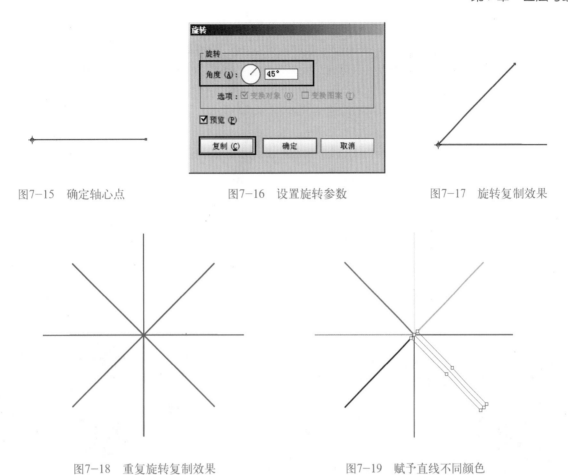

图7-15　确定轴心点　　　　　图7-16　设置旋转参数　　　　　图7-17　旋转复制效果

图7-18　重复旋转复制效果　　　　　　　　图7-19　赋予直线不同颜色

6）选择工具箱中的　（混合工具），依次单击每条直线，混合后的效果如图 7-20 所示。

7）选择工具箱中的　（椭圆工具），设置描边色为无色，填充为白色，配合〈Shift〉键绘制正圆形，效果如图 7-21 所示。

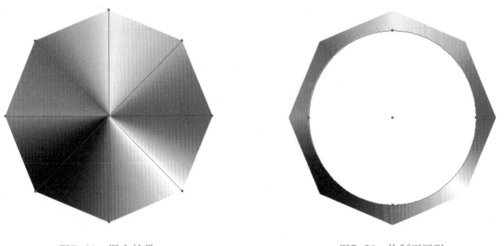

图7-20　混合效果　　　　　　　　　图7-21　绘制正圆形

8）双击工具箱中的　（比例缩放工具），在弹出的对话框中设置参数，如图 7-22 所示。单击"复制"按钮，复制出一个缩小的圆形，效果如图 7-23 所示。

9）执行菜单中的"窗口|路径查找器"命令，调出"路径查找器"面板。然后同时选择两个圆，单击　（减去顶层）按钮（见图 7-24），效果如图 7-25 所示。

图7-22　设置缩放参数

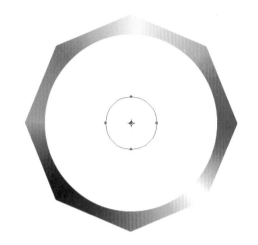

图7-23　缩放效果

10）选择所有的图形，然后执行菜单中的"对象|剪切蒙版|建立"命令，效果如图 7-26 所示。

图7-24　"路径查找器"面板

图7-25　扩展后效果

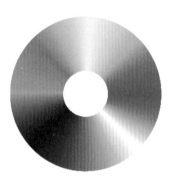

图7-26　剪切蒙版效果

7.5.2　铅笔

要点

　　本例将制作逼真的铅笔效果，如图 7-27 所示。通过本例学习，应掌握"混合"命令和"剪切蒙版"命令的综合应用。

图7-27　铅笔

操作步骤

1.创建笔杆

1）执行菜单中的"文件|新建"命令，在弹出的对话框中设置相关参数，如图7-28所示。然后单击"确定"按钮，新建一个文件。

2）选择工具箱中的 ▢（矩形工具），设置描边色为 ☑（无色），填充色如图7-29所示。然后在绘图区单击，在弹出的对话框中设置矩形参数，如图7-30所示。单击"确定"按钮，结果如图7-31所示。

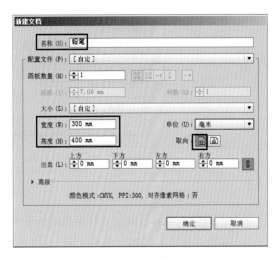

图7-28 设置"新建文档"参数

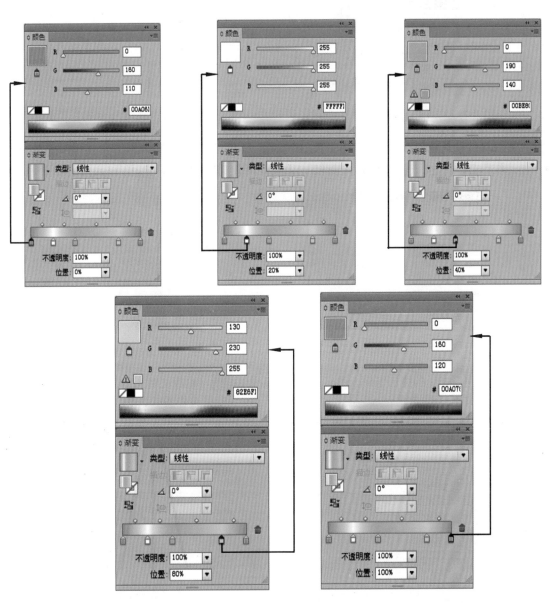

图7-29 设置渐变填充

图7-30　设置矩形参数　　　　　　　　　　　图7-31　绘制矩形

2. 制作被刮削过的木笔杆

被刮削过的木笔杆是通过 5 种颜色的矩形混合来完成的。

1）选择工具箱中的 ■（矩形工具），设置描边色为 ☑（无色），填充色暂定为黑色，然后在绘图区单击，在弹出的对话框中设置矩形如图 7-32 所示，单击"确定"按钮，结果如图 7-33 所示。

图7-32　设置矩形参数　　　　　　　　　　　图7-33　绘制矩形

2）选中绘图区中的黑色矩形，然后双击工具箱中的 ↻（旋转工具），在弹出的对话框中设置旋转参数，如图 7-34 所示。单击"复制"按钮，复制出 1 个旋转 -12°的矩形。接着将复制后的矩形移动到图 7-35 所示的位置。

图7-34　设置旋转参数　　　　　　　　　　　图7-35　移动复制后的矩形

3）选中绘图区中旋转后的黑色矩形，然后选择工具箱中的 ⚏（镜像工具），按住〈Alt〉键在绘图区中心黑色矩形处单击，将其作为镜像轴心点。接着在弹出的对话框中设置镜像参数，如图 7-36 所示。单击"复制"按钮，在右侧镜像复制出一个矩形，结果如图 7-37 所示。

图7-36　设置镜像参数　　　　　　　　　　　图7-37　镜像效果

4) 选中最左边的黑色矩形，然后选择工具箱中的  (旋转工具)，按住〈Alt〉键在绘图区中心黑色矩形处单击，将其作为旋转中心点。然后，在弹出的对话框中设置旋转参数，如图7-38所示。单击"复制"按钮，结果如图7-39所示。

图7-38　设置旋转参数

图7-39　旋转复制效果

5) 利用工具箱中的 (镜像工具) 镜像出另一侧的矩形，结果如图7-40所示。

6) 将5个矩形赋予不同的填充颜色，结果如图7-41所示。

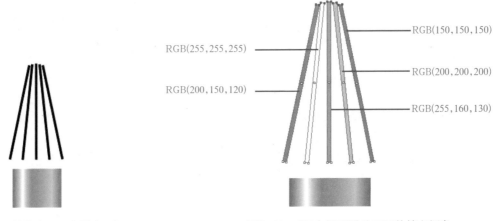

图7-40　镜像出另一侧的矩形

图7-41　将5个矩形赋予不同的填充颜色

7) 选择工具箱中的 (混合工具)，依次点击绘图区中的5个矩形，结果如图7-42所示。然后将混合后的图形移到图7-43所示的位置。

图7-42　混合后效果

图7-43　移动混合后的图形

8) 选择工具箱中的 (钢笔工具)，绘制图7-44所示的图形作为蒙版。然后同时选中混合后的图形和蒙版图形，执行菜单中的"对象|剪切蒙版|建立"命令，此时蒙版图形以外的区域就被隐藏，结果如图7-45所示。

提示

1）在Illustrator中有两种类型的蒙版："剪贴蒙版"和"不透明度蒙版"。此时所用的是"剪贴蒙版"。使用"对象|剪切蒙版|建立"命令是将剪贴组中位于最上方的对象转换为一个蒙版，它将把下方图像超出蒙版边界的部分隐藏。在应用了剪贴蒙版之后，可以很容易地使用 （套索工具）或其他任意的路径编辑工具调整作为蒙版对象的轮廓，就像调整蒙版内部的对象一样。可以使用 （直接选择工具）编辑路径，使用 （编组选择工具）在一个组合中隔离对象或选中整个对象，或使用 （选择工具）在多个组合对象中进行工作。

2）当使用了"剪贴蒙版"后"图层"面板剪贴路径的名称具有下画线时，即使将剪贴路径重新命名，该下画线依然存在，如图7-46所示。

图7-44　绘制蒙版

图7-45　蒙版效果

图7-46　图层分布

9）此时被刮削过的木笔杆与笔杆没有完全匹配。下面通过工具箱中的 （直接选择工具）调节蒙版图形的节点来解决这个问题，结果如图7-47所示。

10）此时笔杆与被削刮过的木笔杆之间有一处空白。下面选择工具箱中的 （添加锚点工具），在笔杆顶部添加节点，然后将其向上移动，从而将空白修补，结果如图7-48所示。

3. 制作笔尖

这里将采用复制被刮削过的木笔杆，然后改变其填充色并调整大小的方法制作笔尖。

1）选中被刮削过的木笔杆，然后选择工具箱中的 （选择工具），按快捷键〈Shift+Alt〉，向上移动，从而复制出一个图形。然后将其缩放到适当大小，结果如图7-49所示。

图7-47　调节蒙版图形的节点

图7-48　在笔杆顶部添加并向上移动顶点

图7-49　复制并缩放图形

2）选择工具箱中的 （编组选择工具），然后分别选择笔尖中的5个矩形并赋予它们不同的颜色，结果如图7-50所示。

3）至此整支铅笔制作完毕，下面将其旋转一定角度。然后复制出另一支铅笔，并调节其颜色和摆放位置，最终结果如图 7-51 所示。

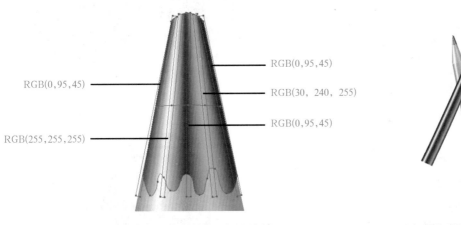

图7-50 分别赋予5个矩形不同颜色

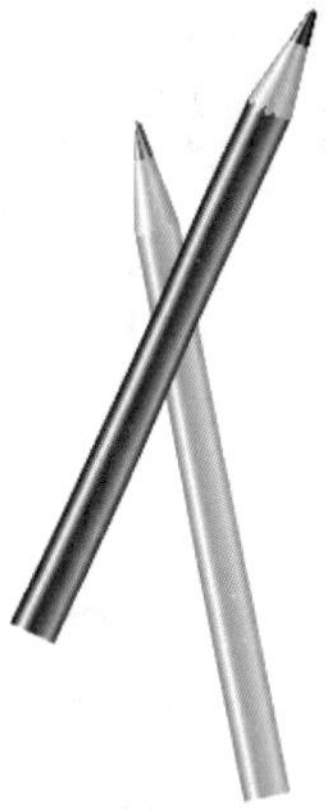

图7-51 最终效果

7.5.3 放大镜的放大效果

 要点

本例将制作放大镜效果，如图 7-52 所示。通过本例的学习，读者应掌握剪切蒙版的使用方法。

图7-52 放大镜效果

操作步骤

1）执行菜单中的"文件|新建"命令，在弹出的对话框中设置参数，如图 7-53 所示。然后单击"确定"按钮，新建一个文件。

2）执行菜单中的"文件|打开"命令，打开"素材及效果\7.5.3 放大镜的放大效果\放大镜 .ai"和"商标 .ai"文件，然后将它们复制到当前文件中，效果如图 7-54 所示。

3）为了产生放大镜的放大效果，下面复制一个图标并将其适当放大，如图 7-55 所示。然后利用"对齐"面板将它们中心对齐，并使放大后的图标位于上方。

4）绘制一个镜片大小的圆形，放置位置如图 7-56 所示。然后同时选择放大后的图标和圆形，执行菜单中的"对象|剪切蒙版|建立"命令，效果如图 7-57 所示。

图7-53 设置"新建文档"参数

图7-54　将图标和放大镜放置到当前文件中

图7-55　复制并适当放大图标尺寸

图7-56　绘制圆形

图7-57　蒙版效果

5）由于绘制图标时没有绘制白色的圆，因此，会通过上面的图标看到下面的图标，这是不正确的，下面就解决这个问题。其方法为：首先执行菜单中的"对象|剪切蒙版|释放"命令，将蒙版打开，然后在放大的图标处放置一个白色圆形，再次进行蒙版操作，效果如图7-58所示。

6）调整放大镜和图标到相应位置，最终效果如图7-59所示。

图7-58　再次进行蒙版操作效果

图7-59　最终效果

7.5.4　玉镯

要点

　　本例将制作一对玉镯，如图7-60所示。通过本例的学习，应掌握 📷（混合工具）、"路径查找器"面板、"剪切蒙版"和"高斯模糊"效果的综合应用。

图7-60　玉镯

操作步骤

1. 制作玉镯形状

1）执行菜单中的"文件|新建"命令，在弹出的对话框中设置参数，如图 7-61 所示。然后单击"确定"按钮，新建一个文件。

2）选择工具箱中的 ○ （椭圆工具），设置描边色为绿色，即 RGB（0，165，60），线条粗细为 30　pt，填充色为无色，然后绘制一个椭圆，效果如图 7-62 所示。

图7-61　设置"新建文档"参数

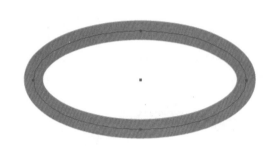

图7-62　绘制椭圆

3）复制一个椭圆，然后执行菜单中的"对象|扩展"命令，在弹出的对话框中设置参数，如图 7-63 所示。单击"确定"按钮，将其转换为图形，效果如图 7-64 所示。

图7-63　设置扩展参数

图7-64　扩展后效果

4）复制 3 个扩展后的椭圆，以便以后使用。

5）选择转换为图形前的绿色椭圆，执行菜单中的"编辑|复制"命令，然后执行菜单中的"编辑|粘贴到前面"命令，从而在原始图形的上方复制一个椭圆。接着将复制后的椭圆描边颜色设为白色，线条粗细设为 1 pt。最后，将复制后的白色椭圆向上移动，效果如图 7-65 所示。

6）双击工具箱中的 ⬛ （混合工具），在弹出的对话框中设置参数，单击"确定"按钮，如图 7-66 所示。然后分别单击绿色和白色线条的两个椭圆，将它们进行混合，效果如图 7-67 所示。此时，玉镯的大体形状制作完毕。

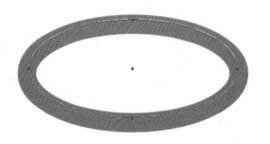

图7-65　将复制后的白色椭圆向上移动

图7-66　设置混合选项参数　　　　　　　　　　图7-67　混合效果

2. 制作玉镯的纹理

1）在一个扩展为图形的椭圆上方绘制一些星形，为了便于观察，可将转换为图形的椭圆填充色设为黑色，效果如图 7-68 所示。

2）此时，星形边角过于锐利，下面将其进行圆滑处理。方法为：选择所有的星形，执行菜单中的"效果|Illustrator 效果｜风格化｜圆角"命令，在弹出的对话框中设置参数（见图 7-69），单击"确定"按钮，效果如图 7-70 所示。

图7-68　将椭圆填充色设为黑色　　　　　　　　图7-69　设置圆角参数

3）选中下方的椭圆图形，执行菜单中的"对象｜排列｜置于顶层"命令，将其放置到最上方，效果如图 7-71 所示。然后，同时选中所有的星形和椭圆图形，执行菜单中的"对象｜剪切蒙版｜建立"命令，效果如图 7-72 所示。

图7-70　圆角效果　　　　　　　　　　　图7-71　将椭圆图形置于顶层

4）将蒙版后的图形和混合后的图形中心对齐，效果如图 7-73 所示。

图7-72　剪切蒙版效果　　　　　　　　　　图7-73　中心对齐效果

5）此时，纹理过于生硬，下面将"透明度"面板中的图层混合模式设为"叠加"，"不透明度"设为80%（见图 7-74），效果如图 7-75 所示。

图7-74 设置纹理的透明度

图7-75 不透明度效果

3. 制作玉镯的投影

1) 对作为玉镯阴影的圆环进行模糊处理。方法为：选择另一个扩展后的椭圆图形，执行菜单中的"效果|Photoshop 效果 | 模糊 | 高斯模糊"命令，在弹出的对话框中设置参数，如图 7-76 所示，单击"确定"按钮，效果如图 7-77 所示。

图7-76 设置高斯模糊参数

图7-77 高斯模糊效果

2) 对阴影进行变形和不透明度处理。方法为：执行菜单中的"对象|排列|置于底层"命令，将其放置到最下方，然后利用工具箱中的 ▦（自由变换工具），配合键盘上的〈Ctrl〉键对其进行变形处理，并将"不透明度"改为 50%，效果如图 7-78 所示。

4. 制作玉镯上的明暗对比

1) 选中剩余两个扩展后的图形，将它们中心对齐，并将其中一个图形略微向上移动，效果如图 7-79 所示。

图7-78 阴影效果

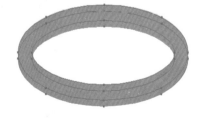

图7-79 将其中一个图形略微向上移动

2) 选择这两个图形，在"路径查找器"面板中单击 ▣（减去顶层）按钮（见图 7-80），效果如图 7-81 所示。

图7-80 单击 ▣ 按钮

图7-81 扩展后效果

3）将相减后的图形放置到如图 7-82 所示的位置。

4）对相减后的图形执行"效果 | Illustrator 效果 | 模糊 | 高斯模糊"命令，在弹出的对话框中设置参数，如图 7-83 所示。单击"确定"按钮，效果如图 7-84 所示。

图7-82　放置位置　　　　　　　　　　　　图7-83　设置高斯模糊参数

5）复制一个玉镯，并将它们旋转一定角度，最终效果如图 7-85 所示。

图7-84　高斯模糊效果　　　　　　　　　　图7-85　玉镯效果

7.5.5　手提袋制作

要点

本例将制作一个柠檬手提袋，如图 7-86 所示。通过本例学习，应掌握利用图层来分层绘制图形的方法。

图7-86　柠檬手提袋效果

操作步骤

1. 制作背景

1）执行菜单中的"文件 | 新建"命令，在弹出的对话框中设置参数，如图 7-87 所示。然后单击"确定"按钮，新建一个文件。

2）选择工具箱中的▣（矩形工具），设置描边色为▨（无色），填充渐变色，如图 7-88 所示。然后在视图中绘制一个矩形，如图 7-89 所示。

图7-87 设置"新建文档"参数

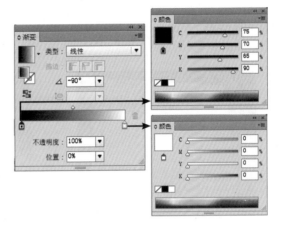

图7-88 设置填充色

3）同理，绘制一个矩形，并设置其描边色为☑（无色），填充色如图 7-90 所示。然后，将其放置到上一步创建的矩形下方，如图 7-91 所示。

图7-89 绘制矩形的效果

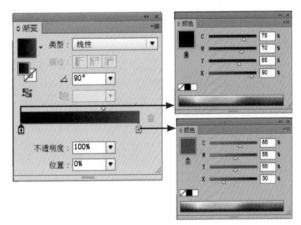

图7-90 设置填充色

2. 制作包装袋主体

1）绘制包装袋正面图形。方法：将"图层 1"重命名为"背景"层，然后单击图层面板下方的☑（创建新图层）新建"包装袋正面"层，利用工具箱中的☑（钢笔工具）绘制一个描边色为☑（无色），填充色为白色［颜色参考值为 CMYK（0，0，0，0）］的图形作为包装袋正面图形，如图 7-92 所示。

图7-91 绘制矩形的效果

图7-92 绘制正面图形

2）绘制包装袋侧面图形。方法：在"背景"层上方新建"包装袋侧面"层，然后利用 ✍（钢笔工具）绘制侧面上部图形（见图7-93），并设置描边色为▨（无色），填充色如图7-94所示。接着利用 ✍（钢笔工具）绘制侧面下部图形（见图7-95），并设置描边色为▨（无色），填充渐变色（见图7-96），此时图层分布如图7-97所示。

图7-93　绘制上部侧面图形

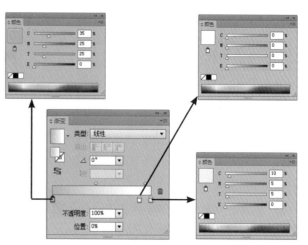

图7-94　设置侧面上部图形的填充渐变色

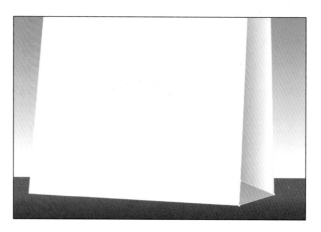

图7-95　绘制侧面下方图形

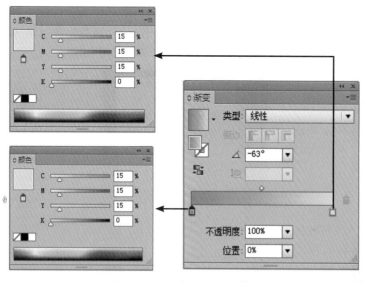

图7-96　设置侧面下部图形的填充渐变色

图7-97　图层分布

3）为了防止错误操作，下面锁定"背景""包装袋正面"和"包装袋侧面"3层，然后新建"包装袋正面文字"层，利用工具箱中的 T （文字工具）创建文字"T"，并设置字色为CMYK (65, 0, 100, 0)。接着执行菜单中的"对象|扩展"命令，在弹出的对话框中设置参数，如图7-98所示。单击"确定"按钮，结果如图7-99所示。

提示

将文字进行扩展的目的是为了防止在其余计算机上打开该文件时，因丢失字体而出现字体替换的情况。

图7-98　设置"扩展"参数

图7-99　扩展后的效果

4）同理，在"包装袋正面文字"层上输入其余文字，效果如图7-100所示，此时图层分布如图7-101所示。

图7-100　输入其余文字

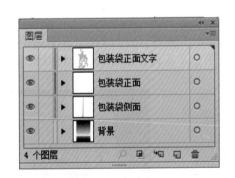

图7-101　图层分布

5）导入柠檬图片。方法：新建"柠檬"层，执行菜单中的"文件|导入"命令，导入"素材及结果\7.5.5 手提袋制作＼柠檬1.eps"文件。然后适当缩小并旋转一定角度，结果如图7-102所示。

6）同理，导入"素材及结果＼7.5.5柠檬手提袋制作＼柠檬2.eps"和"柠檬3.eps"文件，适当缩小并旋转一定角度，如图7-103所示。

图7-102　将"柠檬1.eps"适当缩小并旋转一定角度　　　图7-103　导入"柠檬2.eps"和"柠檬3.eps

7）创建包装袋侧面的文字。方法：将所有图层进行锁定，然后新建"包装袋侧面文字"层，利用工具箱中的 **IT**（直排文字工具）输入文字"Made from lemons"，并设置字色为 CMYK（65，0，100，0）。然后，执行菜单中的"对象|扩展"命令，将文字进行扩展，结果如图 7-104 所示。

图7-104　创建侧面文字

8）此时部分文字位于包装袋正面，这是不正确的，下面将"包装袋侧面文字"层移动到"包装袋正面"和"包装袋侧面"层之间，效果如图 7-105 所示。

提示

在Illustrator中位于上方图层的对象会遮挡住下方图层的对象，这里利用"包装袋正面"层将包装袋侧面文字与包装袋正面相重叠的区域进行遮挡。

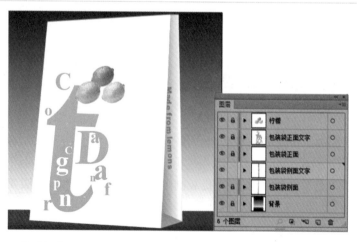

图7-105　将"包装袋侧面文字"层移动到"包装袋正面"和"包装袋侧面"层之间

9）在"柠檬"层的上方新建"包装袋提手"层，然后选择工具箱中的 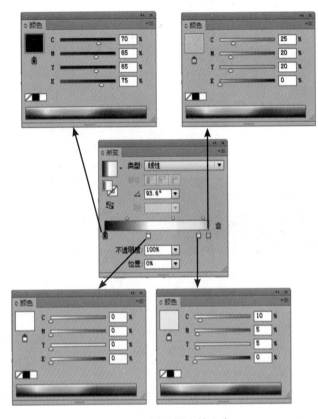（圆角矩形工具），设置描边色为 （无色），填充渐变色如图 7-106 所示。接着绘制一个圆角矩形作为包装袋的提手，并放置到相应的位置，如图 7-107 所示。

图7-106　设置渐变填充色

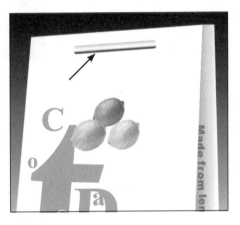

图7-107　绘制包装袋的提手

3. 制作倒影

1）解锁"背景"层以外的所有图层，然后选择所有对象，执行菜单中的"对象|编组"命令，进行成组。接着执行菜单中的"编辑|复制"命令，进行复制。

2）在"背景"层上方新建"倒影"层，然后执行菜单中"编辑|贴在前面"命令，进行粘贴。接着选择工具箱中的 （镜像工具），按住键盘上的〈Alt〉键，在包装袋底部单击，在弹出的"镜像"对话框中设置参数，如图 7-108 所示。单击"确定"按钮，结果如图 7-109 所示。

图7-108　"镜像"对话框

图7-109　"镜像"后的效果

3）选择镜像后的包装袋图形，然后在"透明度"面板中将"不透明度"设为15%（见图 7-110），最终效果如图 7-111 所示，图层分布如图 7-112 所示。

图7-110　将"不透明度"设为15%

图7-111　最终效果

图7-112　图层分布

7.5.6　彩色点状字母标志

要点

　　本例将制作一个彩色点状字母标志，如图 7-113 所示。字母仿佛是透明容器，其中装满彩色的半透明状的水泡——这样的标志容易令人展开视觉图形的联想。通过本例学习，应掌握"透明度"面板和剪切蒙版的综合应用。

图7-113　彩色点状字母标志

操作步骤

　　1）执行菜单中的"文件｜新建"命令，在弹出的对话框中设置参数，如图 7-114 所示。单击"确定"按钮，新建一个文件。然后将其存储为"彩色点状标志 .ai"。

　　2）在本例中，字母图形为容器，而圆点状图形为填充内容。下面先将简单的字母图形制做好，方法：选择工具箱中的 **T**（文字工具），分别输入小写英文字母"d""o""i"（注意：分 3 个独立的文本块输入，以便于后面逐个字母调节）。然后在工具选项栏中设置"字体"为 Bauhaus93（读者可以自己选取一种较圆润

的英文字体）。由于本例的文字要作为剪切蒙版的形状，因此下面必须执行"文字 | 创建轮廓"命令，将文字转换为普通图形，效果如图7-115所示。

3）在标志设计中，直接选用字库中现有字体会缺乏个性，因此一般还需要进行后期修整。例如，本例中的文字，还需要进行宽高比例和局部曲线形等方面的调整。方法：字母如"i"中有些线条显然很硬，可先选择工具箱中的 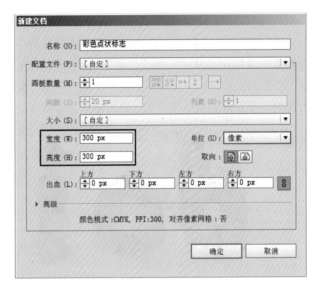（添加锚点工具），在字母"i"和"d"上的水平线中间添加锚点，然后利用工具选项栏中的 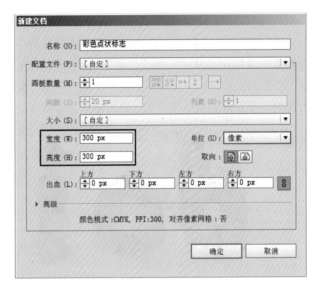（将所选锚点转换为平滑）工具将图7-116中圈出的角点都转换为平滑点。接着利用工具箱中的 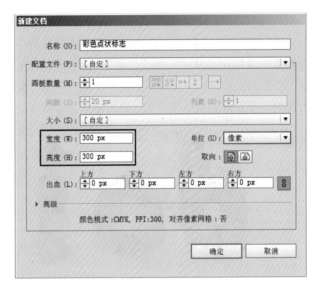（直接选择工具）调节各锚点的控制手柄，使字母边缘的转折变得柔和。最后改变正常比例，将字母整体拉长一些。

图7-114　建立新文档

提示

利用选项栏中的 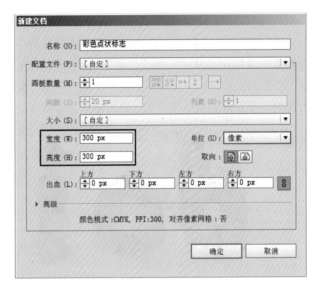（将所选锚点转换为尖角）工具和 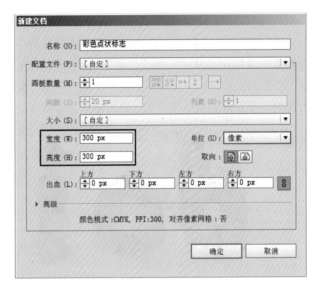（将所选锚点转换为平滑）工具可以在角点和平滑点之间进行快速转换，在调节路径形状时比使用 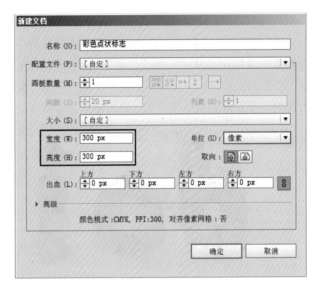（转换锚点工具）更方便。

图7-115　分别输入字母"d""o""i"，形成3个文字块　　图7-116　进行宽高比例和局部曲线形等方面的调整

4）绘制彩色圆点，彩色圆点其实就是许多大小、颜色、透明度各异的重叠的圆形，下面先摆放基本形。方法：利用工具箱中的 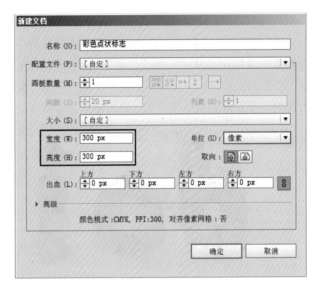（椭圆工具），绘制许多大小不一的圆形，填充上不同的颜色。但要注意：这些圆形其实都是要被放置入字母内部的，因此最好沿字母形状和走向来排布（见图7-117），所有的彩色圆形都是沿字母"d"来摆放的。然后按快捷键〈Shift+Ctrl+F10〉打开"透明度"面板，接着选中每个圆形，改变透明度数值，色彩经过透叠形成了奇妙的效果，如图7-118所示。

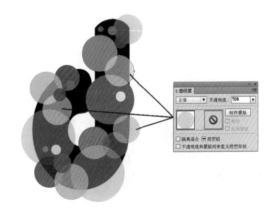

图7-117　沿字母"d"形状绘制许多彩色圆形　　　　图7-118　选中每个圆形，改变透明度数值

5）同理，将3个字母都用彩色圆形透叠，排放圆点时要考虑在字母中的相对位置，效果如图7-119所示。

6）将彩色圆点放入字母图形内部，这需要将字母图形转为蒙版。方法：利用 ▶ （选择工具）将3个字母都选中（按住〈Shift〉键逐个选取），然后执行菜单中的"对象｜排列｜置于顶层"命令，将3个字母图形置于彩色圆点的上面，接着执行菜单中的"对象｜复合路径｜建立"命令，如图7-120所示，从而将3个字母可作为一个整体的蒙版来应用。最后再将字母图形的"填色"和"边线"都设置为无色，效果如图7-121所示。

图7-119 3个字母都用彩色圆形透叠的效果 　　图7-120 将3个字母制作成复合路径并置于顶层

7）利用 ▶ （选择工具）全部选中3个字母（蒙版）和下面的圆点，然后执行菜单中的"对象｜剪切蒙版｜建立"命令，从而得到如图7-122所示效果。

提示

"剪切蒙版"中的"蒙版"也就是裁切的形状，它必须同时满足两个条件：一是位于所有图形的最上层；二是纯路径（"填色"和"边线"都设置为无色）。

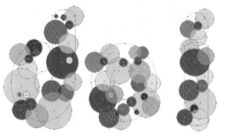

图7-121 将3个字母的"边线"和"填充"都设置为无 　　图7-122 制作剪切蒙版之后的效果

8）现在要增加一些颜色稍深一些的彩色点，这需要先释放蒙版，剪切蒙版的好处在于裁剪完成后还可以反复处于编辑的状态。方法：执行菜单中的"对象｜剪切蒙版｜释放"命令，此时蒙版与图形暂时恢复原状。然后如图7-123所示在其中增加一些深色圆点，调整完成后再重新生成剪切蒙版（将蒙版与圆点全部都选中，然后执行菜单中的"对象｜剪切蒙版｜建立"命令），效果如图7-124所示。

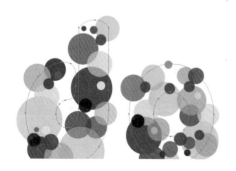
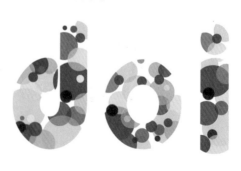

图7-123 将蒙版释放之后再增加一些深色的圆点 　　图7-124 制作剪切蒙版之后的效果

9）图形制作完成后，最后添加文字。方法：选择工具箱中的 T（文字工具），输入两行英文，请读者自己选取两种笔画稍细一些的英文字体［参考颜色数值为：CMYK（0，0，0，50）］，将它们放置于图形的下方。

10）至此，这个简单的彩点构成的标志基本制作完成，最后再对整体比例稍做调整，得到如图 7-125 所示效果。

图7-125　最后完成的标志效果

课 后 练 习

1. 利用图层制作图 7-126 所示的机箱效果。
2. 利用剪切蒙版制作图 7-127 所示的光盘盘面效果。

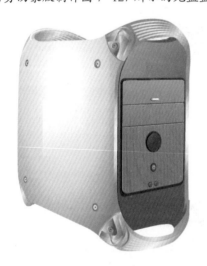

图7-126　苹果机箱　　　　　　　　　　　图7-127　光盘盘面效果

综合实例 **第8章**

本章重点

通过前面8章的学习，大家已经掌握了 Illustrator CC 2015 的一些基本操作。本章将通过5个综合实例来具体讲解 Illustrator CC 2015 在实际设计工作中的具体应用，旨在帮助读者拓宽思路，提高综合运用 Illustrator CC 2015 的能力。

8.1 无袖 T 恤衫设计

要点

本例将制作一款具有青春时尚风格的无袖夏季 T 恤衫设计，如图 8-1 所示。本例在设计上强调的是 T 恤衫的装饰设计，因为这一部分设计空间最为广阔，并且最能体现出强烈的个性和时尚风格。本例选取的 T 恤装饰图形为简洁的卡通风格，因此不涉及复杂的制作技巧。通过本例的学习，应掌握利用绘图工具绘制图形、制作透明效果和文字沿开放曲线或闭合形状表面排列技巧的综合应用。

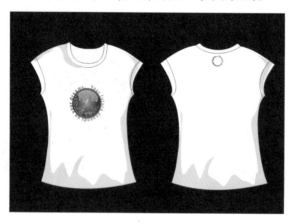

图8-1 无袖T恤衫设计

操作步骤

1. 制作背景

1）执行菜单中的"文件 | 新建"命令，在弹出的"新建文档"对话框中设置参数，单击"确定"按钮，如图 8-2 所示。

2）创建黑色背景。方法：利用工具箱中的 （矩形工具）创建一个 210 mm × 185 mm 的矩形，并将其描边色设为无色，填充色设为黑色，如图 8-3 所示。然后执行菜单中的"对象 | 锁定 | 所选对象"按钮，将其锁定。

图8-2　设置"新建文件"参数

图8-3　创建黑色背景

2. 绘制无袖 T 恤衫的外形图

1）这里选取的是一款收腰式无袖 T 恤衫（女式），下摆属于弧形下摆，运用尽量简洁概括的线条来勾勒 T 恤衫背面外形。方法：利用工具箱中的 （钢笔工具）绘制出如图 8-4 所示的 T 恤衫外形（闭合路径），并设置填充色为白色。

2）在外形图上绘制领口和分割图形（也可以是分割线）。方法：利用工具箱中的 （钢笔工具）在领口、袖口处绘制出弧形的闭合路径或者弧线，从而得到无袖 T 恤背面的外形图。然后，将 T 恤衫背面外形图复制一份放置在页面左侧，将其修改为 T 恤衫正面外形图。正背外形上的差异主要在领口处。下面利用工具箱中的 （钢笔工具）在领口处绘制如图 8-5 所示的圆弧形闭合路径。注意，要将弧线调节得左右对称。接着将 T 恤衫正背外形图并列放置，效果如图 8-6 所示。

图8-4　绘制出 T 恤衫背面外形

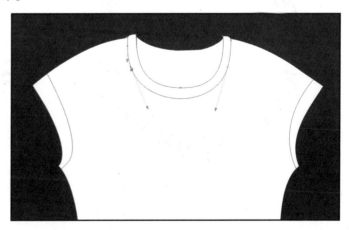

图8-5　绘制 T 恤衫背面外形图的领口部分

3）为了强调 T 恤衫的布面材质和追求一种生动的效果，下面在正背面外形图内增加一定的衣纹褶皱。方法：利用工具箱中的 （钢笔工具）绘制出如图 8-7 所示的褶皱形状（该形状可以是一个完整的闭合图形，也可以是几个分离的闭合图形），并设置填充色为浅灰色 [参考颜色数值为 CMTK（0，0，0，10）]。

图8-6　T恤衫正背面外形图

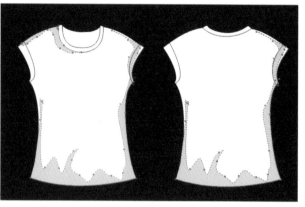

图8-7　绘制出T恤正背面上简单的褶皱形状

3.绘制 T 恤衫上的图案

1）现在进行装饰部分的设计，也就是绘制 T 恤衫上要印的图案，这种款式体现的是一种巧妙的文图组合效果。方法：利用工具箱中的 （椭圆工具），按住〈Ctrl〉键绘制出一个正圆形，然后利用工具箱中的 （路径文字工具）在绘制的圆形上单击，此时会出现一个顺着曲线走向的光标，如图 8-8 所示，接着输入文字"Your future depends on your dreams."，并调整字号大小，尽量使这段文字排满整个圆圈。然后，在沿线排版的文字上按住鼠标并顺时针拖动，从而调整文字在圆弧上的排列形式，如图 8-9 所示。最后选中文字，在属性栏内设置"字体"为 Typodermic（也可自由选择任意你喜欢的字体），从而得到如图 8-10 所示的效果。

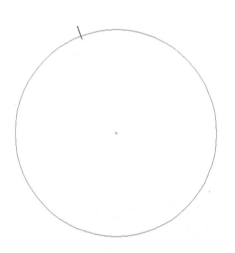

图8-8　在正圆形边缘上插入光标

图8-9　调整文字在圆弧上的排列形式

图8-10　取消圆形的轮廓线后的文字效果

2）利用 （选择工具）选中沿线排版的文字，执行菜单中的"对象 | 扩展"命令，然后在弹出的图 8-11 所示的对话框中单击"确定"按钮，从而将文字转换为轮廓。接着在渐变面板中设置"黑色 —— 蓝色"的线性渐变，如图 8-12 所示，再利用工具箱中的 （渐变工具）对文字进行统一渐变，结果如图 8-13 所示。

3）利用工具箱中的 （椭圆工具）在沿线排版的文字内部创建一个正圆形，并设置其描边色为无色，填充色见图 8-12，结果如图 8-14 所示。

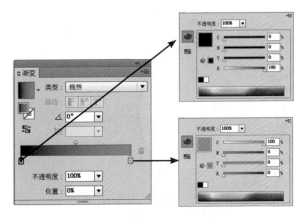

图8-11　设置扩展参数　　　　　　　　　　　图8-12　设置渐变色

图8-13　对文字进行填充后的效果　　　　　　　图8-14　对圆形进行填充后的效果

4) 利用 ▶ (选择工具) 选中中间的圆形，然后双击工具箱中的 ▣ (比例缩放工具)，在弹出的 "比例缩放" 对话框中设置参数，如图 8-15 所示。单击 "复制" 按钮，从而复制出一个缩小的、中心对称的正圆形。接着在这个圆形内填充由 "蓝色 —— 黑色" 的线性渐变，得到如图 8-16 所示的效果。最后再复制出一个缩小的、中心对称的正圆形，并填充为白色，如图 8-17 所示。

图8-15　"比例缩放"对话框　　　图8-16　复制一个正圆形并填充渐变　　　图8-17　复制一个正圆形并填充白色

5) 在中间白色圆形内部要绘制一系列水珠和水滴的图案，从而形成一种仿佛水从圆形内溢出的效果。方法：利用 ✐ (钢笔工具) 在圆形内绘制几个连续的如同正在下坠的水滴形状，填充设置为粉蓝色 [参考颜色数值为 CMYK (20, 20, 0, 0)]，并在每个水滴下端添加很小的白色闭合图形，从而形成水滴上的高光效果，如图 8-18 所示。

6) 选中最里面的正圆形，然后设置渐变填充色 (见图 8-19)，结果如图 8-20 所示。

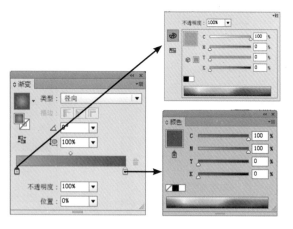

图8-18　绘制下坠的水滴形状　　　　　　　　图8-19　设置渐变色

7）制作一个透明的小水泡单元图形。方法：利用 （椭圆工具）绘制一个椭圆形，并设置其描边色设为无色，填充色如图 8-21 所示，结果如图 8-22 所示。然后执行菜单中的"编辑|复制"命令，再执行菜单中的"编辑|贴在前面"命令，将复制后的圆形放置到前面。接着将其填充色设为浅黑－浅白径向渐变，结果如图 8-23 所示。

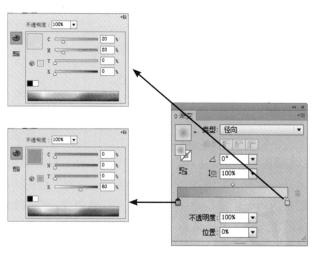

图8-20　填充后的效果　　　　　　　　图8-21　设置渐变色

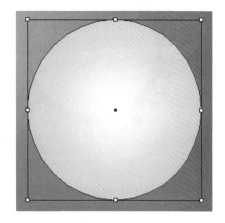

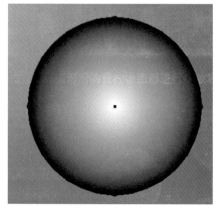

图8-22　绘制一个椭圆　　　　　　图8-23　复制一个椭圆并将填充色改为浅黑—浅白径向渐变

8）利用工具箱中的 ▶（选择工具），同时框选两个圆形，单击"制作蒙版"按钮（见图 8-24），然后勾选"反相蒙版"复选框（见图 8-25），结果如图 8-26 所示。

9）将小水泡的单元图形复制许多份，并缩放为不同大小，结果如图 8-27 所示

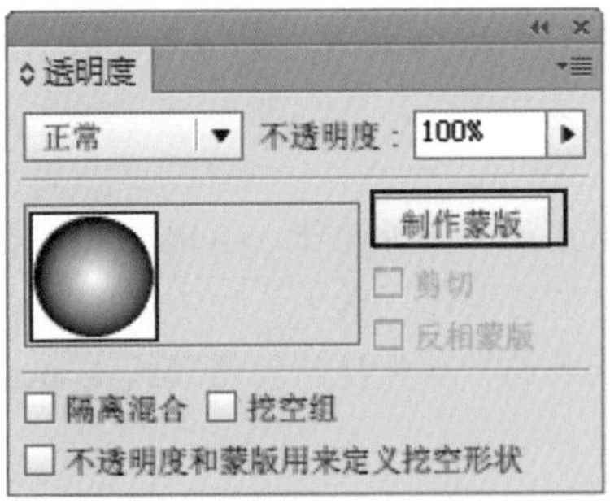

图8-24　选择“制作蒙版”命令

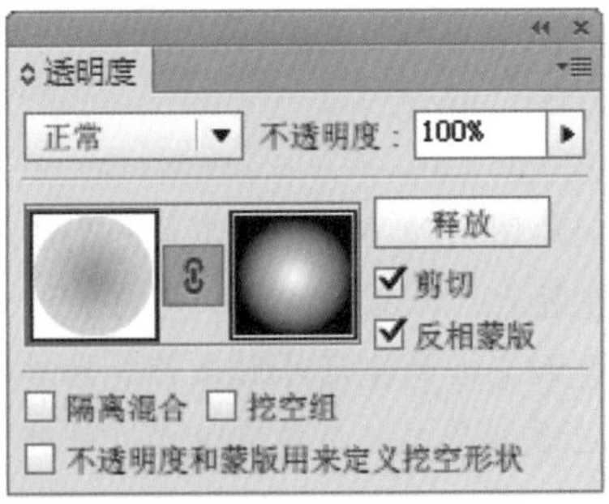

图8-25　勾选“反相蒙版”复选框

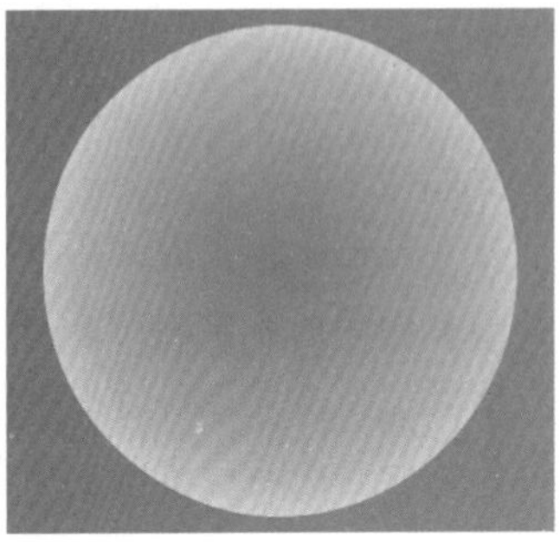

图8-26　半透明效果

10）利用 （选择工具）将所有构成装饰图案的文字与图形都选中，按快捷键〈Ctrl+G〉组成群组，然后将它移动到 T 恤衫正面外形图上。接着将装饰图案中的局部图形复制一份，缩小后放置到 T 恤衫背面靠近领口处，如图 8-28 所示。

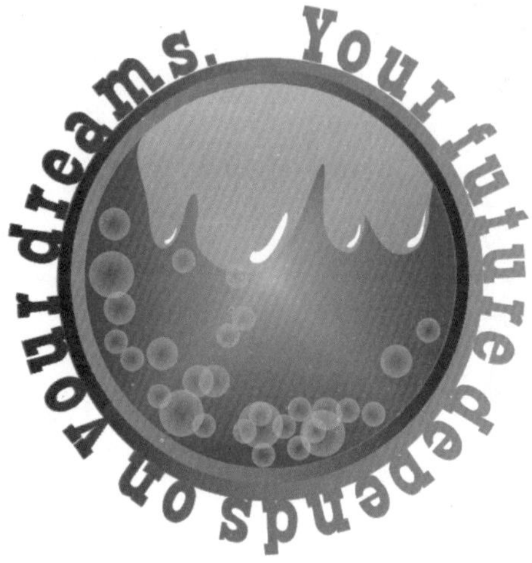

图8-27　复制水泡效果

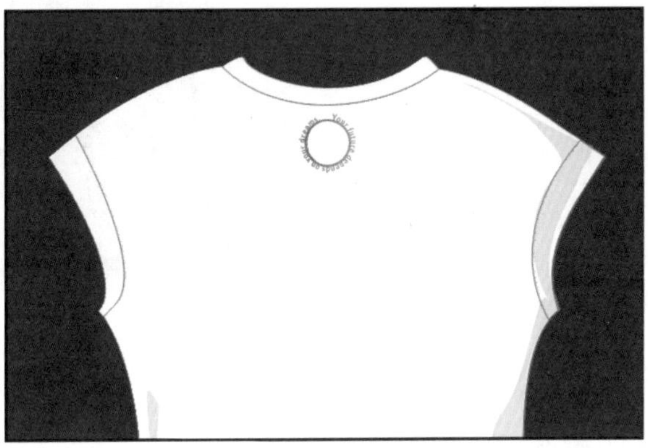

图8-28　将装饰图案复制缩小后置于T恤背面靠近领口处

11）至此，这件女式无袖 T 恤衫正背面款式设计全部完成，最后的效果如图 8-29 所示。

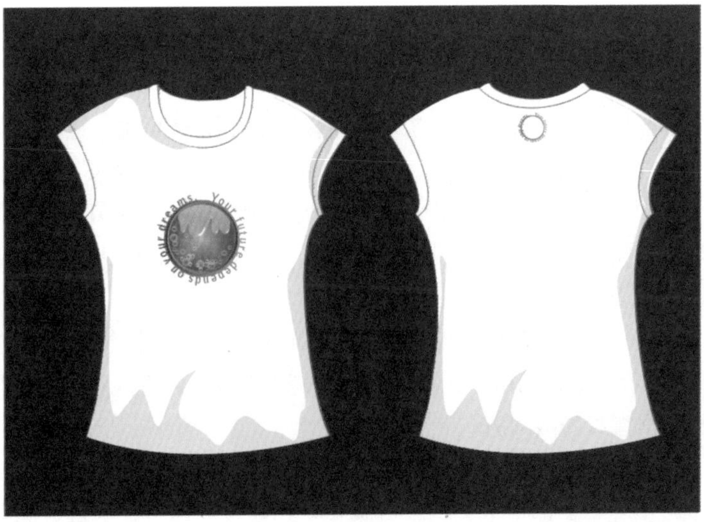

图8-29　女式无袖T恤衫正背面款式设计效果图

8.2　杂志封面版式设计

要点

　　Illustrator软件不仅具有超强的绘图功能，另外它还是一个应用范围广泛的排版软件。本例选取的是一个杂志封面的版式案例，如图8-30所示。在这个版式中充满了趣味和夸张的设计，属于一种活泼灵动的现代版面类型。通过规则的小图形重复和夸大的字母外形来营造妙趣横生的画面，从常规的构图模式走向注重读者体验的新境界。通过本例学习应掌握杂志封面常用版式设计的方法。

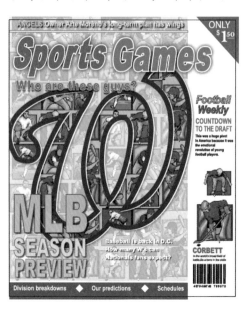

图8-30　制作杂志封面版式设计

操作步骤

　　1）执行菜单中的"文件｜新建"命令，在弹出的对话框中设置参数，如图8-31所示。然后单击"确定"按钮，新建一个文件（该杂志为非正常开本），将其存储为"杂志封面.ai"。

提示

　　本例设置的页面大小只是封面的尺寸，不包括封底。

　　2）该杂志封面的底图是由大量小图片（体育运动内容）重复拼接而成，这些小图片来自于图库，下面先将从图库中选出的6张小图片置入页面中。方法：执行菜单中的"文件｜置入"命令，在弹出的对话框中设置参数，如图8-32所示。选择"素材及结果\8.2 杂志封面版式设计\sports001.jpg"文件，单击"置入"按钮，将小图片原稿置入到"杂志封面.ai"页面中。同理，再将sports002.jpg、sports003.jpg、sports004.jpg、sports005.jpg、sports006.jpg都依次置入，如图8-33所示。

　　3）执行菜单中的"视图｜标尺｜显示标尺"命令，调出标尺。然后按住鼠标从水平和垂直标尺中分别拖出几条参考线，如图8-34所示。接着利用工具箱中的 ▶ （选择工具），将这6张小图片分别进行移动和放缩，将它们与刚才定义的水平和垂直参考线对齐。

提示

　　由于小图片背景中的正方形色块大小不一，因此只需将整体外围边缘大致对齐即可。

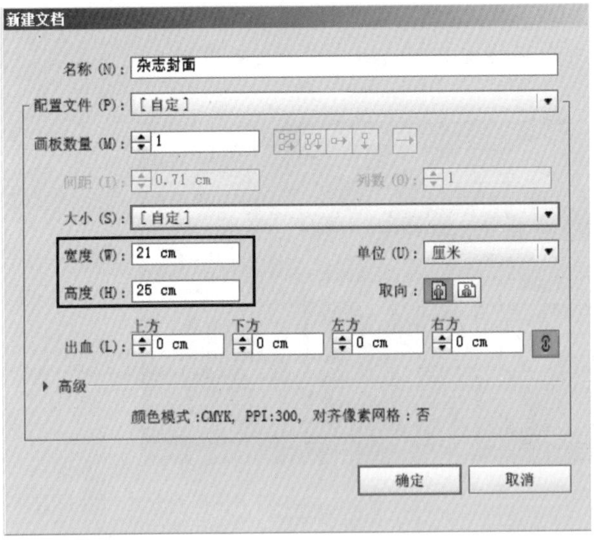

图8−31　建立新文件

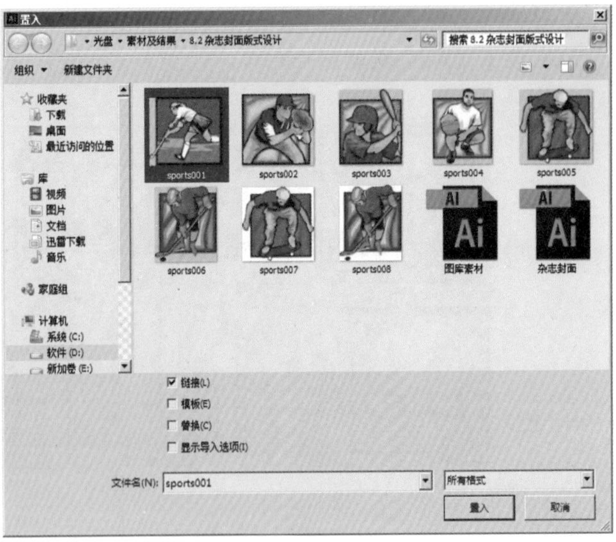

图8−32　将6张素材小图置入

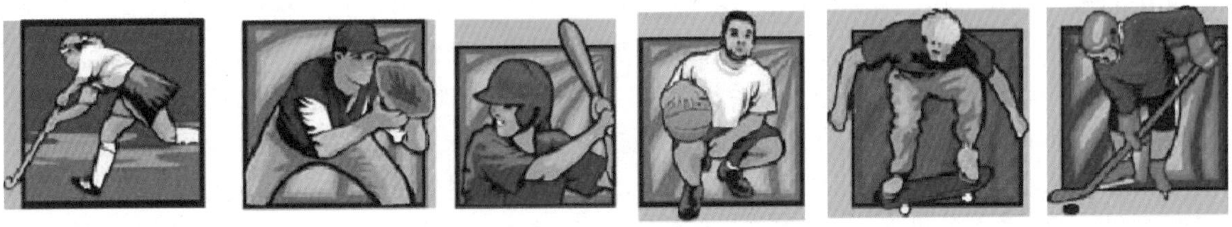

图8−33　置入的6张体育运动内容的小图片

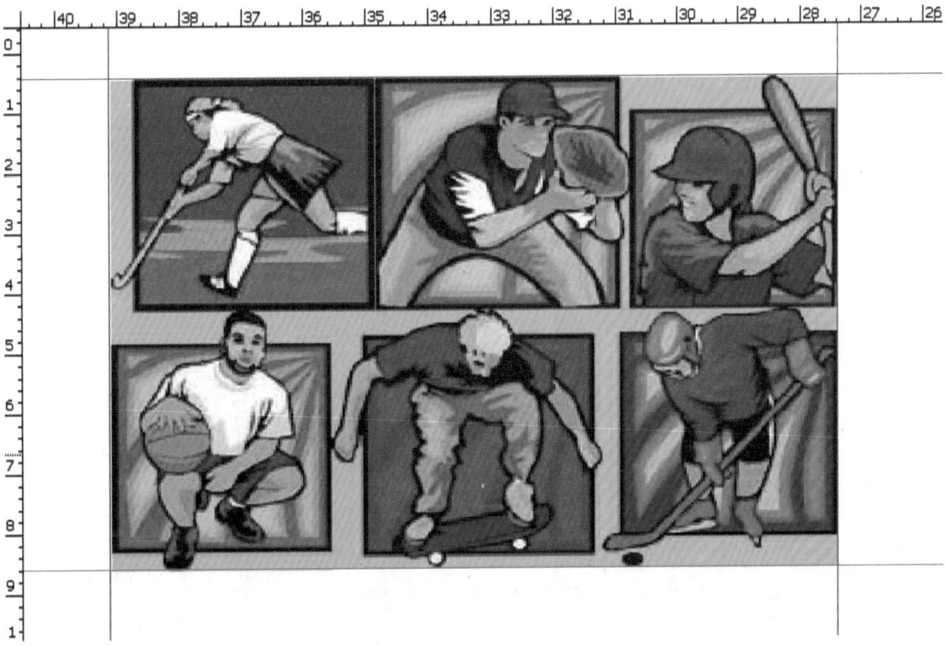

图8−34　将小图片依照参考线大致对齐

4）下面以这 6 张小图片为一组复制单元，进行横向和纵向的复制，使其形成图案般的效果。方法：利用工具箱中的（选择工具）将 6 张小图片都选中［按住〈Shift〉键依次点选］，然后按快捷键〈Ctrl+G〉将它们组成一组，再利用（选择工具）按住〈Alt〉键向右移动这组图形，将它复制出一份，如图 8−35 所示。

提示

在按下〈Alt〉拖动图形之后，再按下〈Shift〉键，可以保证在复制的同时水平或垂直对齐。

图8-35　以这6张小图片为一组复制单元，先进行横向复制

5）横向只需要复制出一组图形即可，下面进行纵向复制，应用"多重复制"的方法来自动实现。方法：先用工具箱中的 ▶ （选择工具）按住〈Shift〉键将2组12张小图片都选中，然后按快捷键〈Ctrl+G〉将它们组成一组。接着，再按住〈Alt〉键用选择工具向下移动这组图形（在按下〈Alt〉键拖动图形之后，一定要再按下〈Shift〉键，以保证在复制的同时垂直对齐），将它复制出一份作为第一个复制单元。最后，反复按快捷键〈Ctrl+D〉，得到如图8-36所示的纵向反复复制并整齐排列的效果。

6）对于版面来说，不断重复使用相同的基本元素，能造成视觉上的节奏与韵律美感，因此，重复在版面中并不意味着机械的、简单的排列，而是要通过巧妙地选择重复单元和排列方式，在版面中形成一种图案装饰化的表达。这里把制作好的底图移到版面中，方法：利用 ▶ （选择工具）的同时按住〈Shift〉键，将2组12张小图片都选中，然后按快捷键〈Ctrl+G〉将它们组成一组。注意版面右侧要留出45 mm的空白区域（要添加文字内容），如图8-37所示。

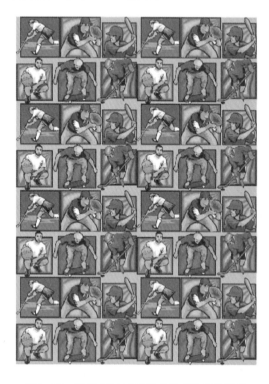

图8-36　纵向反复复制形成整齐排列的效果

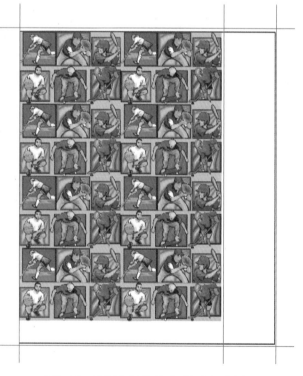

图8-37　将图片组移到页面中左侧位置

7）在页面上、右、下三侧边缘向外3 mm处分别设置裁切参考线，裁切线也称为"出血线"。"出血"是印刷时图像边缘正好与纸的边缘重合的版面时所需要的工艺处理。由于印刷机械（主要是装订机）的原因，在制作时应将图像尺寸四边各扩大3 mm，印刷时沿四周边缘各裁切约3 mm。如果不这样处理，往往会在纸的边缘和印刷图像边缘间留下白边而达不到效果。以上侧边缘为例，放大页面左上部，将底图拉大或向上移动，使图像超出页面上部边缘，如图8-38所示，这样可以确保裁切后不会露出白边。而图像左侧边缘是接书脊和封底的，因此不需要设置出血。

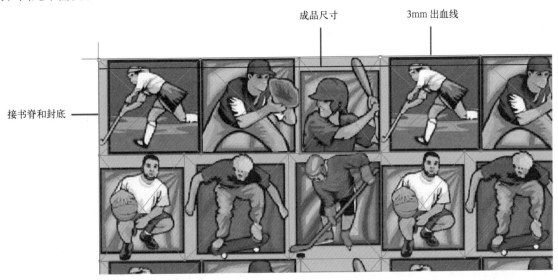

图8-38　使图像上部超出版面之外，以免裁切后留白边

8）在页面之外绘制该封面中最显著的图形元素——一个艺术化的"W"字母外形，它与底图间将发生有趣的重叠效果。下面先制作它的外形，方法：选用工具箱中的 ![]（钢笔工具），在页面中绘制如图8-39所示的曲线路径（一个较夸张的字母"W"的外轮廓）。绘制完之后，还可选用工具箱中的 ![]（直接选择工具）调节锚点及其手柄以修改曲线形状。放大局部，可以看出有些转折处的锚点并不够平滑，先用 ![]（直接选择工具）点中如图8-40所示的锚点，然后利用选项栏中的 ![]（将所选锚点转换为平滑）工具在选中锚点上单击，可以将角点转换为平滑点，以生成平滑流畅的曲线路径。

图8-39　绘制一个较夸张的字母"W"的外轮廓

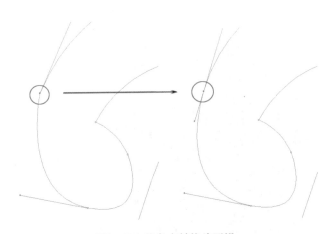

图8-40　将角点转换为平滑

9）利用 ![]（钢笔工具）在"W"的外轮廓的内部画出一个独立的封闭路径，然后按快捷键〈Shift+Ctrl+F9〉打开"路径查找器"面板。接着利用工具箱中的 ![]（选择工具）按住〈Shift〉键将两个路径都选中，在"路

径查找器"面板中单击 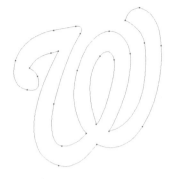 （减去顶层）按钮，使它们发生相减的运算，其结果是"W"的内部镂空，形成如手写体般的字形效果，如图 8-41 所示。

10）返回页面，利用 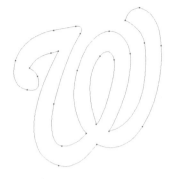（选择工具）选中刚才制作好的底图，按快捷键〈Ctrl+C〉将底图先复制一份。然后，按快捷键〈Ctrl+Shift+F10〉打开"透明度"面板，如图 8-42 所示将"不透明度"设置为 35%，底图透明度整体降低，形成如图 8-43 所示的浅网效果。

图8-41　"W"的内部镂空，形成如手写体般的字形效果

图8-42　"透明度"面板

图8-43　底图透明度整体降低，形成浅网效果

11）按快捷键〈F7〉打开"图层"面板，然后单击图层面板下方的 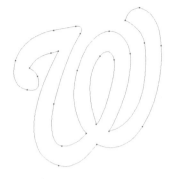（创建新图层）按钮，新建"图层 2"，接着按快捷键〈Ctrl+V〉将刚才复制的底图粘贴到"图层 2"中，调整位置，使"图层 2"中的底图与"图层 1"中的底图重合，如图 8-44 所示。

12）原先绘制好的"W"字母路径位于"图层 1"，现在将它移入"图层 2"中。方法：利用工具箱中的 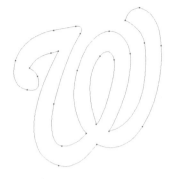（选择工具）将"W"字母路径选中，在"图层"面板中"图层 1"名称项的后面会出现一个蓝色的小标识，如图 8-45 所示，用鼠标将它拖动到"图层 2"层中，这样便于进行后面的编辑。然后，将"图层 1"名称前的 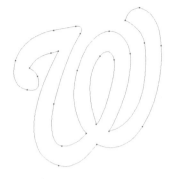（切换可视性）图标点掉，使"图层 1"暂时隐藏。

图8-44　将原来复制的底图粘贴到"图层2"

图8-45　将"W"字母路径移入"图层2"

13）在"图层 2"中应用"W"字母的路径作为蒙版形状，在底图上制作剪切蒙版效果，使"图层 2"中

蒙版范围之外的部分全被裁掉。方法：利用 ▶ （选择工具）选中"W"字母路径，按快捷键〈Ctrl+C〉进行复制，然后再按快捷键〈Ctrl+V〉得到一个复制出的"W"字母路径，将复制出的路径移动到如图 8-46 所示位置（在页面范围外保留原来的"W"字母路径以备后面步骤使用），然后按住〈Shift〉键将它与底图一起选中。接着，执行菜单中的"对象｜剪切蒙版｜建立"命令，超出"W"字母路径之外的多余的图像部分被裁掉，效果如图 8-47 所示。

图8-46　将"W"字母路径移动到底图上中间部位　　　　图8-47　超出"W"字母路径之外的图像部分被裁掉

14）在"图层"面板上再次单击"图层 1"名称前的 ◉ （切换可视性）图标，使"图层 1"显示出来，效果如图 8-48 所示。此时，字母图形内的图像保留原始颜色，而其余部分图像形成浅网效果。这里文字与图像两种设计语言自然地结合在一起，使版面充满情趣和视觉感染力。

15）为了使字母"W"具有更强的装饰性，下面还要对它进行边缘立体化的处理，先在它外部边缘勾一层较粗的深蓝色装饰边线。方法：单击图层面板下方的 ▭ （创建新图层）按钮，新建立"图层 3"，将步骤 13）留在页面范围外的"W"字母路径再复制一份，粘贴到"图层 3"中。然后，将其"描边"设置为深蓝色[参考颜色数值为：CMYK（100，80，0，60）]。接着，再按快捷键〈Ctrl+F10〉打开"描边"面板，将描边"粗细"设置为 12 pt。文字边缘被描上了一层深蓝色装饰边，效果如图 8-49 所示。

图8-48　字母内保留原始颜色，其余部分形成浅网效果　　　　图8-49　深蓝色装饰边线

16）继续进行边界的装饰和修整，利用工具箱中的 （选择工具）选中"图层3"中的蓝色描边图形，按住〈Alt〉键将它向右下方向拖动，得到一个复制图形。然后，将复制图形的"描边"设置为白色。接着，调整层次关系，执行菜单中的"对象｜排列｜后移一层"命令，将该白色描边图形移至蓝色描边图形的下面，效果如图8-50所示。

17）为了进一步增强文字边缘的立体装饰感，在白色描边的下面需要再添加半透明投影。方法：保持白色描边图形被选中的状态下，执行菜单中的"效果｜Illustrator效果｜风格化｜投影"命令，在弹出的对话框中将"不透明度"设置为50%，"X位移"量为0.8 mm，"Y位移"量为0.8 mm（位移量为正的数值表示生成投影在图形的右下方向），"模

图8-50　添加一层白色的描边图形

糊"数值设为0.8 mm，如图8-51所示。投影"颜色"为黑色。然后单击"确定"按钮，在白色描边的右下方向出现了逐渐虚化的半透明投影，结果如图8-52所示。

图8-51　"投影"对话框

图8-52　添加逐渐虚化的半透明投影

18）选择工具箱中的 ▢（矩形工具）画出一个与底图相同宽度的矩形，将其"填色"设置为一种红色（参考颜色数值为：CMYK（0，100，100，20），"描边"设置为无。调整它的高度，并将它移至如图8-53所示的页面下部边缘。

 提示

下部边缘也存在出血的问题，因此要将红色矩形向下多扩宽3 mm。

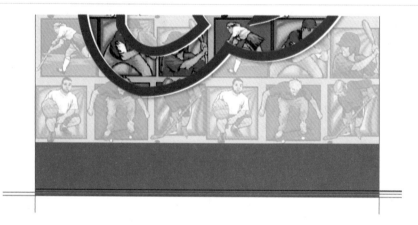

图8-53　在版面底部画出一个矩形并填充红色

19）至此，封面的图形部分处理完成，下面进入文字的编辑阶段。首先制作版面左下部的文字，方法：单击"图层"面板下方的 （创建新图层）按钮，建立"图层 4"，选择工具箱中的 **T** （文字工具），先分别输入 3 段文本 MLB、SEASON 和 PREVIEW。然后，在工具选项栏中设置"字体"为 Arial，"字体样式"为 Bold，接着，执行"文字｜创建轮廓"命令，将文字转换为如图 8-54 所示由锚点和路径组成的图形。

20）封面中把版面推向极致的手法是对比，通过对比使版面看起来更有生气。由于版面中间图形化的字母"W"外形夸张，填充图像颜色也很炫目，因此其他字体不宜再制作过多的艺术效果，而是要选择相对规范的字体。只添加简单的技巧，与图形化文字形成对比，这样版面才能活泼而又不失大方稳重。下面先选中已转为路径的文字"MLB"，再利用 ![指针]（选择工具）对文字进行拉伸变形（纵向拉伸形成窄长的字体风格）。然后，将"填色"设置为浅蓝色 [参考颜色数值为：CMYK（40，18，5，0）]，"描边"设置为深灰色 [参考颜色数值为：CMYK（0，0，0，80）]，描边"粗细"设置为 3 pt。文字边缘被描上了一层深灰色装饰边，效果如图 8-55 所示。

图8-54 输入3段文字并转为路径　　　　　　　图8-55 对文字进行描边的效果

21）执行菜单中的"效果｜Illustrator 效果｜风格化｜投影"命令，在弹出的对话框中设置参数，如图 8-56 所示。然后单击"确定"按钮，在文字右下方添加虚化的投影效果。同理，再制作出 SEASON 和 PREVIEW 的效果。其中，SEASON 的"填色"为粉红色 [参考颜色数值为：CMYK（0，22，15，0）]；PREVIEW 的"填色"为淡蓝色 [参考颜色数值为：CMYK（40，10，0，0）]，文字下都添加投影。最后三行文字的拼接效果如图 8-57 所示。

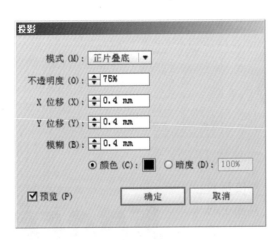

图8-56 "投影"对话框

图8-57 三行文字的拼接效果

22）将文字移动到版面的左下角，调整大小，效果如图 8-58 所示。

23）现在要制作的是杂志的标题，输入文本 Sports，然后，在工具选项栏中设置"字体"为 Arial Black（或者另外选择一种更粗一些的字体），其中单词 Sports 的"填色"为红色，参考颜色数值为：CMYK（0，100，100，0），接着，执行"文字｜创建轮廓"命令，将文字转换为如图 8-59 所示由锚点和路径组成的图形。

图8-58 将文字移动到版面的左下角　　　　　图8-59 将文字转换为由锚点和路径组成的图形

24）把分离的字母图形制作成为一个"复合路径"。方法：利用工具箱中的（选择工具）选中文字图形，然后执行菜单中的"对象 | 复合路径 | 建立"命令，将分散的单词合成一个整体图形。

 提示

　　如果不将分离的字母图形制作成"复合路径"，则后面加外发光效果时会发生阴影的重叠。

25）为文字添加一些简单的装饰效果。为了避免封面文字效果的散乱，所有文字特技都只限于描边和投影（以及类似于投影的外发光）这两种简单效果，以保持版面字体风格的统一。方法：先将文字的"描边"设置为白色，描边"粗细"设置为3 pt。文字边缘被描上了一圈纤细的白色装饰边，效果如图8-60所示。

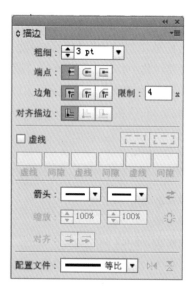

图8-60 将文字图形描上一圈白色边线

26）由于选择的粗体字没有合适的斜体样式，必须使用其他工具使文字倾斜，模拟斜体字的效果。方法：选中工具箱中的（倾斜工具），在文字的中心部位单击，设置倾斜中心点。然后，按住〈Shift〉键向右拖动鼠标，文字发生向右的倾斜效果，如图8-61所示。

图8-61 将文字图形进行向右的倾斜处理

27）最后一种装饰效果是黑色的"外发光"，这种发光效果类似于"投影"，但它是从文字中心向外进行颜色扩散。方法：选中文字，执行菜单中的"效果 | Illustrator 效果 | 风格化 | 外发光"命令，在弹出的对话框中设置参数，如

图 8-62 所示。然后单击"确定"按钮，文字外围添加上了虚化的黑色发光效果，如图 8-63 所示。

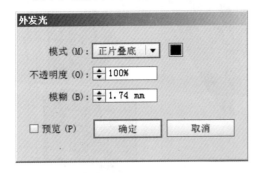

图8-62 "外发光"对话框

图8-63 文字外围添加上了虚化的黑色发光效果

28）同理，再制作出另一个单词Games的装饰效果。应用(选择工具)按住〈Shift〉键将两个单词图形都选中，然后按快捷键〈Ctrl+G〉将它们组成一组，效果如图 8-64 所示。

图8-64 标题文字的合成效果

29）将标题文字移至版面的顶端，并在其下面以相同的风格再制作一行红色小字，效果如图 8-65 所示。版面中还有很多分布的小字，此处不再一一详述做法。字体风格都是描边和投影，请读者参考图 8-66，图 8-67 所示效果自己完成（此处的条形码是模拟制作的，读者可以不用添加）。

30）最后，执行菜单中的"文件 | 置入"命令，将提供的素材图 sports007.jpg 和 sports008.jpg 两个文件置入，将它们缩小一些放置在如图 8-68 所示的封面右下方部位。

 提示

所有的文字（以及最后加入的小图形）都位于"图层4"上。

图8-65 将标题文字放置于版面上端

图8-66 制作上半部分版面中其他的小文字效果

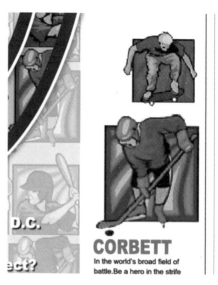

图8-67　制作下半部分版面中小文字效果，并添加模拟的条码　　　　图8-68　右下部再置入两张小图片

31）至此，杂志封面的版式案例已制作完成。最后的图层分布效果如图 8-69 所示，读者可以参考这种图层分配的思路，将背景、主体图形和文字都分别置于不同的图层上，以便于编辑和管理。最后的版面效果如图 8-70 所示。

图8-69　最后的图层分布

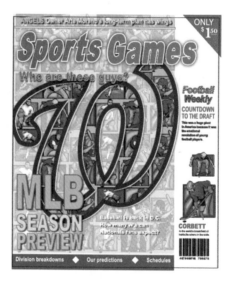

图8-70　制作完成的封面版面效果

8.3　制作卡通形象

要点

　　卡通图形的制作相对于其他图形来说要轻松自由，读者可以大胆地运用鲜艳的色彩和夸张的线条来表现活泼可爱的卡通气质。本例选取的卡通画是一本趣味图书的封面，效果如图 8-71 所示。其中，包括经过拟人化处理的"书籍"形象（具有生动的五官和喜气洋洋的表情，挥动手脚正在快乐地奔跑）及相同风格的艺术文字的设计，属于明快、可爱且具有亲和力的卡通风格作品。通过本例的学习，读者应掌握卡通画的制作方法。

图8-71 趣味图书封面

操作步骤

1）执行菜单中的"文件｜新建"命令，在弹出的对话框中设置参数，如图 8-72 所示。然后单击"确定"按钮，新建一个文件，并将其存储为"卡通形象 .ai"文件。

提示

矢量图形的最大优点是"分辨率独立"，换句话说，用矢量图方式绘制的图形无论输出时放大多少倍，都对画面清晰度、层次及颜色饱和度等因素丝毫无损。因此，在新建文件时，只需保持整体比例恰当，在输出时再调节相应的尺寸和分辨率即可。

2）执行菜单中的"视图｜显示标尺"命令，显示标尺。然后将鼠标移至水平标尺内，按住鼠标左键向下拖动，拉出一条水平方向参考线。接着将鼠标移至垂直标尺内，拉出一条垂直方向参考线，使两条参考线交汇于如图 8-73 所示的页面中心位置。建立此辅助线的目的是为了定义画面中心，以使后面绘制的图形均参照此中轴架构，不断调整构图的均衡。

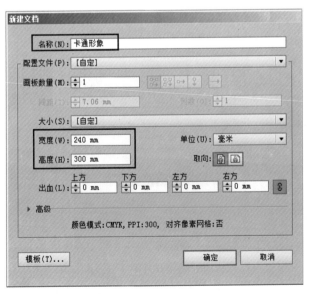

图8-72 设置"新建文档"参数

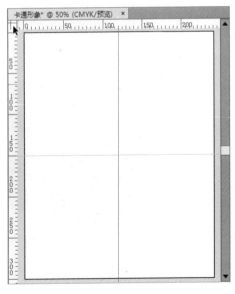

图8-73 从标尺中拖出交叉的参考线

3）在画面的中心位置绘制出衬底图形——倾斜的蓝色多边形。其方法为：选择工具箱中的 ✒ （钢笔工具），绘制出如图8-74所示的多边形路径，然后按〈F6〉键打开"颜色"面板，将这个图形的"填充"颜色设置为蓝色［参考数值为：CMYK（90，70，10，0）］，将"描边"颜色设置为无。

4）给这个多边形增加一个半透明的投影，以使其产生一定的厚度感。其方法为：用工具箱中的 ▶ （选择工具）将这个多边形选中，然后执行菜单中的"效果｜Illustrator效果｜风格化｜投影"命令，在弹出的对话框中将"不透明度"设置为77%，将"X位移"值设置为4 mm，"Y位移"值设置为3 mm（位移量为正的数值表示生成投影在图形的右下方向），如图8-75所示。由于此处需要的是一个边缘虚化的投影，因此，将"模糊"值设为3 mm，将投影"颜色"设置为黑色。单击"确定"按钮，在蓝色多边形的右下方出现了一圈模糊的阴影。添加阴影是使主体产生飘浮感和厚度感的一种方式，效果如图8-76所示。

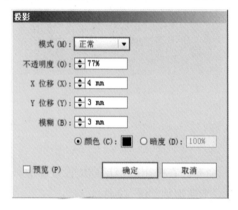

图8-74　绘制蓝色多边形　　　　图8-75　投影参考数值　　　　图8-76　投影的效果

5）在蓝色的衬底上，开始对画面的主体卡通形象进行描绘。这个封面里图形的"主角"是一本变形的书籍，一个具有生动的五官和喜气洋洋表情的"小书人"。首先确定"小书人"的基本轮廓形态。其方法为：选择工具箱中的 ✒ （钢笔工具）绘制如图8-77所示的路径形状，然后按快捷键〈Ctrl+F9〉打开"渐变"面板，按如图8-78所示设置"黄色—红色—黄色"三色径向渐变［红色参考颜色数值为：CMYK（9，100，100，0），黄色参考颜色数值为：CMYK（0，59，100，0）］，并将"描边"色设置为黑色。然后，按快捷键〈Ctrl+F10〉打开"描边"面板，将其中的"粗细"设置为5 pt。

图8-77　"小书人"的身体轮廓　　　　　　图8-78　设置渐变色

6）制作"小书人"的面部五官，首先从眼睛开始。在卡通形象拟人化处理中，一般将眼睛设计得大而有神，而且常采用多个颜色对比强烈的圆弧图形层叠在一起。先利用工具箱中的 ✒ （钢笔工具）绘制出如图8-79

所示的弧形路径，将"填充"设置为明艳的大红色 [参考颜色数值为：CMYK（0，100，100，0）]。接着绘制出如图 8-80 所示的半个椭圆形（一只眼睛的外轮廓），并将"填充"色设置为白色、"描边"色设置为黑色、描边"粗细"设置为 3 pt。

图8-79　小书人的眼睛外轮廓　　　　　　　　图8-80　绘制出一只眼睛的外轮廓

　　7）继续绘制眼睛的内部结构。实际上，眼睛是由很多简单的图形叠加而成的，参看图 8-81 所示的眼睛图形的分解示意图。先添加最左侧眼睛外轮廓内的第一个半圆弧形，填充为一种三色径向渐变 [从左及右 3 种绿色的参考颜色数值分别为：CMYK（78，20，100，0）、CMYK（83，43，100，8）、CMYK（78，20，100，0）]，再将"描边"色设置为黑色，将描边"粗细"设置为 3 pt。然后，添加一个小一些的半圆弧形，并将其填充为"淡紫色—深紫色—黑色"三色线性渐变 [其中淡紫色参考颜色数值为：CMYK（36，62，0，45），深紫色参考颜色数值为：CMYK（90，100，27，40）]，将"描边"色设置为无。接着绘制一个椭圆形，填充与前面半弧形相同，填充角度为 0°。最后绘制白色的小圆点作为眼睛中的高光部分。再将各个小图形叠加在一起，放置到红色的眼睛外轮廓图形之上，形成如图 8-82 所示的效果。

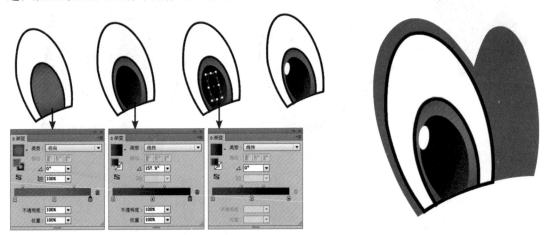

图8-81　眼睛图形分解示意图　　　　　　　　图8-82　一只眼睛的合成效果

　　8）同理，制作出"小书人"的另外一只眼睛（也可以将第一只眼睛图形复制后缩小）。其方法为：在两只眼睛的下方，利用 ✎（钢笔工具）绘制出一条弧形的路径，作为眼睛和鼻子的分界线。然后，绘制眼睛上部的弯曲弧线，并将"填充"设置为白色（Illustrator 中线型也可以设置填充色），将"描边"色设置为无，以增加趣味的高光图形，效果如图 8-83 所示。

　　9）利用工具箱中的 ▸（选择工具），配合键盘上的〈Shift〉键选中构成眼睛的所有图形，然后按快捷键〈Ctrl+G〉，将它们组成一组。接着利用 ▸（选择工具）将眼睛图形移至"小书人"身体轮廓图形上，如图 8-84 所示，从而确定出眼睛在身体轮廓中的位置和大小比例。

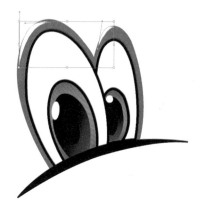

图8-83　两只眼睛的完整效果　　　　　　图8-84　确定眼睛在身体轮廓中的位置和大小比例

10）绘制"小书人"五官中微微翘起的鼻子。方法：选择工具箱中的 （钢笔工具）绘制出鼻子的外形，并将"填充"色设置为黑色，将"描边"色设置为无。然后绘制出位于鼻子外形上一层的图形，并填充（和"小书人"身体图形相同的）"黄色—红色—黄色"三色径向渐变 [红色参考颜色数值为：CMYK（9，100，100，0），黄色参考颜色数值为：CMYK（0，59，100，0）]。接着选择工具箱中的 ▣（渐变工具），在鼻子图形内部从左下方向右上方拖动鼠标拉出一条直线，可以多尝试几次，以使左下方的红色与身体部分的红色背景相融合。图8-85所示为鼻子图形的合成示意图。最后在鼻子上也添加白色的高光图形，再将鼻子图形放置到"小书人"脸部中间的位置，如图8-86所示。

 提示

此处不直接用黑色描边来形成鼻子轮廓线，是为了通过两层图形外形的差异来表现鼻子的起伏。

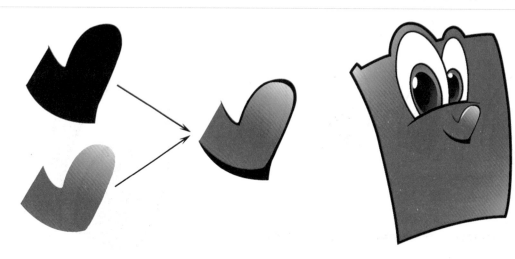

图8-85　鼻子图形合成示意图　　　　　　图8-86　添加了鼻子的脸部效果

11）绘制"小书人"五官中开心大笑的嘴巴部分。先利用 ✐（钢笔工具）绘制出嘴部的基本轮廓，尽量用弯曲夸张的弧线来构成外形，然后填充如图8-87所示的"深红色—黑色"线性渐变 [其中深红色参考颜色数值为：CMYK（25，100，100，40）]，将"描边"色设置为无。接着在口中添加舌头图形，如图8-88所示。并将"填充"色设置为一种亮紫红色 [参考数值：CMYK（33，98，6，0）]，将"描边"色设置为黑色，"粗细"设置为2 pt，以形成一种非常可爱的形状及颜色的对比效果。

12）下面绘制脸部一些细小的装饰形。其方法为：先贴着下唇绘制一条逐渐变细的高光图形，作为嘴部的反光。然后，用黑色线条表现出嘴巴的轮廓边界线（粗细3 pt），接着给"小书人"加上表示腮红的趣味图形——利用工具箱中的 ✐（画笔工具）绘出的一个e形螺旋线圈，其"填充"色为无，"描边"色为一种橘黄色 [参考数值：CMYK（8，50，80，0）]，效果如图8-89所示。

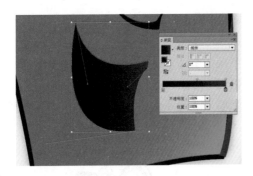

图8-87　绘制嘴巴的外形并填充偏深色的渐变

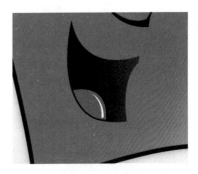

图8-88　添加颜色明快的舌头图形

13）面部制作完成后，下一步要补充完善书脊和书内页的侧面厚度。书脊部分比较简单，只需用两个色块暗示一下它的特征即可。其方法为：参照如图 8-90 所示的效果，利用 （钢笔工具）绘制出一个弧形色块，并填充稍深一些的枣红色 [参考颜色数值为：CMYK（40，100，100，9）]，从而体现书脊的立体褶痕和翘起的外形。另外，还有一个重要的细节，就是在书的左上角和右下角添加一个小图形，以强化书两端由渐变色产生的光效。这两个小图形的"填色"为一种淡橘黄色 [参考颜色数值为：CMYK（0，30，55，0）]。

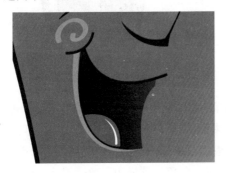

图8-89　脸部一些细小的装饰形

图8-90　书脊部分的处理效果

14）至此，书还处于平面的状态，下面制作出"小书人"的侧面厚度，使它从平面转为立体。参见图 8-91 所示书侧面的分解示意图，这里的难度在于如何表现书页的数量。其方法为：先在书侧面区域上部绘制波浪形状，然后在波浪的每个转折处加入细长的线条，接着再绘制一些装饰性的小圆点（从上到下逐渐变小），如图 8-92 所示。以简单的线和点来体现书纸页的数量，是一种象征性的表现手法。

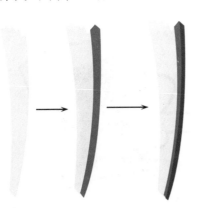

图8-91　书侧面的分解示意图

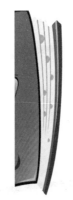

图8-92　绘制一些装饰性的小圆点

15）为了表现正常的视角效果，还需要绘制书的底部，且底部的弧线要与正面形状底部边缘平行，如图 8-93 所示。将"填充"设置为"黄—橘红"线性渐变 [黄色参考数值为：CMYK（0，0，60，0），橘红色参考数值为：CMYK（5，85，90，25）]，将"描边"色设置为深红色 [参考数值：CMYK（24，100，87，50）]，将"粗细"设置为 4 pt，勾上一圈深红色的粗边。

16）至此，这个"小书人"变成了一本带有厚度和重量的卡通书，效果如图8-94所示。

> **提示**
>
> 卡通形象来源于生活真实与虚拟想象的结合，要善于抓住实际事物的本质特征，将繁复的组成部分归纳概括为简洁的形体。为了在尽量简化形体的基础上强化主要对象的性格特征，可以借助想象，将事物进行适度的夸张变形处理（例如将生活中一本普通的书籍变形为活泼可爱的"小书人"）。读者可以尝试将生活中司空见惯的物品转为个性化的卡通形象。

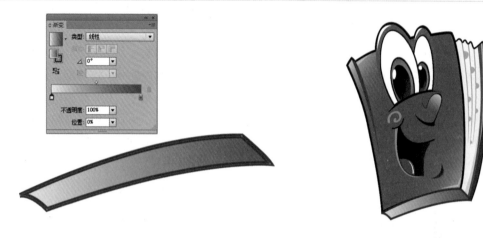

图8-93　绘制出书的底部　　　　　　　　　　图8-94　一本带有厚度和重量的卡通书

17）继续进行"书"的拟人化处理。在躯干绘制完成后，再给它添加四肢，以使它产生更加生动活泼的动势。下面先从左手部分开始（"小书人"被设计为左手拿着一张标注"A"的成绩单），绘制出一只手臂和半个手掌形状（形状有点奇怪，这是因为还没有添加拇指，手掌在成绩单下，但是拇指在成绩单上，因此分两部分绘制），如图8-95所示。然后将手掌部分图形的"填充"色设置为白色，"描边"色设置为深蓝色[参考数值：CMYK（100，100，50，10）]，"粗细"设置为3 pt。

18）将拿在手中的成绩单底色填充为明亮的黄色[参考数值：CMYK（0，0，100，0）]，将"描边"色设置为红色[参考数值：CMYK（0，100，100，10）]，将"粗细"设置为3 pt。参考如图8-96所示的效果，在成绩单上添加"A+"字样（本例中是艺术化的字体，是用钢笔工具绘制出来的，用户也可以直接应用字库里的字体）。由于成绩单的颜色是全画面中最鲜亮的部分，很容易抢夺人的第一视线，因此，绘制的线条一定要保证流畅和谐。

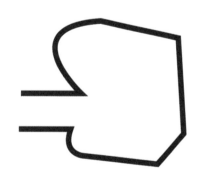　　　　　

图8-95　小书人的左手臂和半个手掌　　　　　图8-96　在左手掌上添加成绩单

19）添上左手拇指形状，让小书人紧握成绩单，如图8-97所示。方法为：绘制一条开放的曲线路径，设置其填充色和描边色与手掌部分相同，将它与手掌边缘完好地衔接在一起，并置于成绩单上面。

20）在绘制右手之前，先来绘制一只经过夸张变形的卡通铅笔（"小书人"的右手中握有一支铅笔）。其方法为：绘制出铅笔的基本轮廓外形（卡通形状带有轻松随意性，不需要完全对称），并填充一种绿色[参考颜色数值为：CMYK（70，17，100，0）]，设置"描边"色为深绿色 [参考颜色数值为：CMYK（65，0，75，65）]，"粗细"为 3 pt，如图 8-98 所示。

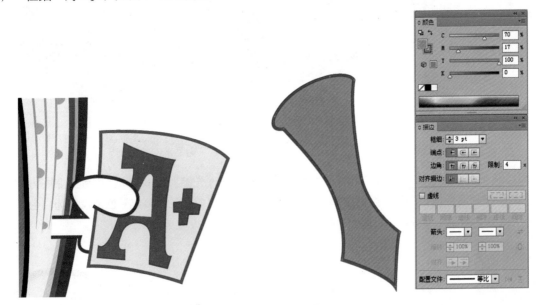

图8-97　在成绩单上添加左手拇指　　　　　　　　　图8-98　铅笔的轮廓外形

21）为了使铅笔也具有立体模式，下面分别对笔中部、笔尖和笔末端进行立体化处理。其方法为：参考图 8-99 中提供的思路，绘制笔中部的装饰形，并将"填充"设置为"橘红—黄—黄绿"三色线性渐变 [参考颜色数值：橘红 CMYK（4，53，68，3）、黄 CMYK（0，0，100，0）、黄绿 CMYK（48，20，100，0）]，将"描边"色设置为无，再将此装饰形移到铅笔的上面，作为铅笔的笔杆部分。

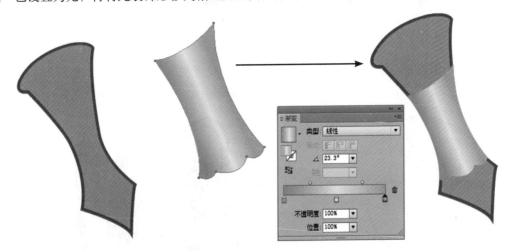

图8-99　铅笔笔杆部分的装饰处理

22）如图 8-100 所示，绘制出铅笔的笔尖部分，并用黑色填充表示铅笔的铅芯。图 8-101 所示为笔末端的立体化处理，在侧面加入高光和阴影的效果（符合圆柱体的外形），用户还可以根据自己的想象添加更多的趣味细节。最后，使用工具箱中的 ▶（选择工具）选中构成铅笔的所有图形，按快捷键〈Ctrl+G〉将它们组成一组，以便将铅笔的组成部分作为一个整体来处理。完整的铅笔图形如图 8-102 所示。

> **提示**
>
> 应该养成每绘制完成一个完整的局部（例如眼睛部分、铅笔部分等）就将构成这个局部的零散图进行编组的习惯，否则在再次编辑时会很难选取。

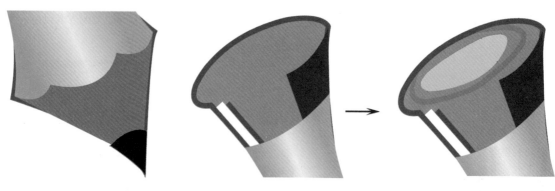

图8-100　铅笔的笔尖部分　　　　　　　　　　　图8-101　铅笔末端装饰

23）下面绘制"小书人"的右手图形，右手为紧握铅笔的造型，先参照图 8-103，分别绘制"小书人"的右手臂、紧握的手指和右手拇指图形（拇指图形是一个独立路径）。将它们的"填充"色都设置为白色，"描边"色设置为深蓝色 [参考数值：CMYK（100，100，50，10）]，"粗细"设置为 3 pt。

图8-102　成组后的铅笔图形　　　　　　图8-103　"小书人"的右手臂、手指和右手拇指图形

24）将组成右手的图形和铅笔图形拼合在一起，然后调整位置关系，从而得到如图 8-104 所示的右手握笔的效果。在添加了左右手之后，"小书人"显得灵动而栩栩如生，合成的整体效果如图 8-105 所示。

图8-104　"小书人"右手握笔的效果　　　　　　图8-105　添加了左右手之后的"小书人"

25）对"小书人"整个上身（包括左右手和手持物）的外部，添加一圈蓝色的外发光效果。由于右手和铅笔图形位于最前方，在它的外围也要单独添加外发光。下面选取工具箱中的 ▶（选择工具），选中"小书人"

主体图形和左手（持成绩单）图形，按快捷键〈Ctrl+G〉将它们组成一组。然后选中右手及铅笔图形，按快捷键〈Ctrl+G〉将它们组成一组。接着按〈Shift〉键将两个组合都选中，执行菜单中的"效果｜Illustrator效果｜风格化｜外发光"命令，在弹出的"外发光"对话框中设置外发光颜色为天蓝色［参考颜色数值为：CMYK（80，0，0，0）］，如图8-106所示。单击"确定"按钮，效果如图8-107所示。放大右手和铅笔的局部，可以在书的红底色上清晰地看出蓝色外发光的效果，如图8-108所示。

图8-106　"外发光"对话框

图8-107　整体添加天蓝色的外发光效果　　　　　　图8-108　蓝色外发光效果

26）按照顺序，绘制"小书人"的腿和脚。在本例中，小书人只出现一只迈步向前的腿和脚，另一只则被身体和文字挡住。下面先绘制腿部简单的外形，其方法为：选择工具箱中的（钢笔工具），根据按图8-109所示的形状绘制出"小书人"的腿部，它由两个独立的形状组成，分别填充为紫色系列的渐变（可选择深浅不同的紫色）。

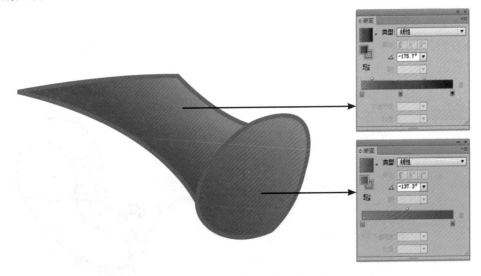

图8-109　腿部由两个独立的形状组成

27）如图8-110所示，添加黑色的脚踝部分，然后按照如图8-111所示的分解示意图，用3个独立的闭合路径拼合成鞋面边缘的效果。这里采用的"色块拼接法"是矢量绘画中的一种常规思路，读者一定要逐渐熟悉这种用形态各异的色块拼合成复杂层次的方法。

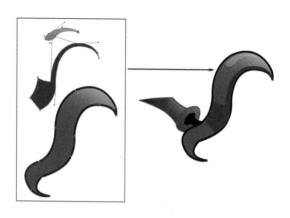

图8-110　脚踝的形状　　　　　　　　　图8-111　应用"色块拼接法"合成鞋面边缘的效果

28）同理，使用"色块拼接法"绘制出鞋底的形状和鞋底上的花纹，然后选取工具箱中的 （选择工具），选中构成腿、脚踝和鞋的所有图形，按快捷键〈Ctrl+G〉将它们组成一组，如图 8-112 所示。

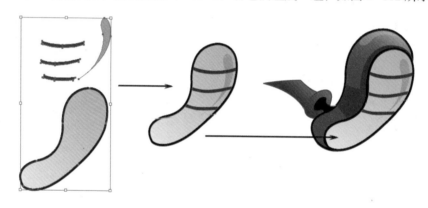

图8-112　绘制出鞋底的形状和鞋底上的花纹并组成一组

29）在腿和脚的整体外部，添加一道灰色投影和一圈蓝色的外发光效果。其方法为：使用工具箱中的 ▶（选择工具）选中成组的腿、脚图形，然后执行菜单中的"效果｜Illustrator 效果｜风格化｜投影"命令，在弹出的对话框中将"不透明度"设置为66%，将"X 位移"设置为 1 mm，将"Y 位移"设置为 4 mm（位移量为正的数值表示生成投影在图形的右下方），如图 8-113 所示。由于此处需要的是一个边缘作为实线的投影，因此，"模糊"值一定要设为 0，投影"颜色"设置为黑色，设置完成后，单击"确定"按钮，此时在腿、脚图形的右下方（一定距离处）出现了一个灰色的投影，投影使主体产生了飘浮感，效果如图 8-114 所示。

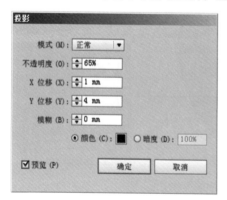

图8-113　"投影"对话框　　　　　　　　　图8-114　灰色的投影

30）执行菜单中的"效果｜Illustrator 效果｜风格化｜外发光"命令，在弹出的"外发光"对话框中设置外发光颜色为天蓝色 [参考颜色数值为：CMYK（80，0，0，0）]，以便与身体部分的外发光效果一致，如

图 8-115 所示。单击"确定"按钮，效果如图 8-116 所示。

图8-115　"外发光"对话框　　　　图8-116　腿脚部整体添加天蓝色的外发光效果

31）至此，"小书人"基本绘制完成，下一步处理画面的主体文字部分。首先为文字绘制一个整体的衬底图形。其方法为：参考图 8-117 所示的效果，在页面外部绘制一个类似云形的形状，然后将"填充"色设置为一种明艳的蓝色 [参考颜色数值为：CMYK（70，10，15，0）]，将"描边"色设置为黑色，将"粗细"设置为 1 pt。然后，在其底部用较深一点的蓝色 [参考颜色数值为：CMYK（85，53，45，0）] 绘制一些很窄的图形，以体现立体的层次效果，如图 8-118 所示 [此处比较细节化，使用"钢笔工具"一次性处理不了的地方，可以在绘制好之后选择工具箱中的 ▷（锚点工具）进行细节修改，以达到更佳细致的效果]。

图8-117　绘制出云形路径，并填充为天蓝色　　　　图8-118　描绘底部的立体效果

32）为了进一步强化衬底图形的立体感觉，下面在其下面添加半透明的虚影。其方法为：利用工具箱中的 ▸（选择工具）选中蓝色的衬底图形，然后执行菜单中的"效果 | Illustrator 效果 | 风格化 | 投影"命令，在弹出的对话框中将"不透明度"设置为 100%，将"X 位移"设置为 3 mm，将"Y 位移"设置为 4 mm（位移量为正的数值表示生成投影在图形的右下方），设置"模糊"值为 1.76 mm，投影"颜色"为黑色，如图 8-119 所示。单击"确定"按钮，在蓝色衬底图形的右下方出现一个灰色的投影，效果如图 8-120 所示。

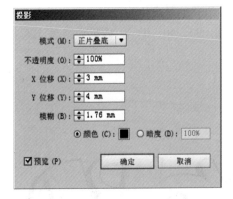

图8-119　"投影"对话框　　　　图8-120　衬底图形右下方出现一个灰色的投影

33）主体文字部分"WORD"属于艺术字形，如果字库里找不到合适的字体，可用"钢笔工具"（参照如图 8-121 所示的效果）描绘出"WORD"4 个字母的外形，然后将它的"填充"色设置为"粉色—白色"

渐变［粉红色的参考数值为：CMYK（0，70，15，0）］，按快捷键〈Ctrl+G〉将它们组成一组。

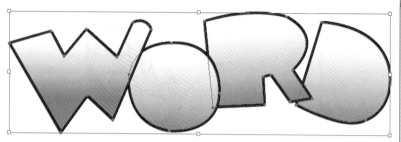

图8-121　描绘出"WORD"字母的外形

34）字母"O""R""D"中间都有镂空的部分，下面需要再绘制出3个独立的闭合路径，如图8-122所示。然后，利用工具箱中的 ▶ （选择工具）同时选中这3个独立的闭合路径和"WORD"图形，按快捷键〈Shift+Ctrl+F9〉打开如图8-123所示的"路径查找器"面板，在其中单击 ▣ （减去顶层）按钮，此时图形间发生相减的运算，中间形成镂空的区域。接着在文字结构内部绘制紫红色的窄条图形，以体现文字的立体效果，如图8-124所示。最后按快捷键〈Ctrl+G〉将全部字母图形组成一组。

图8-122　在字母图形上绘制3个独立的闭合路径

图8-123　"路径查找器"面板

图8-124　中间部分镂空的处理

35）下面为文字设置两重投影（一实一虚），这需要接连两次应用"投影"命令，在此按照先实后虚的步骤来进行。其方法为：利用工具箱中的 ▶ （选择工具）选中字母图形，然后执行菜单中的"效果｜Illustrator效果｜风格化｜投影"命令，在弹出的对话框中设置参数，如图8-125所示。由于需要先添加一个边缘为实线的投影，因此，"模糊"值一定要设为0，投影"颜色"设置为黑色。单击"确定"按钮，此时文字图形的右下方会出现一个黑色的投影，效果如图8-126所示。再次执行菜单中的"效果｜Illustrator效果｜风格化｜投影"命令，在弹出的对话框中设置参数，如图8-127所示，这一次制作的是虚化的投影，因此，"模糊"值设为1，投影"颜色"设置为深蓝色［参考颜色数值为：CMYK（100，90，40，0）］，效果如图8-128所示，此时文字图形黑色投影的右下方又出现一个蓝色的虚影。

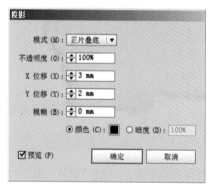

图8-125　"投影"对话框

图8-126　文字图形的右下方出现一个黑色的投影

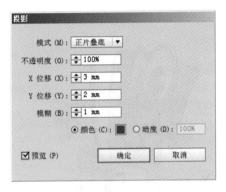

图8-127　设置参数

图8-128　在黑色投影的右下方又出现一个蓝色的虚影

36）同理，制作出另一个单词"EXPLORER"的效果，由于它采用的也是字库里没有的艺术字体，因此需要逐个描绘。利用工具箱中的 （自由变换工具）调整每个字母的旋转角度，并将它们按照图 8-129 所示进行排列，然后添加黑色实边的阴影，制作方法与前面相似，此处不再赘述。

图8-129　另一个单词"EXPLORER"的效果

37）选择工具箱中的 Ｔ（文字工具），输入文本"Deluxe"。然后在"工具"选项栏中设置"字体"为 Franklin Gothic Demi，"字号"为 48 pt，文本填充颜色为黑色。接着执行菜单中的"文字｜创建轮廓"命令，将文字转换为由锚点和路径组成的图形。

38）为这个单词添加简单的描边和虚影效果。其方法为：选中这个文本图形，将其"描边"色设置为黑色，"粗细"设置为 1 pt。然后，执行菜单中的"效果｜Illustrator 效果｜风格化｜投影"命令，在弹出的对话框中设置参数，如图 8-130 所示。单击"确定"按钮，最后的文字效果如图 8-131 所示。

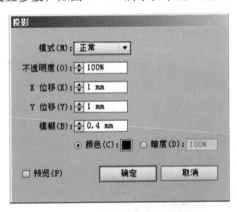

图8-130　"投影"对话框

图8-131　添加投影效果的文字

39）将底图及艺术文本部分进行拼合，调整相对位置与大小，最后的标题文字整体效果如图 8-132 所示。然后，将整个标题文字部分成组后，执行菜单中的"对象｜排列｜置于底层"命令，将它置于"小书人"的后面。此时，"小书人"和标题文字的合成画面如图 8-133 所示。

40）至此，画面的主体基本制作完成，下面来处理背景。前面步骤 5）已经绘制好一个倾斜的蓝色背景形状。接下来在上面添加一些手写体的小文字形，以形成一种类似图案的效果。其方法为：选择工具箱中的 （画笔工具），将"填色"色设置为无，"描边"色设置为淡蓝色 [参考颜色数值为：CMYK（70，45，10，0）]。

然后，绘制出如图 8−134 所示的两个手写体字母，作为图案单元。

图8−132　标题文字最后的整体效果　　　　　　　　图8−133　"小书人"和标题文字的合成画面

41）以这两个手写体字母为单元，进行复制（不规则复制，位置可随意散排），直到将整个背景都布满这种文字的图案为止，如图 8−135 所示。最后，按快捷键〈Ctrl+G〉将全部背景图形组成一组。

图8−134　绘制出两个手写体字母，作为图案单元　　　　图8−135　进行不规则复制

42）利用 （钢笔工具）在背景上绘制一个如图 8−136 所示的形状，并填充为"白色—粉色"径向渐变［其中浅粉色的参考数值为：CMYK (0，30，0，0)］，将"描边"色设置为深红色［参考颜色数值为：CMYK (45，100，100，40)］。最后，将"小书人"和标题文字放在制作好的背景上，效果如图 8−137 所示。

图8−136　绘制出另一个衬底形状　　　　　　　图8−137　合成效果

43）页面下部还有一行小标题文字，它的设计采取的是"沿线排版"的思路。其方法为：首先使用工具箱中的 ✏ （钢笔工具）绘制出一段开放的曲线路径。然后保持这段曲线路径为选中的状态，利用工具箱中的 ⟍ （路径文字工具）在曲线左边的端点上单击，此时路径左端会出现一个跳动的文本输入光标，接着直接输入文本，此时所有新输入的字符都会沿着这条曲线向前进行排列，效果如图 8-138 上图所示。最后将路径上的文字全部涂黑选中，并设置"字体"为 Arial Black，"字号"为 20 pt。最后，执行菜单中的"文字 | 创建轮廓"命令，将文字转换为由锚点和路径组成的图形，效果如图 8-138 下图所示。

图8-138　沿线排版的文字

44）　将转换为路径的文字进行更多的图形化处理。下面选中转为图形的文字，将它的"填充"色设置为白色，"描边"色设置为大红色 [参考颜色数值为：CMYK（0，100，100，0）]，描边"粗细"设置为 1 pt。然后，执行菜单中的"效果 | Illustrator 效果 | 风格化 | 外发光"命令，在弹出的对话框中设置参数，如图 8-139 所示，单击"确定"按钮，此时文字会被加上灰色的外发光效果，如图 8-140 所示。最后，将文字移至底图上，确定层次关系，如图 8-141 所示。

图8-139　"外发光"对话框　　　　　　图8-140　文字被描上了红边并添加了灰色外发光效果

图8-141　将文字移至底图中

45）为了使画面元素进一步丰富，可以在"小书人"的两侧点缀一些装饰物，其中包括"翻开的书""调色板""画有卡通猫的小卡片""带钥匙的盒子""苹果和心形"等卡通图形，制作思路基本都采用了"色块拼接法"，用户可参照图 8-142 ～图 8-146 所示的效果来完成。这些装饰元素也可以根据自己的想象进行自由创作。最后将所有装饰元素拼合到主画面中，形成以"小书人"为中心而展开的炫丽而热闹的卡通场景。画面主体的完整效果如图 8-147 所示。

图8-142　"翻开的书"图形的制作思路

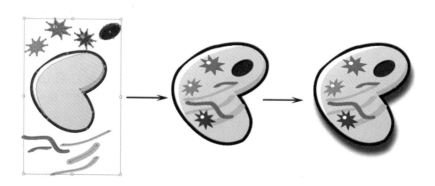

图8-143　"调色板"图形的制作思路

图8-144　画有卡通猫的小卡片

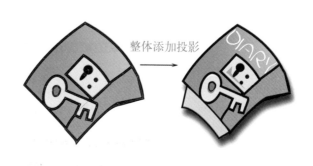

整体添加投影

图8-145　带钥匙的盒子

图8-146　苹果和心形

图8-147　画面主体的完整效果

46）赋予主体卡通画面一个更大的背景，以使视觉空间得以舒缓。其方法为：利用工具箱中的 □（矩形工具）绘制一个和画面尺寸同样大小的矩形，将其"填充"色设置为温和的草绿色 [参考颜色数值为：CMYK（30，0，80，0）]，然后执行菜单中的"对象 | 排列 | 置于底层"命令，将该矩形移至画面的最下面。

47）至此，这本趣味图书的封面已制作完成，画面虽然显得繁复，但各元素都各司其职，主次分明，共同营造出一种充满情趣、引人发笑而又耐人寻味的幽默意境。最终效果如图 8-148 所示。

图8-148　最终完成的效果

8.4　折页与小册子设计

要点

　　本例将制作一个竖立在平面上的具有真实质感的小册子与折页展示效果，如图 8-149 所示。在本例中，图形与色彩都简洁明快，其中图形主要以简单的几何形状（卡通化图形）为主，即使没有美术功底的人也可以轻松地制作完成。通过本例的学习，应掌握简单矢量形状的绘制、图案的自定义和调整、图形的裁切与透视变形，利用"不透明蒙版"和模糊功能制作淡出倒影等知识的综合应用。

图8-149　小册子与折页展示效果

操作步骤

1. 制作折页的展示效果

1）执行菜单中的"文件 | 新建"命令，在弹出的对话框中设置参数，如图 8-150 所示。然后单击"确定"

按钮，新建一个名称为"折页与小册子 .ai"的文件。

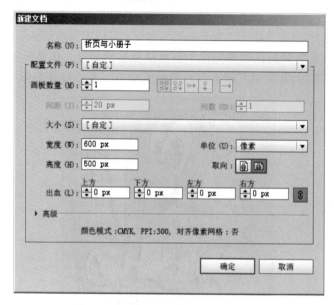

图8-150　建立新文档

2）本例选取的是一个普通的4折页，下面绘制折页展开的基本造型。方法：选择工具箱中的 （钢笔工具），以直线段的方式绘制出如图 8-151 所示的 4 个折页页面（稍微带有变形，仿佛直立在桌面上的折页成品效果），并将 4 个四边形都暂时填充为不同的灰色，将"边线"设置为无。

图8-151　绘制4折页展开的基本造型

3）选中左起第一个折页，添加渐变颜色（以模拟折页纸面上柔和的光线变化）。方法：利用工具箱中的 （选择工具）选中左起第一个四边形，然后按快捷键〈Ctrl+F9〉，打开"渐变"面板，设置如图 8-152 所示的线性渐变，这是一种从青灰色 [颜色参考数值为：CMYK（10，0，0，25）] 到黄灰色 [CMYK（0，0，10，5）] 的柔和渐变，接着设置渐变角度为 –156°。

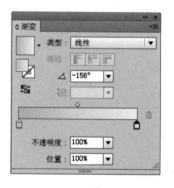

图8-152　在左起第一个折页中添加渐变颜色

4）虽然折页上的图形设计很复杂，但分解开后基本上都是简单的几何形状和丰富的曲线，折页的颜色构成也主要是蓝色和绿色两种。下面先绘制一些最基本的蓝色圆点，方法：利用工具箱中的 ⬭（椭圆工具），绘制多个大小不一的圆形，并填充该折页的标准蓝色 [颜色参考数值为：CMYK（80，30，0，0）]。然后，在折页左上角的圆形内添加一个蓝色的字母"S"，效果如图 8-153 所示。

5）处理左下角的一群圆点，使用直线和曲线将它们连接在一起，以形成简洁的小树的形状。方法：利用工具箱中的 ✎（钢笔工具），在页面中绘制如图 8-154 所示的直线与曲线路径，然后在属性栏内设置线条的"描边粗细"为 1 pt（小的树形上线条可以稍细一些），绿色的线条颜色为该折页的标准绿色 [颜色参考数值为：CMYK（50，0，100，0）]。

> **提示**
>
> 在绘制完一条线段后，按快捷键〈V〉可以快速地切换到 ▸（选择工具），按快捷键〈P〉可再次切换到 ✎（钢笔工具），这种快速切换在绘图时非常有用。

图8-153　绘制多个大小不一的圆形并填充标准蓝色　　图8-154　用直线和曲线将圆点连在一起形成小树形状

6）每棵小树上的枝干实际上是对称图形，因此可以先绘制一侧（如左侧）的枝干，然后利用 ▸（选择工具）加〈Shift〉键选中左侧的一组枝干，接着选择工具箱中的 🔯（镜像工具），在树中间主干上的任一位置单击设置对称中心点，再按住〈Alt〉键和〈Shift〉键拖动鼠标（注意要先按〈Alt〉键，得到对称图形后别松开鼠标，再按〈Shift〉键对齐），得到如图 8-155 所示的右侧对称枝干。

7）放大局部，此时会发现线端部分与底下圆弧状图形边缘无法吻合，如图 8-156 所示。在矢量软件的细节处理上"线端"常常出现这样的问题，解决方法是将线条转换为闭合图形，再调节相关锚点。具体步骤：选中所有需要调节的曲线路径，执行菜单中的"对象|路径|轮廓化描边"命令，此时路径会自动转换为闭合图形，四周会出现许多可调节的锚点，然后利用工具箱中的 ▸（直接选择工具）选中锚点进行调节，对于图形转折处出现的多余锚点可以利用 ✎（删除锚点工具）将其删除，调节完成的效果如图 8-157 所示。

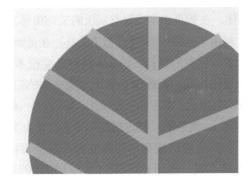

图8-155　利用 🔯（镜像工具）制作对称的枝干　　图8-156　线端部分与底下圆弧状图形边缘无法吻合

8）同理，将折页中的几处圆点都改为小树图形，使其分散于空旷的页面中，如图 8-158 所示。

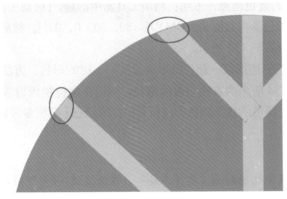

图8-157　调节锚点使其与底图边缘弧形吻合　　　图8-158　将折页中几处圆点都改为小树图形

9）制作另一种抽象的树形，这种树形中填充的是网格状图案，先来定义图案。方法：网格状图案的图案单元是一个小小的十字形。下面先利用 （直线段工具）绘制出两条垂直交叉的短线，描边"粗细"为 1.2 pt，颜色为标准绿色，然后再绘制一个小小的正方形，填充为白色，接着执行菜单中的"对象｜排列｜置于底层"命令，将白色正方形移至绿色十字线的后面。最后利用 ▶（选择工具）将十字线和正方形同时选中，直接拖到如图 8-159 所示的"色板"面板中保存起来。

 提示

拖动到"色板"面板中的图形可以作为图案单元保存和调用。

10）利用工具箱中的 ✎（钢笔工具），在页面中绘制如图 8-160 所示的几何形状，然后单击"色板"面板中的图案单元，此时几何形状内会被填充上绿色的网格状图案。

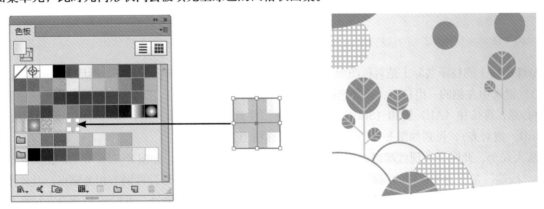

图8-159　将图形拖入"色板"面板　　　　图8-160　几何形状内填充了绿色的网格状图案

11）同理，再定义几种线条粗细和颜色不同的图案单元。线条（单元）粗细的变化会使填充的网格线形成疏密的变化，在折页中形成富有层次的装饰图形，如图 8-161 所示。

12）利用工具箱中的 ✎（钢笔工具）在页面空白处绘制一些变化的曲线。在 Illustrator 中利用不同工具绘制的线条所具有的性格、韵味和情感是完全不同的。利用 ✎（钢笔工具）绘制出的线条清晰流畅，是非常典型的矢量风格线，在绘制穿插于植物之间的似藤蔓般延伸的线条时外形要非常柔和。另外，颜色也要选择低调一些的灰蓝色［参考颜色数值为：CMYK（40，15，20，0）］和灰绿色［参考颜色数值为：CMYK（40，15，50，0）］，线条的"描边粗细"通常设置为 1 pt，效果如图 8-162 所示。

13）如藤蔓般的线条不能孤立地存在于页面中，因此可以在线条的端点处增加一些小图形。读者可以自己想象和绘制一些卡通风格的（大小错落的）图形放置在不同的线端，以使画面生动有趣，如图 8-163 所示。

图8-161 使填充的网格线形成疏密的变化

图8-162 在页面空白处绘制一些变化的曲线

14）开始第 2 个折页的卡通绘画，首先绘制折页中很醒目的图形———卡通小电脑。方法：绘制一个蓝色的矩形和一个绿色的圆角矩形，然后沿逆时针方向旋转一定的角度，再用一条曲线进行连接，从而绘制出一个简单的小电脑造型。接着参照图 8-164 添加更多的规则几何图形，从而拼合成可爱的拟人化的电脑图形。最后选中组成电脑的所有零散图形，按快捷键〈Ctrl+G〉组成一组。

图8-163 在线条的端点处增加一些小图形

图8-164 绘制拟人化的电脑图形

15）将卡通电脑图形放置到第 2 个折页上，然后在周围添加几个闪电形状的小图形，效果如图 8-165 所示。

16）利用工具箱中的 （钢笔工具）绘制两条波浪形的大跨度曲线（横贯 3 个折页），并设置线条的"描边粗细"为 1 pt，描边颜色为蓝色 [参考颜色数值为：CMYK（80，30，0，0）]。然后将最右侧的折页填充为稍微深一些的蓝色 [参考颜色数值为：CMYK（85，50，15， 0）]，效果如图 8-166 所示。

图8-165 将卡通电脑图形放置到第2个折页上

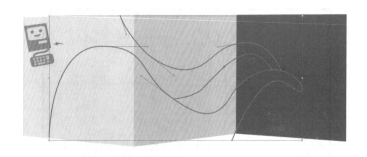

图8-166 绘制波浪形的大跨度曲线并将最右侧折页填充为深蓝色

17）目前位于中间的两个折页填充了灰色，为了突出折页的立体感和展示效果，下面要将这两页分别填充为"浅蓝灰色—黄灰色"的线性渐变（颜色可参考第 1 个折页，但要稍有明暗差别），效果如图 8-167 所示。

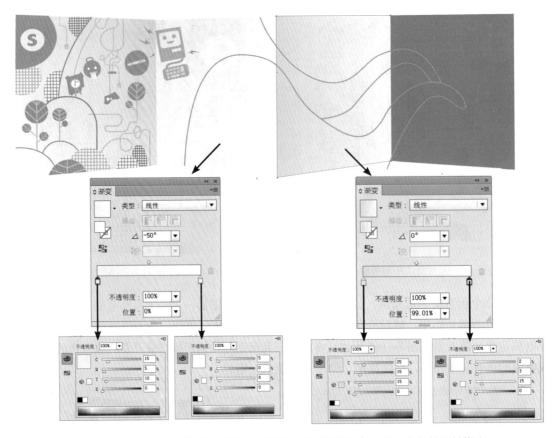

图8-167　将位于中间的两个折页也分别填充为"浅蓝灰色—黄灰色"的线性渐变

18）处理最右侧折页上的图形，将刚才绘制的大跨度的波浪形右端（在深蓝背景折页中的部分）填充为浅灰色。由于左侧要保持线的属性，因此必须将第3、4折页中的线条截断。方法：利用工具箱中的 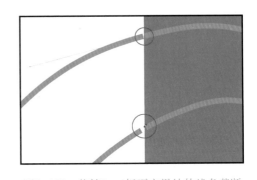（直接选择工具）选中位于上部的一条曲线路径，然后放大两页交界处的局部，利用工具箱中的（路径橡皮擦工具），在如图8-168所示的两页交界处进行路径擦除，擦除的结果也就是使路径断开。接着利用（钢笔工具）分别在右侧断开的（两个）路径端点处单击，从而将右侧开放的路径转换为闭合区域，如图8-169所示。最后利用（吸管工具）吸取第3个折页底色中靠近右侧边缘的颜色，作为该闭合区域的填充色，效果如图8-170所示。

图8-168　将第3、4折页交界处的线条截断

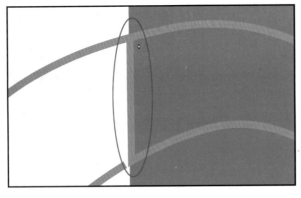

图8-169　用钢笔工具将右侧断开的两个路径端点连接起来

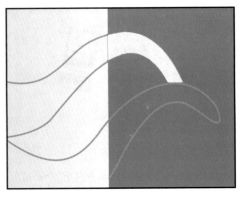

图8-170　在右侧新的闭合区域内填充颜色

19）同理，利用 （直接选择工具）选中位于跨页下部的一条曲线路径，然后选择工具箱中的 ✐（路径橡皮擦工具），在如图 8-171 所示的两页交界处进行路径擦除，使路径断开。接着利用 ✐（钢笔工具）在右侧断开的（两个）路径端点处单击，使右侧开放的路径形成闭合区域，最后利用 ✐（吸管工具）点选第 3 个折页底色中靠近右侧边缘的颜色，作为该闭合区域的填充色，如图 8-172 所示。

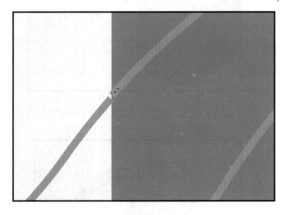
图8-171 将位于3、4页下部的线条也截断

图8-172 在下部形成的闭合区域内填充颜色

20）利用 ✐（钢笔工具）参照图 8-173 所示的效果绘制出两条曲线，并设置线条的"描边粗细"为 1 pt，描边颜色为绿色 [参考颜色数值为：CMYK（45，10，55，0）]。

21）为了与左侧页面形成疏密对比，最右侧折页中的元素要相对单纯。下面绘制一些简洁的、大面积的抽象曲线形状，且曲线形之间要相互呼应，效果如图 8-174 所示。

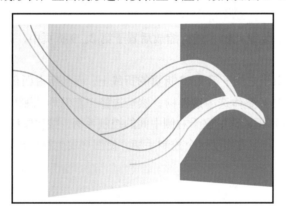
图8-173 再绘制出两条绿色线条

图8-174 绘制一些简洁的、大面积的抽象曲线形状

22）回到折页第 2 页，利用 ▢（圆角矩形工具）在底部绘制两个圆角矩形，然后沿折页底边（圆角矩形之上）绘制一条直线段，如图 8-175 所示，下面用这条线段将底下的图形截断裁开。方法：利用 ▶（选择工具）加〈Shift〉键同时选中两个圆角矩形和一条线段，然后按快捷键〈Shift+Ctrl+F9〉打开"路径查找器"面板，在其中单击 ▣（分割）按钮，此时图形被裁成许多局部块面，如图 8-176 所示。接着按快捷键〈Shift+Ctrl+A〉取消选取，再利用 ▶（直接选择工具）重新选取裁开的局部图形，按〈Delete〉键将下部的图形进行删除，从而得到如图 8-177 所示的效果。

23）在刚才绘制的图形上再添加几个大小不一的同心圆（绘制同心圆的技巧是先绘制第一个圆形，然后按快捷键〈Ctrl+C〉进行复制，再按快捷键〈Ctrl+F〉原位粘贴。接着按快捷键〈Alt+Shift〉进行缩小操作，从而得到一个同心的缩小的圆形，再修改填充和描边的颜色。同理，可得到一系列同心圆），效果如图 8-178 所示。

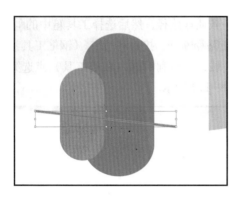

图8-175　绘制两个圆角矩形和一条直线段

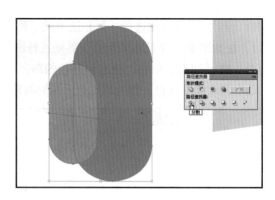

图8-176　利用"路径查找器"中的分割功能裁切图形

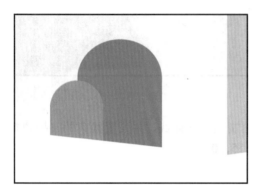

图8-177　将裁开的下部图形删除

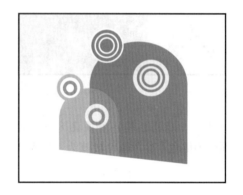

图8-178　添加几个大小不一的同心圆

24）选中第 1 个折页中原来所绘制的小树图形，然后复制几份，进行缩放后置于第 2、3 折页中，效果如图 8-179 所示。

25）此时第 2、3 折页中有一棵复制出的放大的树。由于它位于第 2、3 折页的折线上，而且所占面积较大，因此要对其做一定的透视变化。方法：利用 ▲（选择工具）整体选中这棵树，然后选择工具箱中的 ▦（自由变换工具），此时图形四周会出现带有 8 个控制手柄的变形框，选中位于右侧中间的控制手柄，按住鼠标不放，再按住〈Ctrl〉键，此时光标变成了一个黑色的小三角。向上方拖动这个控制手柄，使图形发生符合正常透视角度的变形，如图 8-180 所示。

图8-179　将原来所绘制的小树图形复制几份

图8-180　使"大树"图形发生符合正常透视角度的变形

26）为了模拟这棵树的左侧随折页所发生的折叠变形，下面利用工具箱中的 ✒（钢笔工具）参照图 8-181 所示的效果绘制一个半圆形闭合图形，并填充为白色。然后按快捷键〈Shift+Ctrl+F10〉，打开"透明度"面板，改变"混合模式"为"柔光"，此时色彩经过柔光处理后会变亮，效果如图 8-182 所示。

27）向第 2、3 折页中添加各种熟悉的设计元素（例如网格状图案），绘制出各种形状（基本统一为圆角矩形和半圆形）散放于页面中，然后打开"色板"面板，直接应用前面定义好的网格状图案单元，效果如

图 8-183 和图 8-184 所示。

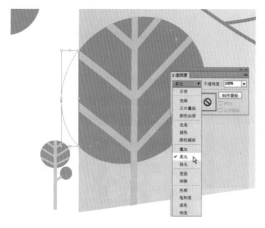

图8-181　将绘制的半圆形的混合模式设为"柔光"　　　　图8-182　模拟树左侧随折页所发生的折叠变形

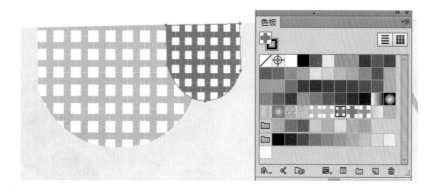

图8-183　打开"色板"，应用前面定义好的网格状图案单元

图8-184　添加许多圆角矩形和半圆形，并填充为蓝色和绿色的网格图案

28）在利用 ![](自由变换工具）对圆角矩形进行透视变形时，会发现图形轮廓变形了，但其中填充的图案并不跟随着发生变形，如图 8-185 所示。下面来解决这个问题，方法：选中一个填充了图案的圆角矩形，然后执行菜单中的"对象 | 变换 | 倾斜"命令，在弹出的对话框中设置参数，如图 8-186 所示（注意一定要勾选"变换图案"复选框，这样可保证图案与轮廓会一起发生变形）。接着单击"确定"按钮，从而得到理想的变形效果，如图 8-187 所示。

29）对于许多圆角矩形只需要取其局部，也就是说，要将超出页面边缘的图形删掉，一个非常简单的方法是利用工具箱中的 ![](刻刀工具），按住〈Alt〉键沿裁切线绘制出一条直线（注意要先按住〈Alt〉键再绘制直线），从而将图形裁为两部分，使用这种方法可以随心所欲

图8-185　图案与轮廓没有同时发生变形

地分割图形。图 8-188 为裁掉一半的圆角矩形。同理，将第 2、3 折页中所有的圆角矩形都进行透视变形和裁切处理，得到如图 8-189 所示的效果。

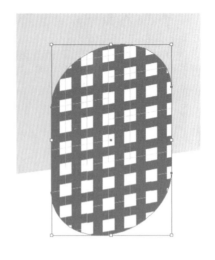

图8-186　在"倾斜"对话框中勾选"图案"复选框　　　图8-187　图案与轮廓同时发生变形

图8-188　将圆角矩形下部裁掉一半　　　图8-189　将第2、3折页中所有的圆角矩形都进行透视变形和裁切处理

30）折页中目前只有一种网格状图案，略显单调，最好能增加一些细部上的对比，对比是差异化的强调，它是使版面充满生气的一个重要因素。下面增加一种圆点状的图案，方法：先制作图案单元——绿色小正方形，然后在其中添加一个浅灰色的正圆形，接着利用 ![selection tool] （选择工具）选中它们，直接拖动到如图 8-190 所示的"色板"面板中保存起来，以便以后能够将其反复应用到页面的各种几何形状之中。此时，大圆点状图案与原来规则的直线网格状图案形成了有趣的对比。

31）参考步骤 28）的方法，对填充了大圆点状图案的圆角矩形进行倾斜变形操作，倾斜角度为 −10°，如图 8-191 所示。然后利用工具箱中的 ![knife tool] （刻刀工具）对图形进行裁切，效果如图 8-192 所示。

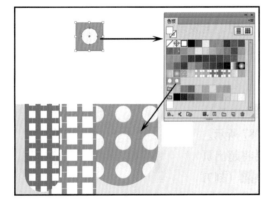
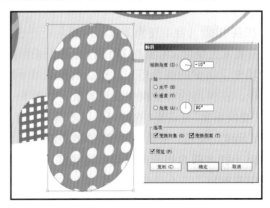

图8-190　新定义一种大圆点状网格图案　　　　图8-191　进行倾斜变形操作

32）利用工具箱中的 （钢笔工具）在页面空白处绘制一些变化的曲线，它们依然是一些穿插于植物之间的似藤蔓般延伸的线条，因此线条的外形要非常柔和。另外，其颜色也要选择低调一些的灰蓝色 [参考颜色数值为：CMYK（40，15，20，0）] 和灰绿色 [参考颜色数值为：CMYK（40，15，50，0）]，线条的"描边粗细"为 1 pt，效果如图 8-193 所示。

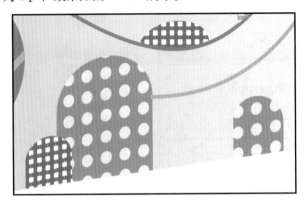

图8-192　将图形底部超出页面的部分裁掉　　　　图8-193　添加如藤蔓般延伸的线条

33）下面进入绘制图形的最后一步，利用工具箱中的 （钢笔工具）沿折页中的大跨度曲线添加一些小的波浪图形，如图 8-194 所示。可见小波浪形图形起到了画龙点睛的作用，使几条弯曲的线条变成了想象中的汹涌波涛。

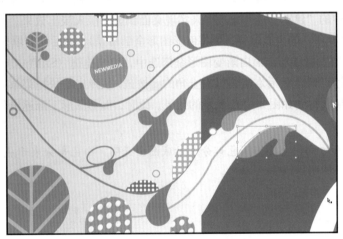

图8-194　沿折页中的大跨度曲线添加波浪图形

34）图形绘制全部完成后的折页效果如图 8-195 所示。

图8-195　图形绘制全部完成后的折页效果

35）为了使展示效果更加真实、生动，下面给 4 个折页添加半透明的、模糊的桌面倒影。由于每个折页折叠的方向不同，因此倒影最好以每个页面为单位来制作。方法：先整体选中左起第 1 页中的全部图形，按快捷键〈Ctrl+G〉组成一组，然后将其复制一份并向下拖动到如图 8-196 所示的位置。接着执行菜单中的"对象 | 变换 | 对称"命令，在弹出的对话框中设置参数，如图 8-197 所示。单击"确定"按钮，此时图形会在垂直方

向发生翻转，效果如图 8-198 所示。

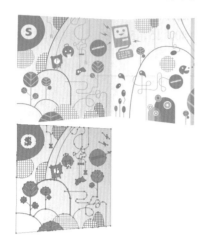

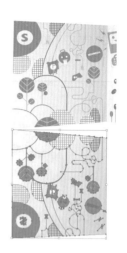

图8-196 将最左侧1页复制并向下拖动　　　　图8-197 "镜像"对话框　　　　图8-198 发生垂直镜像后的效果

36) 下面对成组图形进行透视变形的操作，这一次利用工具箱中的 ▦（自由变换工具）配合快捷键来实现。方法：选择工具箱中的 ▦（自由变换工具），此时图形四周出现带有 8 个控制手柄的变形框，先选中位于右侧中间的控制手柄，按住鼠标不放，然后按住快捷键〈Ctrl〉，此时光标变成了一个黑色的小三角。接着向上方垂直拖动该控制手柄，此时图形会发生倾斜变形，直到与原图形边缘相接为止，效果如图 8-199 所示。

37) 利用 Illustrator 中的"建立不透明蒙版"来实现桌面倒影的淡入淡出效果。方法：利用工具箱中的 ✐（钢笔工具）绘制如图 8-200 所示的闭合路径（要将倒影图形全部覆盖），然后将其填充为黑至白色的线性渐变。接着利用 ▶（选择工具）将倒影图形和黑白渐变图形全部选中，按快捷键〈Shift+Ctrl+F10〉，打开"透明度"面板，将"不透明度"设置为 70%。最后右击面板右上角的 ▤ 按钮，从弹出的快捷菜单中选择"建立不透明蒙版"命令，如图 8-201 所示，从而得到如图 8-202 所示的效果。此时，倒影图形下部逐渐隐入到白色"桌面"之中。

> 🎛 提示
>
> 渐变色的黑白分布和方向很重要，黑色部分表示底图全透明，白色部分表示底图全显现，而中间过渡的灰色表示逐渐消失的半透明区域。

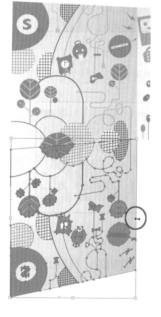

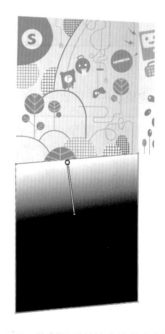

图8-199 将复制图形进行倾斜变形　　　　图8-200 绘制图形并填充为黑白渐变

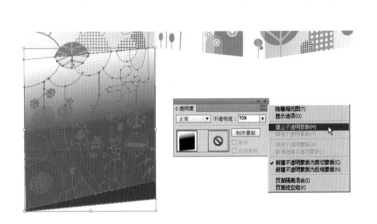

图8-201 选择"建立不透明蒙版"命令　　　图8-202 倒影图形下部逐渐隐入到白色之中

38) 同理,制作其余 3 页的倒影效果,得到如图 8-203 所示的整体效果。

39) 对倒影整体进行一次模糊处理。方法:全部选中倒影图形,然后执行菜单中的"效果|模糊|高斯模糊"命令,在弹出的对话框中设置参数,如图 8-204 所示,单击"确定"按钮。此时,倒影图形的清晰度大幅度降低,效果如图 8-205 所示。

图8-203 制作其余3页的倒影效果

图8-204 "高斯模糊"对话框　　　图8-205 模糊处理之后倒影图形的清晰度大幅度降低

40）最后，再做一个细节处理，在第 4 折页的左侧边缘位置绘制一个矩形，并填充为从黑色至白色（从左至右）的线性渐变。然后按快捷键〈Shift+Ctrl+F10〉，打开"透明度"面板，将"不透明度"设置为 30%，将"混合模式"设置为"正片叠底"，如图 8-206 所示。这样在折页的折痕处起到了强调的作用。至此，整个 4 折页制作完成，最终效果如图 8-207 所示。

图8-206 利用"透明度"面板加重折痕效果

图8-207 最终完成的折页立体展示效果图

2. 制作小册子的展示效果

1）在折页的基础上，利用相同的设计元素制作一个简单的小册子，展示的方法也是竖立在桌面上的成品效果。方法：利用工具箱中的 （钢笔工具），以直线段的方式绘制出如图 8-208 所示的展开的小册子页面，然后选中左起第一个页面，添加渐变颜色（以模拟折页纸面上柔和的光线变化），这是一种从青灰色 [颜色参考数值分别为：CMYK（10，0，0，25）] 到黄灰色 [CMYK（0，0，10，5）] 的柔和渐变，渐变角度为 −140°。

2）将上一案例第 2 折页上拟人化的小电脑图形选中，复制一份置于如图 8-209 所示的位置，然后按快捷键〈Shift+Ctrl+G〉解除原来的组合。

图8-208 模糊处理之后倒影图形的清晰度大幅度降低

图8-209 将拟人化的小电脑图形复制一份

3）利用工具箱中的 （选择工具），按住〈Shift〉键逐个将小电脑的构成图形（除了眼睛、嘴巴和连接键盘的线条）选中，然后按快捷键〈Shift+Ctrl+F9〉，打开"路径查找器"面板，在其中单击 （差集）按钮，如图 8-210 所示。差集的作用是将重叠图形中重叠的部位都挖空变为透明，经过"差集"处理后的电脑图形效果如图 8-211 所示。接着利用 （吸管工具）吸取小电脑眼睛的绿色，即可得到如图 8-212 所示的效果，此时电脑中间灰色的部位都镂空为透明，透出了底图中的渐变颜色。

4）现在利用 Illustrator 中的"剪切蒙版"，将超出页面范围的电脑图形裁掉。首先制作作为剪切形状的图形，方法：利用工具箱中的 （选择工具）选中左侧页面底图（填充渐变的四边形），然后按快捷键〈Ctrl+C〉

进行复制，再执行菜单中的"编辑｜贴在前面"命令，将四边形复制一份，如图 8-213 所示。接着将新复制出图形的"填充"和"描边"都设置为无色，最后执行菜单中的"对象｜排列｜置于顶层"命令，将其置于顶层，这样就准备好了"剪切蒙版"的剪切形状。

图8-210　在"路径查找器"
面板单击"差集"按钮

图8-211　经过"差集"
处理后的电脑图形

图8-212　电脑中间灰色的部位
被镂空的效果

5）下面利用"剪切蒙版"来裁切电脑图形。方法：利用工具箱中的 ▶ （选择工具），按住〈Shift〉键选中刚才制作好的"蒙版"和电脑图形，然后执行菜单中的"对象｜　剪切蒙版　｜建立"命令，此时图形超出页面的部分就被裁掉了，效果如图 8-214 所示。

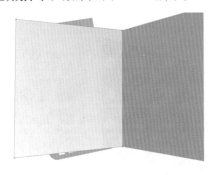

图8-213　将四边形复制一份并贴在最上层

图8-214　超出页面范围的电脑图形被裁掉

6）　选中右侧页面图形，在"色板"中单击如图 8-215 所示的圆点图案［本节的 1 中步骤 30）所定义的］，以圆点图案填充页面图形。但是填充后会发现圆点图案过于细密，不是我们所需要的醒目的大圆点效果，下面分别对其进行图案尺寸和角度的调节。方法：在工具箱中双击 ⬚ （比例缩放工具），在弹出的"比例缩放"对话框中取消勾选"对象"复选框，然后勾选"图案"复选框（表示缩放操作只对图案起作用，而不影响图形外框尺寸），再将"比例缩放"设置为 300%，如图 8-216 所示。单击"确定"按钮，得到如图 8-217 所示的效果。

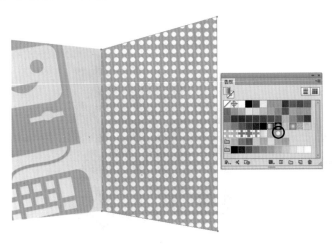

图8-215　填充图案过于细密

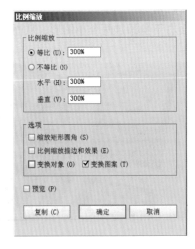

图8-216　在"比例缩放"对话框中缩放填充图案

7）将图案旋转一定的角度。方法：在工具箱中双击 （旋转工具），在弹出的如图 8-218 所示的对话框中取消勾选"变换对象"复选框，然后勾选"变换图案"复选框，再将"角度"设置为 45°，单击"确定"按钮，得到如图 8-219 所示的效果。

图8-217　缩放之后的圆点图案　　　　　　图8-218　在"旋转"对话框中设置图案旋转角度

8）在右侧页面的后面，还需要再添加几个书页，来模拟小册子被翻开的展示效果。方法：将原来做好的折页进行整页复制，然后将第 1 折页复制一份到折页的右侧，如图 8-220 所示。接着利用工具箱中的 （镜像工具）制作左右翻转的效果。再将其移动到右页的下面，如图 8-221 所示。

图8-219　旋转之后的圆点图案　　　　　图8-220　将第1折页复制一份到折页的右侧并制作左右镜像效果

9）下面利用工具箱中的 （自由变换工具）结合快捷键来进行透视变形的操作。方法：选择工具箱中的 （自由变换工具），此时新页面四周会出现带有 8 个控制手柄的变形框。然后选中位于右上角的控制手柄，按住鼠标不放，再按住〈Ctrl〉键，此时光标变成了一个黑色的小三角。接着向左上方拖动该控制手柄，使图形发生符合正常透视角度的变形。同理，拖动控制框右下角的手柄对其进行变形处理。最后为了展示效果，在露出的页面右下角添加两个小图形，从而得到如图 8-222 所示的变形效果。

图8-221　将新加的一页移动到右页的下面　　　　图8-222　利用自由变换工具进行透视变形

10）同理，再复制出一页并进行透视变形，效果如图 8-223 所示。

11）要使小册子能够真实地呈现，下面制作光影效果。方法：在边缘位置绘制一个四边形，并填充为从黑色至白色（从左至右）的线性渐变，如图 8-224 所示。然后，按快捷键〈Shift+Ctrl+F10〉，打开"透明度"面板，将"不透明度"设置为 60%，将"混合模式"设置为"正片叠底"，如图 8-225 所示，此时该页在视觉上自然地退到了后面的阴影之中。同理，制作出另一页的投影，最后完成的小册子效果图 8-226 所示。

图8-223　再增加一页

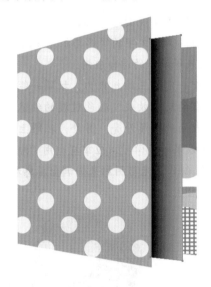

图8-224　绘制出一个四边形并填充为黑白线性渐变

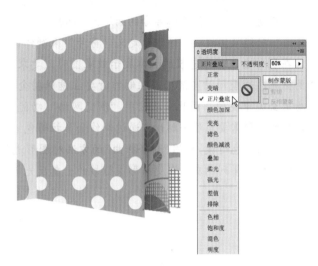

图8-225　将混合模式设置为"正片叠底"

12）最后，参考本节标题 1 中步骤 35）～步骤 40）的讲解，制作小册子的半透明投影。最终小册子的整体展示效果如图 8-227 所示。

图8-226　小册子制作完成的基本效果

图8-227　小册子最后的效果图

8.5 制作柠檬饮料包装

要点

本例的柠檬饮料包装包括包装平面展开效果和金属拉罐包装的立体展示效果图两部分，最终效果如图 8-228 所示。

包装平面展开效果是一个非常典型的包含大量矢量设计概念的作品，这种设计风格之所以在现代流行的原因之一，要归功于图形类软件的发展在一定程度上对设计师思维的影响。食品包装采用矢量风格常常会获得更加亮丽、清晰和醒目的效果。

通过制作饮料包装平面展开图的学习，应掌握在"路径查找器"中实现图形运算、多重复制技巧（包括图形在复制时如何沿圆弧等分的问题）、剪切蒙版、制作虚化投影的技巧、文字的修饰与扩边效果（利用"位移路径"功能来实现），通过自定义"符号"来制作散点与星光效果等知识的综合应用。

在制作金属拉罐包装的立体展示效果图时，要求对包装成品有一定的三维想象力。拉罐一般采用的是金属材质，造型简洁与流畅，在制作时要注意保持金属表面所特有的反光效果，颜色过渡的细腻、自然与流畅是至关重要的，因此需要应用"渐变网格"功能来形成拉罐表面的金属外壳。另外，拉罐上图形与文字的曲面变形需要自然与贴切。通过制作金属拉罐包装的立体展示效果图的学习，应掌握利用"渐变网格"形成自然的颜色过渡，利用"封套扭曲"的方法对图形进行扭曲变形，制作高光与阴影来强调金属感和体积感，利用反复循环排列的灰色渐变来形成微妙的金属反光等知识的综合应用。

(a) 饮料包装的平面展开图　　　　　　　　(b) 金属拉罐包装的立体展示效果图

图8-228　制作柠檬饮料包装

操作步骤

1. 制作饮料包装的平面展开图

1）执行菜单中的"文件 | 新建"命令，在弹出的对话框中设置参数，如图 8-229 所示，然后单击"确定"按钮，新建一个名称为"饮料包装平面图 .ai"的文件。

2）本例制作的是微酸的橙子＋柠檬口味的饮料包装。人的视觉器官在观察物体时，在最初的 20 s 内，色彩感觉占 80%，而其造型只占 20%；2 min 后，色彩占 60%，造型占 40%；5 min 后，各占一半。随后，色彩的印象在人的视觉记忆中继续保持。因此，好的商品包装的主色调会格外引人注目。此外，在饮料包装上，色彩还有引起特殊味感的作用，例如绿色会让人感到酸味，红、黄、白会让人感到甜味。下面来设置渐变背景，以确定主色调，方法：选择工具箱中的 ▢（矩形工具），绘制一个与页面等大的矩形，然后按快捷键〈Ctrl+F9〉打开"渐变"面板，设置如图 8-230 所示的线性渐变［两种颜色的参考数值分别为： CMYK（60，0，100，0）、CMYK（0，15，95，0）］。

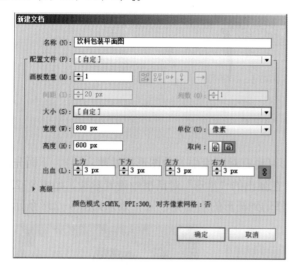

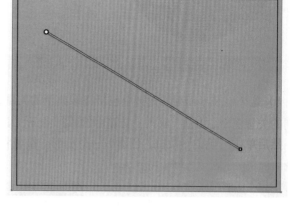

图8-229　建立新文档　　　　　　　　　　　　图8-230　绘制与页面等大的矩形并填充渐变颜色

3）利用工具箱中的 ◯（椭圆工具），按住〈Shift〉键绘制一个正圆形，并将其填充为白色，如图 8-231 所示。然后双击工具箱中的 ▣（比例缩放工具），在弹出的"比例缩放"对话框中将"比例缩放"设置为90%，如图 8-232 所示，单击"复制"按钮，从而得到一个中心对称的缩小一圈的圆形。最后将其填充为绿色［颜色参考数值为：CMYK（30，0，100，0）］，如图 8-233 所示。

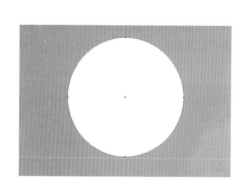

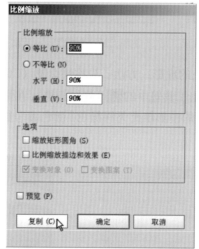

图8-231　绘制一个白色正圆形　　　　图8-232　"比例缩放"对话框　　　　图8-233　将圆形填充为绿色

4）选中刚才新复制出的圆形，通过复制粘贴的方法再复制出两份，然后将它们拖到页面外的空白处进行重叠放置（先暂时填充为不同颜色以示区别），如图 8-234 所示。接着利用 ▶（选择工具）同时选中两个圆形，再按快捷键〈Shift+Ctrl+F9〉打开"路径查找器"面板， 在其中单击 ▣（减去顶层）按钮，这个按钮命令的含义是"用顶层图形形状减去底层图形"，减完后得到如图 8-235 所示的月牙形状。最后将这个月牙图形移至如图 8-236 所示的位置，并将其填充为暗绿色［颜色参考数值为：CMYK（60，20，100，0）］，从而形成一道弧形的内阴影。

图8-234　将圆形复制两份并叠放　　　　　　图8-235　通过"路径查找器"面板制作月牙形状

5）这个包装平面图的设计中包括许多典型的矢量图形（也有对图库中矢量图形的处理应用），下面先制作规则的矢量图形。方法：双击工具箱中的 ☆（星形工具），在弹出的"星形"对话框中设置参数，如图 8-237 所示，然后单击"确定"按钮，创建出一个星形。接着将它移动到圆形的右上角位置，效果如图 8-238 所示。

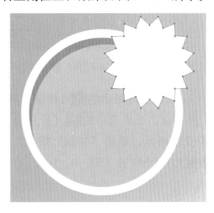

图8-236　绘制出纸盒基本的3个侧面　　　图8-237　"星形"对话框　　　图8-238　自动生成的星形图案

6）下面为星形增加一个绿色的虚影。方法：先按快捷键〈Ctrl+C〉复制星形，然后按快捷键〈Ctrl+B〉将复制图形粘贴在后面，接着双击工具箱中的 ↻（旋转工具），在弹出的对话框中设置参数，单击"确定"按钮，如图 8-239 所示。最后将旋转后的图形填充为深绿色 [颜色参考数值为：C M Y K（60，20，100，0）]，得到如图 8-240 所示效果。

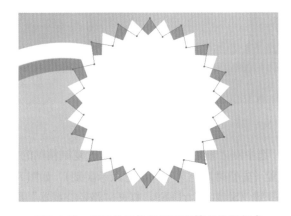

图8-239　"旋转"对话框　　　　　　　图8-240　将旋转后的复制图形填充为深绿色

7）利用"模糊"将图形的边缘进行虚化处理。方法：先选中复制图形，然后执行菜单中的"效果 | 模糊 | 高斯模糊"命令，在弹出的对话框中设置模糊"半径"为 8 像素（见图 8-241），单击"确定"按钮，效果如

图 8-242 所示。

图8-241 "高斯模糊"对话框

图8-242 投影边缘得到虚化的处理

8）制作一个类似太阳的放射状抽象图形。方法：在星形内再绘制一个橙色的正圆形 [颜色参考数值为：CMYK（0，55，100，0）] 和两个对称的三角形，注意：两个三角形的宽度正好等于星形的一个放射角，可以采用工具箱中的 ![pen]（钢笔工具）绘制。另外，最好从标尺中拖出参考线以定义圆心，如图 8-243 所示。

9）利用 Illustrator 中最常用的"多重复制"方法制作沿同一圆心不断旋转复制的多个小三角形。方法：利用 ![select]（选择工具）选中两个三角形，然后选择工具箱中的 ![rotate]（旋转工具），在如图 8-244 所示的圆心位置单击，确定旋转中心点。接着按住〈Alt〉键沿顺时针方向拖动两个三角形，从而得到第 1 个复制单元。注意，第 1 个复制图形边缘要与外部星形的 1 个放射角对齐。

图8-243 绘制一个橙色的正圆形和两个对称的三角形

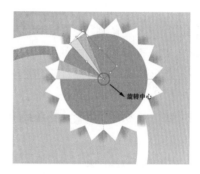

图8-244 单击鼠标确定旋转中心点

10）反复按快捷键〈Ctrl+D〉，得到如图 8-245 所示的一系列沿圆心旋转复制的图形。然后，利用 ![select]（选择工具）选中所有的小三角形，按快捷键〈Ctrl+G〉组成群组。

11）利用"剪切蒙版"将超出橙色圆形范围的三角形多余部分裁掉。方法：利用 ![select]（选择工具）选中橙色圆形，按快捷键〈Ctrl+C〉进行复制，然后按快捷键〈Ctrl+F〉进行原位粘贴。接着将新复制出的图形的"填充"和"描边"都设置为无色，再执行菜单中的"对象 | 排列 | 置于顶层"命令，这样"剪切蒙版"的剪切形状就准备好了。最后按住〈Shift〉键选中制作好的"剪切形状"和已组成群组的三角形，执行菜单中的"对象 | 剪切蒙版 | 建立"命令，得到如图 8-246 所示的效果。

图8-245 绘制一个橙色的正圆形和两个对称的三角形

图8-246 将超出橙色圆形范围的三角形多余部分裁掉

12）在包装中还需要绘制两个不同风格的柠檬（或橙子）切面的图形，这种图形也是一种典型的沿圆心旋转复制类图形，下面先来制作第一个切面图形。方法：选择工具箱中的◯（椭圆工具），按住〈Shift〉键绘制一个正圆形（需要从标尺中拖出水平和垂直参考线以定义圆心），然后将其填充为白色，这是位于最外圈的圆形。接着绘制出一系列逐渐向内缩小的同心圆（按住〈Alt+Shift〉组合键可绘制出沿中心向外发射的正圆形），再分别填充为不同的颜色（颜色可自行设置），效果如图 8-247 所示。

13）利用工具箱中的✒（钢笔工具）绘制出如图 8-248 所示的图形，然后打开"渐变"面板，在其中设置一种"橙色—黄色—深红色"的三色线性渐变，并设置渐变角度为 -136°。

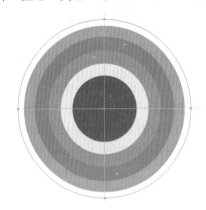

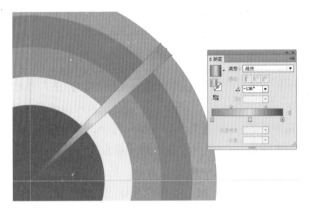

图8-247　绘制出一系列同心圆　　　　　　图8-248　绘制放射状图形单元并填充三色渐变

14）在进行"多重复制"之前，面临一个沿圆弧等分的问题（前面的太阳图形是以星形边角为参照的），因此需要自定义一条参考线。方法：利用工具箱中的／（直线段工具）绘制出如图 8-249 所示的直线段，注意该直线一定要穿过圆心并且贴近三角形一侧边缘。然后双击工具箱中的↻（旋转工具），在弹出的对话框中设置参数，如图 8-250 所示。单击"确定"按钮，此时直线会沿逆时针方向旋转 12°。最后执行菜单中的"视图｜参考线｜建立参考线"命令，将直线转变为参考线。

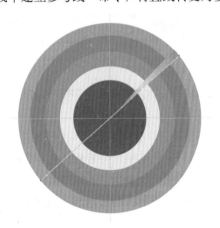

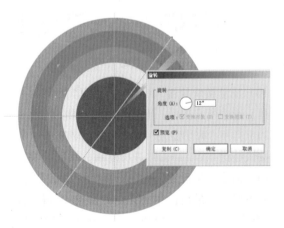

图8-249　绘制一条穿过圆心并贴近三角形一侧的直线段　　　　图8-250　直线沿逆时针方向旋转12。

15）制作复制单元。在制作复制单元的过程中，第一个复制单元的位置很重要，它是决定图形沿圆弧等分的关键。方法：利用▶（选择工具）选中三角形，然后选择工具箱中的↻（旋转工具），在如图 8-251 所示的圆心位置单击鼠标左键，以确定旋转中心点。接着按住〈Alt〉键沿逆时针方向拖动三角形，直到其右侧边缘与参考线对齐后松开鼠标，从而得到第一个复制单元。同理，反复按快捷键〈Ctrl+D〉，即可得到如图 8-252 所示的一系列沿圆心旋转复制的图形，而且它们依次相邻 12°。最后利用▶（选择工具）选中所有的组成图形，按快捷键〈Ctrl+G〉组成群组。

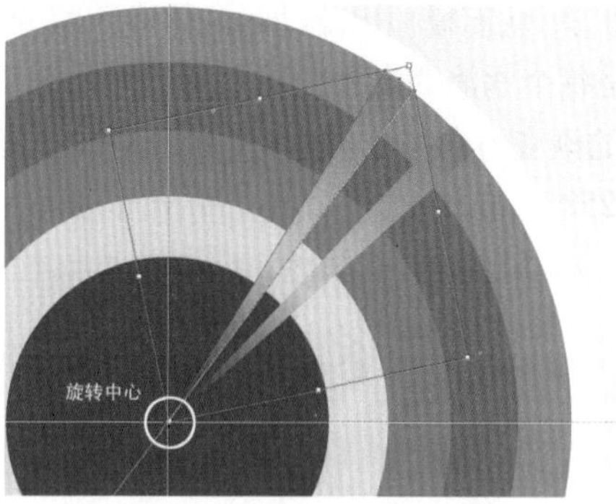

图8−251 单击鼠标左键确定旋转中心点

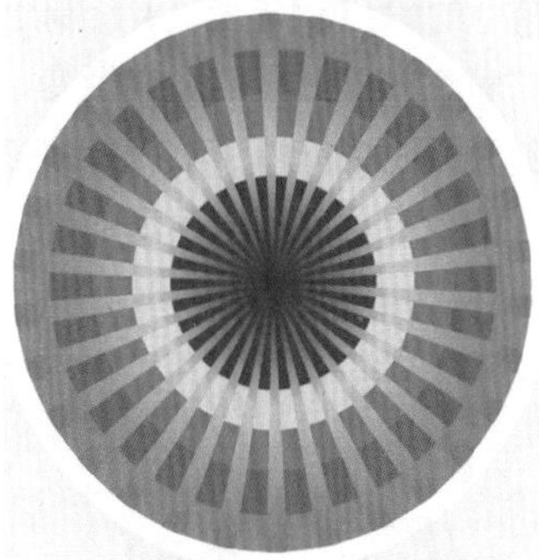

图8−252 得到一系列沿圆心旋转复制的图形

16）将模拟橙子切面构成的抽象图形移至背景中，进行放缩后复制一份，并放置在如图 8−253 所示的位置（主体圆形的下面）。

17）制作另一种风格的柠檬（或橙子）切面图形。方法：先绘制两个同心正圆（分别填充为黄色和白色），然后利用工具箱中的（钢笔工具）绘制如图 8−254 所示的水滴状图形，并将其填充为一种 “黄色—橙色”的径向渐变。然后参照本例的步骤 14）和 15）中关于自定义参考线进行多重复制的方法，自行完成如图 8−255 所示的沿中心旋转的花瓣状图形（模拟橙子的切面结构）。最后利用（选择工具）选中所有的组成图形，按快捷键〈Ctrl+G〉组成群组。

18）将柠檬（或橙子）的切面图形裁掉一半，只保留半个水果的效果。方法：利用（选择工具）选中水果图形，然后选择工具箱中的（刻刀工具），按住〈Alt〉键拖出一条倾斜的直线段（贯穿整个水果图形），裁完后按快捷键〈Shft+Ctrl+A〉取消选取。接着利用工具箱中的（直接选择工具）选中被裁断的图形，按键盘上的〈Delete〉键将其一一删除，从而只保留如图 8−256 所示的部分。

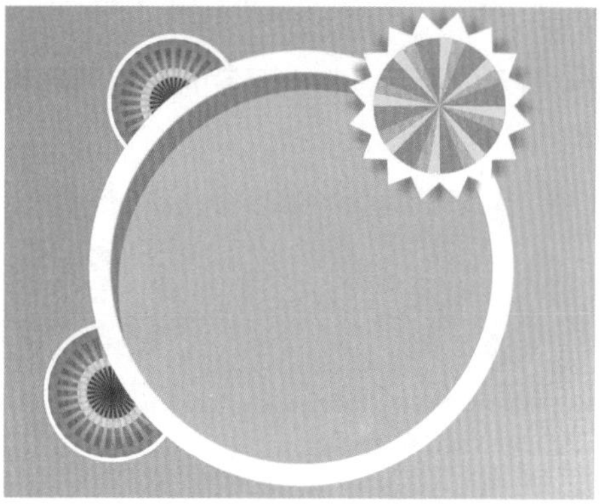

图8−253 将模拟橙子切面构成的抽象图形移至背景中

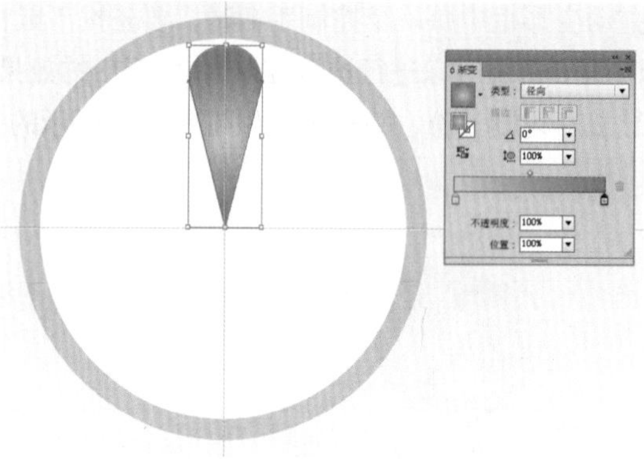

图8−254 绘制两个同心正圆和一个水滴状图形

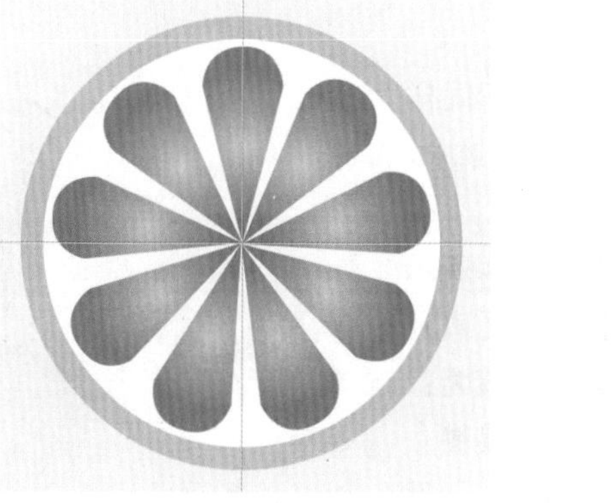

图8−255 制作另一种风格的柠檬（或橙子）切面图形

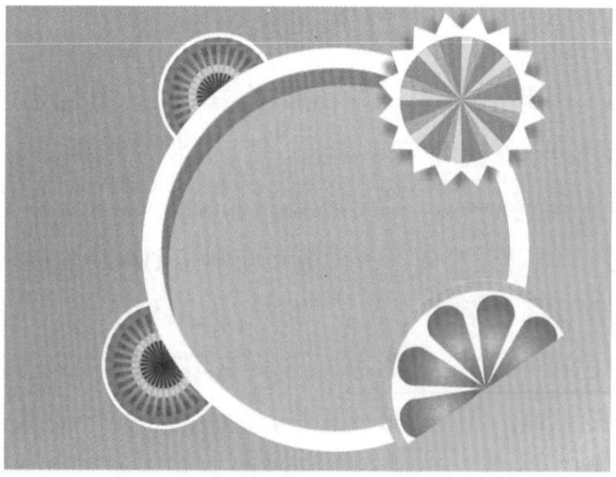

图8−256 将柠檬（或橙子）的切面图形裁掉一半

19）利用工具箱中的 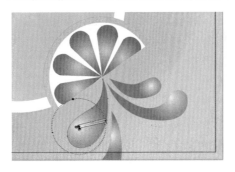（钢笔工具）绘制出一些曲线闭合图形，从而模拟出流动的液体或四溅的水滴形状，然后将它们填充为"黄色—橙色"的径向渐变。这里要注意的是每个水滴的高光位置不同，因此需要利用工具箱中的 □（渐变工具），通过拖动鼠标的方法更改每一个小图形的渐变方向与色彩分布，如图8-257所示。最后，在周围添加一些活泼的散点，以构成生动的想象图形，如图8-258所示。

图8-257　绘制一些曲线闭合图形模拟流动的液体或四溅的水滴形状

图8-258　在水滴周围添加一些活泼的散点

20）图库中关于水果的图形资料很丰富，这里选用的是"素材及结果 \ 第8章　综合实例 \8.5 制作柠檬饮料包装 \ 制作饮料包装的平面展开图 \ 饮料包装原稿 \ 柠檬素材图 .ai"文件，其包含几种形态与角度的柠檬图形，如图8-259所示。选中位于最左上角的图形，将其复制到包装背景中。由于需要的是正面的柠檬截面图，因此需要对素材进行变形与修整。方法：利用工具箱中的 ▶（直接选择工具）选中柠檬下部图形，将其删除，然后利用工具箱中的 ▦（自由变换工具），对柠檬进行变形（注意在拖动变形框中每一个控制手柄时，要先按下鼠标左键，再按〈Ctrl〉键，这样可以进行透视变形），变形后的效果如图8-260所示。最后，将变形后的柠檬图形移至背景中，进行缩放后复制一份，并放置在如图8-261所示的位置（主体圆形的下面）。

图8-259　从图库中找到一张简单的柠檬矢量图

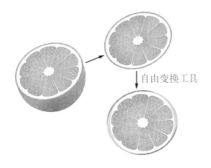

图8-260　对黄柠檬图形进行变形与修整

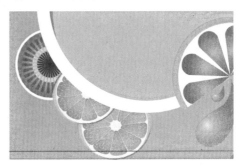

图8-261　将变形后的黄柠檬图形进行缩放和复制

21）同理，再对"柠檬素材图 .ai"中的另一个青柠檬进行同样的变形处理，如图8-262所示。然后，将变形后的柠檬图形移至背景中，进行缩放和复制后，将其放置在如图8-263所示的位置。

22）利用工具箱中的 ◯（椭圆工具），绘制一个如图8-264所示的椭圆形（在包装中心位置的白色大圆形下面，向左侧偏移一定距离）作为白色圆形的投影图形，并将它填充为墨绿色 [颜色参考数值为：CMYK（80，50，100，30）]。然后，执行菜单中的"效果｜模糊｜高斯模糊"命令，在弹出的对话框中设置模糊"半径"为20像素，（见图8-265），单击"确定"按钮，从而使投影边缘得到虚化的处理，如

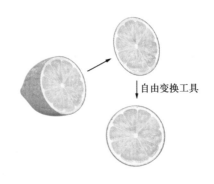

图8-262　对青柠檬图形进行变形与修整

图 8-266 所示。

图8-263 将变形后的青柠檬图形进行缩放和复制　　图8-264 绘制一个向左侧偏移一定距离的墨绿色圆形

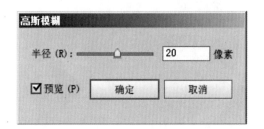

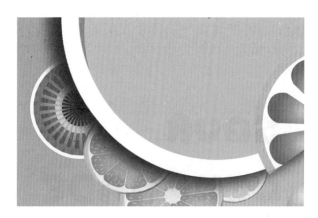

图8-265 "高斯模糊"对话框　　　　　　　图8-266 投影进行模糊处理后的效果

> **提示**
>
> 执行菜单中的"效果 | Illustrator效果 | 风格化 | 投影"命令也可以直接生成投影，但对于偏移状态需要反复调整数值以取得理想效果。用户可尝试应用两种方法来制作投影。

23）调整投影的透明度。方法：按快捷键〈Shift+Ctrl+F10〉，打开"透明度"面板，然后将"不透明度"参数设置为 70%，如图 8-267 所示。此时投影形成半透明状态，缩小查看全图的效果，如图 8-268 所示。

图8-267 调节投影的透明度　　　　　　　图8-268 添加完半透明投影后的全图效果

24）包装的正面有非常醒目的标题文字，由于是夏季的饮料，应尽量采用轻松活泼的文字风格，并且应用不规则编排的方式。方法：选择工具箱中的 T（文字工具），分别输入文本"SOUR"和"LEMONADE"（分为两个独立文本块输入），并在工具选项栏中设置"字体"为 Plastictomato。由于要将本例的文字拆分为字母单元进行自由的编排，因此必须执行"文字｜创建轮廓"命令，将文字转换为如图8-269所示的由锚点和路径组成的图形。

> **提示**
>
> Plastictomato字体位于"素材及结果\第8章 综合实例\8.5制作柠檬饮料包装\制作饮料包装的平面展开图\饮料包装原稿"文件夹中，用户需将该字体复制后，粘贴到C:\Windows\Fonts文件夹后，才可以在Illustrator中使用该字体。

25）利用 🔺（选择工具）选中标题文字"SOUR"，然后将它移动到包装的中心位置，并将文本填充颜色设置为深蓝色 [参考颜色数值：CMYK（100，85，0，20）]。接着利用工具箱中的 🔺（直接选择工具）逐个选择每个字母，再利用工具箱中的 🔀（自由变换工具）对每一个字母进行缩放和旋转，从而得到如图8-270所示的效果。

图8-269　输入正面标题文字　　　　　　　　　　图8-270　对每一个字母进行缩放和旋转

26）利用"路径偏移"的功能，在标题文字周围添加两圈不同颜色的描边。在描边之前，要先将分离的字母变成复合路径，这样才能统一向外扩边。方法：利用 🔺（选择工具）选中文字，然后执行菜单中的"对象｜ 复合路径 ｜建立"命令，此时文字会自动生成复合路径。接着执行菜单中的"对象｜路径 ｜偏移路径"命令，在弹出的对话框中设置参数，如图8-271所示，单击"确定"按钮后，得到如图8-272所示的文字扩宽效果。接着将"填充"颜色更改为白色，将"描边"颜色设置为浅蓝色 [参考颜色数值为：CMYK（50，0，0，20）]，将描边"粗细"设置为1 pt，得到如图8-273所示的效果。

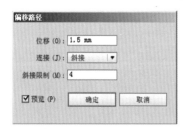　　

图8-271　"偏移路径"对话框　　　图8-272　进行"偏移路径"　　　图8-273　改变"填充"颜色为白色，
　　　　　　　　　　　　　　　　　　　　　操作后文字向外扩宽　　　　　　　　"描边"颜色为浅蓝色

27）处理第2部分小标题文字"LEMONADE"。方法：先将文字移入主标题文字下，然后将其缩小并逆时针旋转一定角度，如图8-274所示。现在文字的编排过于整齐死板，与主标题文字风格不协调，下面利用工具箱中的 🔺（直接选择工具）逐个选择每个字母，再利用工具箱中的 🔀（自由变换工具）对每一个字母进行缩放和旋转，从而得到如图8-275所示的错落有致的效果。接着利用 🔺（选择工具）选中文字，再执行菜单中的"对象｜ 复合路径 ｜建立"命令，此时文字会自动生成复合路径。

图8-274　将文字"LEMONADE"
缩小并逆时针旋转一定角度

图8-275　对每一个字母进行缩放和旋转，
得到错落有致的效果

28）在（已形成复合路径的）文字中填充如图 8-276
所示的蓝色—浅蓝色线性渐变 [两种颜色的参考数值分别
为：CMYK（190，90，20，0）、CMYK（60，0，0，0）]。
然后，执行菜单中的"对象 | 路径　| 偏移路径"命令，
在文字外部扩充出一圈白色的边线。最后利用工具箱中的
（钢笔工具）在文字"SOUR"上绘制出一些小的闭合
图形，作为趣味的高光，如图 8-277 所示。现在缩小全图，
整体效果如图 8-278 所示。

29）散点和星光图形都是设计中常用的点缀，可以应
用"符号"功能来快速实现，"符号"是在文档中可重复
使用的图形对象，使用符号可节省时间并显著减小文件大
小，下面利用简单"符号"来设置散点。方法：先绘制一

图8-276　在文字中填充蓝色线性渐变

个白色小正圆形（为了便于观看，暂时将背景设置为深色），然后将它直接拖动到"符号"面板中（按快捷键
〈Shift+Ctrl+F11〉，打开"符号"面板），如图 8-279 所示，接着在弹出的"符号选项"对话框中为符号命
名并选中"图形"单选按钮，如图 8-280 所示，单击"确定"按钮，则圆点会自动保存为符号单元。最后选择
工具箱中的（符号喷枪工具）在图中反复拖动鼠标，此时符号喷枪就像一个粉雾喷枪，可一次将大量相同
的圆点添加到页面上，从而得到如图 8-281 所示的许多随意散布的圆点图形。

图8-277　在文字外部扩充出一圈白色边线并添加趣味高光

图8-278　缩小全图的整体效果

提示
　　每次拖动鼠标喷涂出的符号都自动形成一个符号组，松开鼠标后再次喷涂就形成另一个符号组。

30）刚开始喷涂出的圆点都是大小相同的，下面利用 Illustrator 提供的一系列符号工具对其进行更进
一步的细致调整。方法：利用（选择工具）选中要调节的符号组，然后选择工具箱中的（符号缩放器
工具）在符号上单击或拖动符号图形（直接拖动鼠标为放大符号，按住〈Alt〉键拖动鼠标为缩小符号），如
图 8-282 所示，即可将局部符号缩小一些，以形成一定的大小差异。

提示

按住〈Shift〉键单击或拖动可以在缩放时保留符号实例的密度。

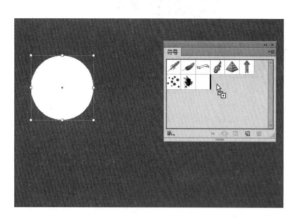

图8-279　将绘制的白色小正圆形拖动到"符号"面板中

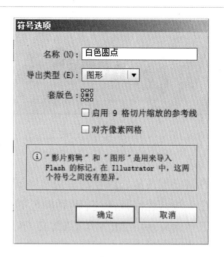

图8-280　"符号选项"对话框

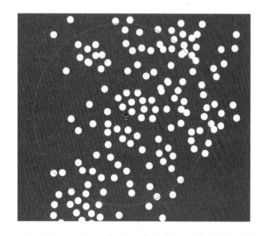

图8-281　刚开始喷涂出的圆点都是大小相同的

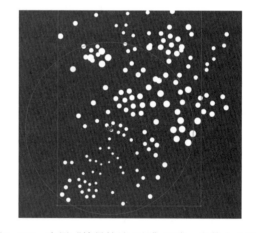

图8-282　应用"符号缩放工具"形成一定的大小差异

31）选择工具箱中的 （符号紧缩器工具）在符号上单击或拖动符号图形（直接拖动鼠标可使一定范围内的符号向中心汇聚，而按住〈Alt〉键拖动鼠标可使一定范围内的符号向四周扩散），使用该工具可以调节符号的疏密分布，效果如图8-283所示。最后选中调节完后的散点，将它们移至包装背景图中图8-284所示的位置。同理，在页面左下角位置也喷涂一些散点，如图8-285所示。

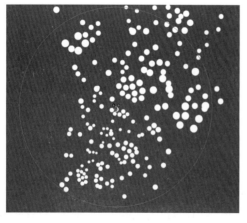

图8-283　调节符号的疏密分布

图8-284　将调节完后的散点移至包装背景图中

32）制作一个简单的星星图形，用于点缀在柠檬片和散点之中。方法：选择工具箱中的 （多边形工具）在页面上单击，在弹出的对话框中设置参数（见图 8-286），单击"确定"按钮，绘制出一个白色正五边形。然后，执行菜单中的"效果｜扭曲和变换 ｜收缩和膨胀"命令，在弹出的对话框中设置参数，如图 8-387 所示（负的数值可使图形边缘向内弯曲收缩），单击"确定"按钮，得到一个简单的具有弧形边缘的星形。接着将它复制多份并移动到图中不同的位置，以形成闪光效果，如图 8-288 所示。

33）至此，饮料包装的平面展开图制作完成，最终效果如图 8-289 所示。

图8-285　在页面左下角位置也喷涂一些散点

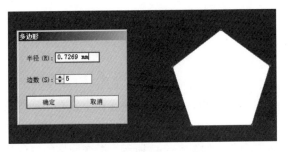

图8-286　设置多边形参数

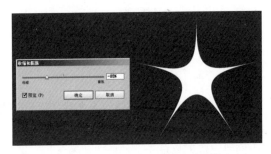

图8-287　设置"收缩和膨胀"参数

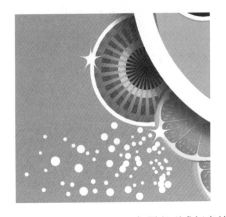

图8-288　将星形移动到不同位置以形成闪光效果

图8-289　饮料包装的平面展开图

2. 制作金属拉罐包装的立体展示效果图

1）执行菜单中的"文件｜新建"命令，新建一个名称为"饮料拉罐 .ai"的文件，并设置文档宽度与高度均为 200 mm。

2）利用工具箱中的 （椭圆工具）和 （钢笔工具）绘制出拉罐的大致外形，如图 8-290 所示。

3）由于饮料拉罐的材质为金属，在制作时要注意保持金属表面所特有的反光效果。该效果可以利用 Illustrator 的强大功能——"渐变网格"来实现。Illustrator 中的"渐变网格"是一种多色对象，其上的颜色可以沿不同方向顺畅分布，且从一点平滑过渡到另一点。下面先设置基本网格，方法：利用工具箱中的 （选择工具）选中拉罐主体图形，然后执行菜单中的"对象｜创建渐变网格"命令，在弹出的对话框中设置行和列数，如图 8-291 所示（行数和列数的多少要根据图形上颜色变化的复杂程度来设置，由于本例的饮料拉罐外形简单，表面颜色变化不太复杂，因此设置为 4 行 6 列）。单击"确定"按钮，此时系统会在图形内部自动建立均匀的纵横交错的网格，如图 8-292 所示。

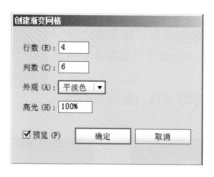

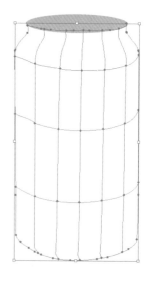

图8-290 绘制拉罐简单外形　　　　图8-291 创建4行6列渐变网格　　　　图8-292 图形内部自动建立
均匀的纵横交错的网格

4）在创建网格对象时，将会有多条线（称为网格线）交叉穿过对象，在两条网格线相交处有一种特殊的锚点，称为网格点。下面针对网格点进行编辑和上色，方法：利用工具箱中的 ▶ （直接选择工具）或 ▧ （网格工具）选中网格点或网格单元，然后在"颜色"面板中直接选取颜色，如图 8-293 所示。渐变网格的颜色是依照网格路径的形状而分布的，只要移动和修改路径即可改变渐变的颜色分布。

5）利用渐变网格原理将拉罐左侧面边缘部分设为绿色，以形成初步的光影效果。网格点具有锚点的所有属性，只是增加了接受颜色的功能。可以在上色的过程中灵活地添加和删除网格点、编辑网格点和网格线的形状，处理后的效果如图 8-294 所示。注意在拉罐的右上部分要形成颜色的对比。

提示

拉罐柱体上的金属反光是沿着柱身纵向出现的，因此要将右起第3列网格的颜色设置为浅黄色。

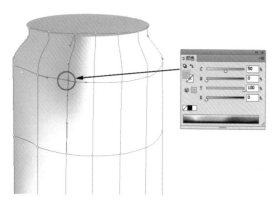

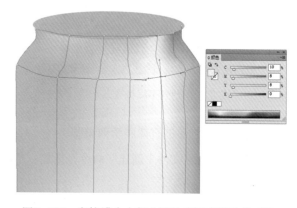

图8-293 改变网格点的颜色　　　　　　　图8-294 在拉罐右上部分要注意形成颜色的对比

6）为了顺应拉罐底部向内收缩的形状，需要利用工具箱中的 ▶ （直接选择工具）或 ▧ （网格工具）将第 2 行和第 3 行网格线向下移动，另外，靠近侧面与底部的颜色要稍深一些，这样有助于形成柱体的立体膨胀感觉，效果如图 8-295 所示。

7）继续进行网格的调节和上色，由于金属材质反光区域对比度较大，受光线影响显著，但同时又要保持包装的主体颜色——橙色与绿色的变化。请参照图 8-296，尽量应用恰当的网格控制颜色的分布，从而形成拉罐柱体的立体感和光影变化。

图8-295　靠近底部的颜色要稍微深一些　　　　图8-296　应用网格控制颜色的分布，
形成拉罐柱体的立体感和光影变化

8）现在，从刚才制作完成的"饮料包装平面图 .ai"中逐步将图形与文字元素复制过来，之所以不使用全部成组进行一次复制，而采用分局部进行粘贴的方式，是考虑到拉罐柱体的三维形态（某一些图形在正面视角看不到）和曲面的微妙变形，还有虽然设计元素相同，但编排方式上稍有差异。下面先将 2 个大的圆形复制到拉罐的中间位置，如图 8-297 所示，然后将标题文字粘贴过来，并稍微放大一些置于如图 8-298 所示的位置。

图8-297　复制2个图形　　　　　　　　　　图8-298　贴标题文字

9）对文字进行曲面变形。方法：选中标题文字，然后执行菜单中的"对象｜封套扭曲｜用变形建立"命令，在弹出的对话框中设置变形"样式"为拱形，"弯曲"为 −15%（负的数值表示向下方弯曲），如图 8-299 所示。单击"确定"按钮，此时文字形成了一定的弧形扭曲，效果如图 8-300 所示。

10）再将太阳图形粘贴到拉罐上，然后采用同样的方法对其进行"拱形"变形，在"变形选项"对话框中设置参数，如图 8-301 所示。单击"确定"按钮，从而使图形发生向右侧卷曲的曲面变形，效果如图 8-302 所示。

11）继续置入其他设计元素，然后将它们摆放在拉罐上相应的位置，如图 8-303 所示。

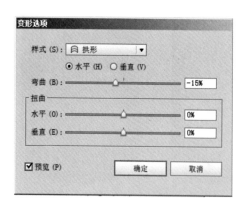

图8-299 "变形选项"对话框

图8-300 文字形成一定的弧形扭曲

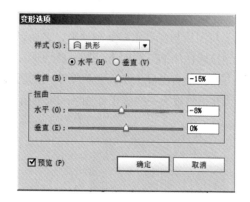

图8-301 "变形选项"对话框

图8-302 图形发生向右侧卷曲的曲面变形

12）对置入的元素逐个进行变形处理。方法：选中右下角的橙子图形，然后执行菜单中的"对象 ┃ 封套扭曲 ┃ 用网格建立"命令，在弹出的对话框中设置网格的行数和列数，如图 8-304 所示。单击"确定"按钮，此时太阳图形上出现了封套网格。接着利用工具箱中的 （直接选择工具）或 （网格工具）拖动封套网格上的任意锚点，此时封套内的图形相应地发生了扭曲变形，如图 8-305 所示。

提示

除图表、参考线或链接对象以外，可以在任何对象上使用封套。

图8-303 将其他设计元素摆放
在拉罐上相应的位置

图8-304 "封套网格"对话框

图8-305 拖动封套网格上的锚点，
图形相应地发生扭曲变形

13）处理溅出的水滴图形，由于它们只是简单的分离路径，只需要将超出罐子视角的部分裁掉，再稍微调整一下边缘形状即可。方法：利用 （选择工具）选中靠近边缘的水滴，然后利用工具箱中的 （刻刀工具），按住〈Alt〉键以直线的方式将它裁断，如图8-306所示。在裁完之后，按快捷键〈Shift+Ctrl+A〉取消选择，再利用工具箱中的 （直接选择工具）选中位于拉罐外的水滴部分，按〈Delete〉键将其删除，效果如图8-307所示。

14）同理，参照图8-308和图8-309处理拉罐上其他部分图形的变形和裁切，注意要给白色大圆形添加向左侧的投影（或者将原来制作的投影图形复制过来）。

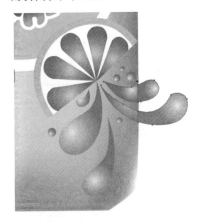

图8-306　利用刻刀工具将水滴图形裁断　　　　图8-307　将位于拉罐外的水滴部分删除

图8-308　裁切与变形柠檬片，并添加投影　　　图8-309　图形基本添加完成后的拉罐

15）由于拉罐体上的渐变网格与粘贴图形上的光影关系并不统一，下面要在拉罐的表面上强调金属高光与阴影，这需要在最上层添加半透明图形来实现。方法：按〈F7〉键，打开"图层"面板，在其中单击"创建新图层"按钮新建"图层2"，然后利用工具箱中的 （钢笔工具）绘制出罐体右上部的高光图形，并填充为白色，如图8-310所示。注意高光的形状要沿拉罐表面的起伏呈现出曲线变化。接着执行菜单中的"效果｜Photoshop效果｜模糊｜高斯模糊"命令，在弹出的对话框中设置模糊半径数值，如图8-311所示。单击"确定"按钮，此时高光图形边缘变得虚化。最后按快捷键〈Shift+Ctrl+F10〉打开"透明度"面板，在其中将"不透明度"参数设为85%（见图8-312），从而使高光图形变为半透明状，效果如图8-313所示。

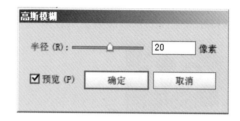

图8-310　绘制高光图形　　　　　　图8-311　对高光图形边缘进行高斯模糊

16）由于 罐体上的高光不止一处，下面应用同样的方法，再绘制出几处高光，从而增强拉罐的立体凸起感，得到如图 8-314 所示的效果。

图8-312　降低高光部分　　　图8-313　处理完成后的　　　图8-314　添加高光后拉罐的
　　　的"不透明度"　　　　　　　右侧高光　　　　　　　　立体凸起感增强

17）明暗关系是构建形体结构与空间感的重要因素，此时拉罐虽然有了高光，但整体还显得扁平，体积感仍然不够强，这是因为还没有制作背光部分的阴影。下面就制作背光部分的阴影，方法：利用工具箱中的 ✐（钢笔工具）绘制出罐体左侧的阴影图形（假设光是从右侧照射而来），然后填充如图 8-315 所示的黑白线性渐变。接快捷键〈Shift+Ctrl+F10〉，打开"透明度"面板，在其中将"不透明度"参数设为 65%（或更低一些），将"混合模式"更改为"正片叠底"，此时罐体左侧形成了半透明状的阴影，使拉罐的金属感和体积感得到增强，效果如图 8-316 所示。

 提示

高光与阴影都位于"图层2"中。

18）制作拉罐左下角的一行沿曲线排列的文字。方法：在"图层"面板上选中"图层1"，然后利用工具箱中的 ✐（钢笔工具）绘制出如图 8-317 所示的曲线路径，再利用工具箱中的 ✐（路径文字工具）在路径左端单击插入光标，接着输入文本"GREAT LEMON TASTE"（或者先单独输入文本再复制粘贴到路径上），此时文字沿曲线路径进行排列，如图 8-318 所示。

图8-315　绘制罐体左侧阴影图形，然后填充黑白渐变

图8-316　调节"透明度"面板参数形成半透明状阴影

图8-317　绘制出曲线路径（并输入文字）

图8-318　文字沿曲线路径进行排列

19）此时文字的边缘与拉罐的柱体并不贴切，这主要是由于文字角度造成的。下面选中文字，然后执行菜单中的"文字｜路径文字｜倾斜效果"命令，调整文字的排列与罐体方向一致，效果如图 8-319 所示。

20）处理拉罐顶部的金属盖。这是一个略微向内凹陷的金属面，下面先在"图层"面板中单击"创建新图层"按钮新建"图层 3"，然后利用 ✍（钢笔工具）绘制一个向下弯曲的金属边，并在其中填充不同深浅灰色的多色线性渐变，如图 8-320 所示。

图8-319　使文字倾斜角度与罐体方向一致

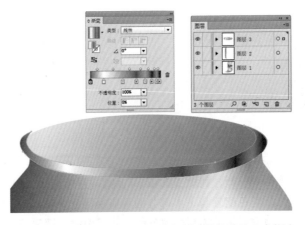

图8-320　绘制一个向下弯曲的金属边并填充为灰色渐变

21）为了丰富拉罐边缘的细节和增强金属感，下面再来添加一圈细细的金属边。这种很窄的弧形利用 ✍（钢笔工具）绘制有一定的困难，在此采用描边转换为图形的方法来完成。方法：利用工具箱中的 ⬭（椭圆工具）

在刚才绘制的渐变图形上绘制一个椭圆形（"填充"为无，"描边"暂时为黑色，描边"粗细"为 2 pt），如图 8-321 所示。然后，执行菜单中的"对象|路径|轮廓化描边"命令，此时黑色边线自动转换为闭合路径，如图 8-322 所示。

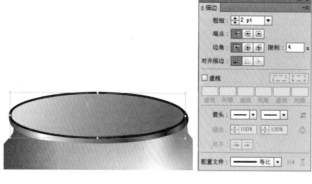
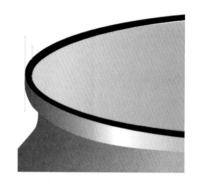

图8-321　绘制一个椭圆形边框　　　　图8-322　应用"轮廓化描边"功能将边线转换为闭合路径

22）参照图 8-323，在这圈很窄的圆环状闭合路径内填充不同深浅灰色的多色线性渐变。

 提示

循环排列的灰色渐变很容易形成微妙的金属反光，该方法经常用来制作银色的金属边或金属面。

23）填充完成后观察一下，会发现上半部分和下半部分填充的渐变颜色是完全对称的，这样会显得有些机械，下面通过将其裁成上下两半，并分别填充不同的渐变色来解决这个问题。方法：先利用 🔲（选择工具）选中圆环状闭合路径，然后利用工具箱中的 🔲（刻刀工具）按住〈Alt〉键将它水平裁断。接着按快捷键〈Shift+Ctrl+A〉取消选择，再利用工具箱中的 🔲（直接选择工具）选中下半部分圆环，并修改它的左侧边缘形状，如图 8-324 所示。

图8-323　在圆环状闭合路径内填充不同　　　图8-324　用"刻刀工具"将圆环裁成两半深浅灰色的多色线性渐变

24）参照图 8-325，利用工具箱中的 🔲（直接选择工具）选中上半部分圆环，改变它的渐变填充，使上半部分圆环的渐变色配置与下半部分圆环有所区别。然后利用 🔲（钢笔工具）绘制出一些小的曲线图形，并参照图 8-326 将它们填充为渐变或单色，从而构成拉罐顶部开口处金属拉手的形状。至此，拉罐顶端金属盖制作完成。

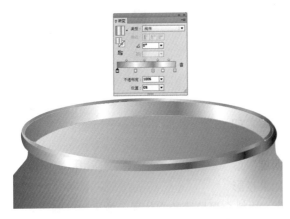

图8-325　改变上半部分的渐变色颜色配置　　　　图8-326　绘制拉罐顶部开口处金属拉手的形状

25）底部的金属边与顶部相比要简单，下面参照图 8-327 制作拉罐底部的金属边缘，可以在绘制出图形后填充灰色渐变，也可以通过添加渐变网格来进行调整。

26）最后，制作地面的投影并进行其他一些细节的修饰工作，先来制作地面上的投影。方法：利用工具箱中的 （钢笔工具）绘制出投影的形状（在"图层 1"中），然后填充为深灰—浅灰的线性渐变，如图 8-328 所示。接着执行菜单中的"效果｜Photoshop 效果｜模糊｜高斯模糊"命令，在弹出的对话框中设置模糊半径数值，如图 8-329 所示（这是外圈的扩散范围较大的虚影，"模糊半径"可以设置得大一些）。单击"确定"按钮，此时图形边缘变得虚化而隐入白色背景之中，如图 8-330 所示。

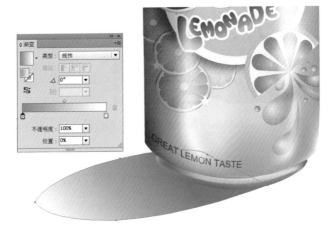

图8-327　制作拉罐底部的金属边缘　　　　　图8-328　绘制出投影的形状然后
　　　　　　　　　　　　　　　　　　　　　填充为"深灰—浅灰"的线性渐变

图8-329　设置"高斯模糊"参数　　　　图8-330　图形边缘变得虚化而隐入白色背景中

27）同理，绘制出内圈的阴影，并填充为深一些的灰色。然后执行菜单中的"效果｜Photoshop效果｜模糊｜高斯模糊"命令，将"模糊半径"数值设置得小一些（20像素左右），效果如图8-331所示。

图8-331 制作内圈的阴影

28）处理细节。细节的修饰很重要，这往往是最后一步需要细心完成的工作，例如处理拉罐顶部金属边下的很窄的投影，如图8-332所示。制作思路是先绘制弧形的投影形状，然后填充"深灰色—白色"的渐变色，在"透明度"面板中将"不透明度"参数设置为60%，将"混合模式"更改为"正片叠底"。如果投影边缘有些生硬，还可以执行一次"高斯模糊"命令。至此，饮料金属拉罐的立体展示效果图已制作完成，最终效果如图8-333所示。通过这个案例，读者可以体会到金属材质的特殊光影变化与物体体积感的表现思路，由此可以举一反三，制作出在各种不同背景环境与光线条件下的立体展示效果。

图8-332 制作拉罐顶部金属边下很窄的投影

图8-333 最终完成的拉罐效果

课 后 练 习

1. 制作图8-334所示的汽车效果。
2. 制作图8-335所示的面包纸盒包装效果。

图8-334 汽车效果

图8-335 面包纸盒包装效果